园林景观施工图设计

YUANLIN JINGGUAN SHIGONGTU SHEJI

主编 张志伟
李 莎
主审 李 奇

重庆大学出版社

内容提要

本书为“高等教育建筑类专业系列教材”之一。全书共9章,主要内容包括概述、园林景观施工图制图与识图、园路及广场工程施工图、水景工程施工图设计、景观小品工程施工图设计、园林建筑施工图设计、植物景观施工图设计、园林景观专业与其他专业的配合和案例分析等。此外,书中有大量的实际案例和学生的优秀作品作为佐证,好懂、易学、实用,对园林景观设计的学习与实践有着重要的指导意义和参考价值。

图书在版编目(CIP)数据

园林景观施工图设计/张志伟,李莎主编.
-- 重庆:重庆大学出版社,2020.9(2022.1 重印)

高等教育建筑类专业系列教材

ISBN 978-7-5689-2175-6

Ⅰ.①园… Ⅱ.①张… ②李… Ⅲ.①园林设计—景观设计—工程制图—高等学校—教材
Ⅳ.①TU986.2 中国

中国版本图书馆 CIP 数据核字(2020)第097676号

高等教育建筑类专业系列教材
园林景观施工图设计
YUANLIN JINGGUAN SHIGONGTU SHEJI
主 编 张志伟 李 莎
主 审 李 奇
责任编辑:王 婷 版式设计:王 婷
责任校对:关德强 责任印制:赵 晟
*
重庆大学出版社出版发行
出版人:饶帮华
社址:重庆市沙坪坝区大学城西路21号
邮编:401331
电话:(023) 88617190 88617185(中小学)
传真:(023) 88617186 88617166
网址:http://www.cqup.com.cn
邮箱:fxk@cqup.com.cn(营销中心)
全国新华书店经销
重庆市正前方彩色印刷有限公司印刷
*
开本:787mm×1092mm 1/16 印张:14 字数:307千
2020年9月第1版 2022年1月第2次印刷
印数:2 001—5 000
ISBN 978-7-5689-2175-6 定价:39.00元

前　言

本教材着重阐述一般的园林景观工程[illegible]工程师负责设计的硬质景观施工图、软质景观施工图、景观建筑施工图的[illegible]表达方式等。教材结合大量的园林景观工程设计实践，提出了施工图设[illegible]理论，便于初学者理解、记忆，以及在施工图设计中举一反三、立竿见影地运[illegible]景观施工图设计的学习与实践有着重要的指导意义，可为风景园林专业的学习及今[illegible]计工作打下更加深厚的专业基础。

本教材适合风景园林、建筑学、建筑设计技术、环艺设计等专业在大学阶段的授课为3～5个学分的教学需要。

本教材的教学内容分为了解、熟悉和掌握三个层次，涉及景观施工图、种植施工图和小型园林建筑施工图的设计内容，图纸的类型从总平面直至配件大样，图纸比例范围涵盖1∶1 000至2∶1。教材结合写作团队的工程实践经验，提出了自己的理论，力图以较为新颖的视角和论述，引导初学者较快、较全面地了解和掌握园林景观施工图设计，并能学以致用。

本书由张志伟、李莎担任主编，李奇主审。具体编写分工如下：

第1章　李奇、唐海艳

第2章　李奇、唐海艳、张志伟

第3章　马新、李奇

第4章　李稼祎

第5章　侯娇、王晓晓

第6章　张志伟、李奇

第7章　阙怡

第8章　李奇、张志伟

第9章　李莎

图片收集整理由罗旎负责，部分图选用学生谭姝曼的优秀作品。

在本教材编写过程中得到了重庆大学城市科技学院领导和老师的大力支持和帮助,学校积极鼓励教师们编写适合应用型大学的教材。衷心感谢重庆大学出版社建筑分社全体成员对教材的辛苦付出,感谢参与本书编写以及为本书编写提供过帮助的所有朋友!

在本教材编写过程中,参考了与本书相关的优秀教材、有关专家的书籍和文献资料,在此对其作者表示衷心的感谢。虽然本书在编写过程中力求做到知识讲解和案例分析精准无误,但由于编者掌握的资料不足和能力有限,必定存在一些疏漏或者不足之处,恳请有关专家学者和广大师生批评指正。

编　者
2020 年 1 月

目　录

1　概述 ………… 1
1.1　园林景观工程的设计程序 ………… 1
1.2　园林景观施工图的作用 ………… 2
1.3　园林景观施工图的设计依据 ………… 2
1.4　园林景观施工图的特点 ………… 3
1.5　园林景观施工图的表达方法和方式 ………… 4
1.6　园林景观施工图的设计深度和绘制要求 ………… 18
1.7　施工图设计之前的准备 ………… 21
1.8　全套园林景观施工图的编订 ………… 21
1.9　设计单位的施工现场服务 ………… 22

2　园林景观施工图制图与识图 ………… 24
2.1　常用的图纸类型 ………… 24
2.2　园林景观总平面施工图绘制 ………… 39
2.3　分区图绘制 ………… 43
2.4　分级绘图 ………… 45

3　园路及广场工程施工图 ………… 50
3.1　概述 ………… 50
3.2　园路工程施工图 ………… 51
3.3　铺装设计 ………… 52

3.4 人行与车行道路施工图 …… 53
3.5 台阶 …… 55
3.6 坡道 …… 55
3.7 盲道设计 …… 58
3.8 广场及运动场地 …… 58
3.9 各类平台 …… 63
3.10 发光地面及灯槽 …… 64

4 水景工程施工图设计 …… 66
4.1 概述 …… 66
4.2 水景施工图设计 …… 66
4.3 水池设计与表达 …… 69
4.4 驳岸设计与表达 …… 70
4.5 汀步设计与表达 …… 73
4.6 滨水栈道设计与表达 …… 75
4.7 栏杆栏板的设计与表达 …… 76
4.8 亲水平台及观景平台设计与表达 …… 78
4.9 景观小桥施工图设计 …… 79
4.10 跌水及瀑布施工图设计 …… 81
4.11 溪流施工图设计 …… 83
4.12 小码头施工图设计 …… 84

5 景观小品工程施工图设计 …… 86
5.1 概述 …… 86
5.2 假山与置石工程施工图 …… 87
5.3 花池及花坛 …… 94
5.4 挡土墙及护坡 …… 96
5.5 排水沟 …… 100
5.6 景墙及围墙 …… 103
5.7 户外家具施工图 …… 106
5.8 树池与种植池施工图 …… 108
5.9 花架施工图 …… 111
5.10 标志牌施工图 …… 111

6 园林建筑施工图设计 …… 117
6.1 概述 …… 117
6.2 建筑施工图设计 …… 118
6.3 建施图的绘制深度要求 …… 125
6.4 建筑单体(木凉亭)的全套施工图设计举例 …… 125

7　**植物景观施工图设计** …… 131
7.1　概述 …… 131
7.2　种植施工图设计内容和深度 …… 131
7.3　种植施工图绘制方法 …… 132

8　**园林景观专业与其他专业的配合** …… 143
8.1　概述 …… 143
8.2　与给排水工种合作 …… 144
8.3　与电气照明工种合作 …… 145
8.4　与结构工程师合作 …… 147
8.5　与艺术家合作 …… 149
8.6　与弱电工种合作 …… 151
8.7　与娱乐及健身设施安装工种合作 …… 151

9　**案例分析** …… 153
9.1　案例概况 …… 153
9.2　硬景施工图 …… 155
9.3　软景施工图 …… 194

参考文献 …… 213

1 概述

本章导读

本章系统阐述了园林景观施工图的作用、特点和绘制深度的要求等,提出了“四分”和“九定”理论,介绍了由宏观到微观的施工图绘图和表达特点,以及施工图常用的独特表达方法,强调了施工图绘制的规范化要求,介绍了对施工图设计深度有明确要求的相关国家标准及重要的参考资料(如国家标准图和地方标准图)。

园林景观工程项目在建造之前,必须先完成施工图设计。施工图设计对园林景观工程的施工建造做出明确和详细的规定,它是施工建造的重要依据。施工图设计应以审批通过后的方案设计或初步设计为依据,但施工图纸的绘制深度乃至绘制方式,与方案设计等前期设计阶段完全不同。园林景观工程施工图质量如何,取决于设计者在工程实践经验、建筑与景观构造的知识、植物配置与种植和工程制图经验等各方面的积累。

1.1 园林景观工程的设计程序

园林景观工程一般有方案设计、初步设计和施工图设计三个设计阶段。对于规模较大的较为复杂的项目,前期可能还有概念设计阶段;对于规模较小和技术要求相对简单的景观工程,当有关主管部门对初步设计阶段没有审查要求且设计合同中没有进行初步设计的约定时,可在方案设计审批后直接进入施工图设计。

总之,要进行施工建造的园林景观工程项目,必须经过施工图设计阶段。在这个阶段,许多专业的设计师、工程师都要参与设计，绘制各自工种（专业）的设计图纸，并相互配合协调，共同完成园林景观工程项目的全套施工图。各工种施工图当中的园林景观施工图，由园林设计师负责，以区别其他工种的施工图（如建施、结施、水施、电施等）；而园林景观工程施工图则是所有工种施工图的集合和总称。因此，园林景观施工图与园林景观工程施工图是两个不同的概念，应注意区分，前者主要由园林设计师设计和绘制，而后者的含义更广，参与设计的专业更多，内容更丰富。

1.2 园林景观施工图的作用

园林景观施工图主要有以下重要作用：

①园林景观施工图是各个工种相互配合，共同进行全套景观工程施工图设计的依据；

②是园林景观工程施工单位进行施工管理和施工建造的依据；

③是进行园林景观工程造价预算的依据之一；

④是设计与建造过程中划分有关各方职责的依据；

⑤是工程验收的依据之一；

⑥是在工程竣工交付使用后，绘制竣工图归档保存并进行工程决算的依据之一。

因此，施工图阶段的设计和图纸编绘，应全面、细致、缜密和严谨。绘制的所有内容，应该既无多余，也无遗漏。

1.3 园林景观施工图的设计依据

园林景观工程的设计和建造，都必须依法依规完成法定审批流程，否则就属于非法设计和建造，建造项目不能获得相关的合法手续并付诸施工。全套景观工程的施工图，须按照以下依据来完成：

（1）审查通过的设计方案或初步设计图纸

对设计单位提供的景观平、立、剖面图纸及各项经济技术指标，对与重要工程相对应的模型和透视图进行详细审查。

（2）政府有关部门对设计方案的批准文件

政府有关部门至少应包括城市规划主管部门、绿化主管部门和消防主管部门，一些特殊的项目还有待其他政府主管部门审批，如人防、防汛、文物、市政、卫生防疫部门等，这些部门在审查认可方案设计或初步设计后，会出具审批意见和批准文件。

（3）建设方对方案的批复

建设方如果对前期设计表示认可，应出具正式的批复，以作为设计方进行下阶段设计的依据之一。

（4）建设方提供的有关资料

还有一些重要的设计依据需由建设方负责提供，如地质钻探资料、水文地质资料、市政设施资料（道路、供电、燃气、给排水等）、地形测绘图等。

(5)有关国家标准和行业标准

与设计有关的国家标准和行业标准主要以设计规范的形式出现,它们除对设计质量有着明确的要求外,还包含大量的技术参数。这些规范既有强制性的,以"GB"开头(汉语拼音国家标准的缩写),如《公园设计规范》(GB 51192—2016)等;也有推荐性的,以"GB/T"开头(汉语拼音,国家推荐性标准的缩写),如《房屋建筑制图统一标准》(GB/T 50001—2017)等。

设计依据还包括一些建筑行业的标准,如JG(建工行业标准)和JGJ(建工技术标准)等系列。前者主要针对建筑行业内各类材料和制品的产品质量而设,如《天然石材用水泥基胶粘剂》(JG/T 355—2012),后者主要针对工程的某一部分(某分部分项工程)的设计、施工等方面的内容,如《车库建筑设计规范》(JGJ 100—2015)。行业标准中也有带"T"的推荐性标准,如《工程抗震术语标准》(JGJ/T 97—2011)。

此外,还有CJJ(城市建设技术规程)系列,如《城市公共厕所设计标准》(CJJ 14—2016)、《城市道路工程设计规范》(CJJ 37—2012)、《风景园林标志标准》(CJJ/T 171—2012)和《风景名胜区游览解说系统标准》(CJJ/T 173—2012)等。这些国家标准和行业标准,应在设计和施工时注意区别并严格遵循。

另外,与园林景观工程施工图有关的制图标准,目前有《房屋建筑制图统一标准》(GB/T 50001—2017)、《建筑制图标准》(GB/T 50104—2010)、《总图制图标准》(GB/T 50103—2010)和《风景园林制图标准》(CJJ/T 67—2015)等。

(6)住建部对建筑工程设计文件深度的要求

住建部对建筑工程设计文件深度有相应的要求,目前最新的版本是《建筑工程设计文件编制深度规定(2016)》,其中对不同设计阶段、应有的设计深度和相应的图纸内容,都有较为详细的规定,对景观工程设计也有指导意义。

(7)其他条例或地方的规定

如国务院2011年修订颁布的《电力设施保护条例》,其中详细规定了建筑物与高压线的安全距离,对一些场地的建筑布局和定位设计,有强制性约束;各个地方制定的规定,如北京市的《屋顶绿化规范》(DB11/T 281—2015)和《重庆市城市规划管理技术规定》等,也对当地的景观工程设计在某些方面具有约束力,设计者应熟悉并在设计中严格遵循这些条例和规定。

1.4 园林景观施工图的特点

设计图纸是一种特殊的语言,园林景观施工图就主要是用来阐述和规定园林景观工程应如何建造的,而且要力争全面和详尽。

施工图有着明显不同于前期设计阶段的特点,具体如下:

①主要供施工有关各方的技术员工(内行)用,核心是对工程项目的建造做出详尽的专业的规定。

②不可回溯:施工图是对方案或初步设计的深入设计,但不能对方案或初步设计做大的修改甚至全盘否定。

③施工图与方案设计图不同,只需绘制需要施工安装的内容,不宜绘制配景等与施工无

关的内容,例如可绘制人物雕像(必须施工安装到位)和植物,但不绘制人物配景。另外,施工图阶段有一些专门的绘图表达方法,如材料图式、大样索引等。

④园林景观施工图的主要内容是构造和种植设计,着重解决和落实建造的技术问题,并借助图样和文字做出明确规定。为较为写实地反映硬质和软质景观等内容,在使用CAD软件绘制设计图时还会借助矢量化软件,利用丰富的绘画资源来绘制高质量的设计图纸。

⑤园林景观施工图主要由园林设计师设计和编绘。

⑥园林景观施工图要与多工种相互配合设计,园林设计师负责园林景观施工图、建筑师负责建施图、结构工程师负责结施图、给排水工程师负责水施图等。另外,电气照明、燃气、弱电(音频、视频、数据和通信系统)等,也会参与设计并出施工图。这种共同设计以及相互配合的特点,在各工种的施工图中都应有所表达和显示,这样就使得各种各样的相关的图纸形成一个整体,共同为一个工程项目的建造服务。

1.5 园林景观施工图的表达方法和方式

既然工程图纸是一种语言,设计师和工程师借以表达其设计思想和建造要求,那么就应直观、写实、规范。图纸的绘制和语言的使用一样,有着自己的"规矩",例如规范化的表达方法和独有的表达方式。

1.5.1 施工图的规范化表达方法举例

1)原有内容与新建内容的区别

在景观项目的施工图中,应对原有地形地物与新建的内容加以区分,一般是各自采用不同线型、不同线宽甚至不同深浅的图线来加以区别。

2)施工对象的定位和定量

与方案阶段不同,施工图阶段应详细交代建筑与场地等施工中的定位(确定准确位置)和定量(确定施工对象的大小)问题,主要是借助尺寸标注、标高和测量坐标值的标注来规定。

3)复杂形状的表达方法

复杂的平面或立面形状,当不便用几何图形和尺寸标注来精确描述时,可采用以下方法进行。

(1)网格描绘法

设计时,应以定位精准、大小明确的网格覆盖施工对象如建筑及周围环境。而施工时,先按照1∶1比例在施工地点放线,再依据图纸放样出复杂的形状(如图1.1所示),或用网格表现造型复杂的构件,作为制作时放样的依据(如图1.2所示)。

(2)色彩区别法

当平面或立面富于深浅方向的变化时,可以用不同深浅的色彩来区别其凹凸进退的变化,如图1.3所示。

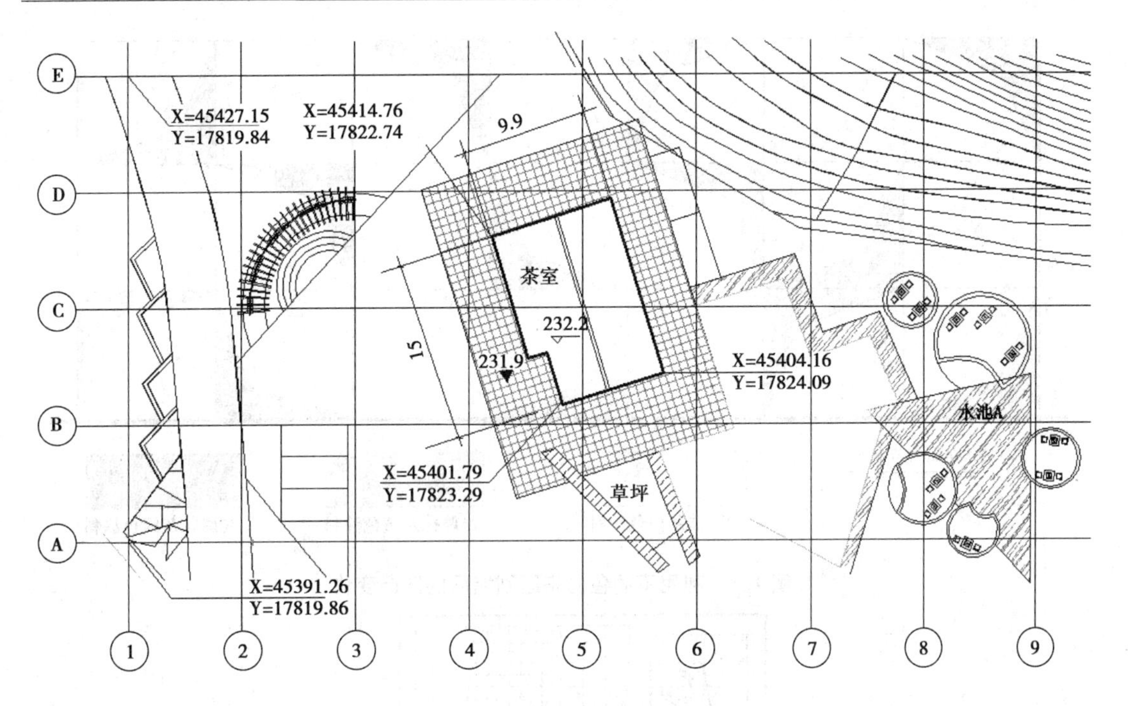

图 1.1　利用网格表现复杂的场地

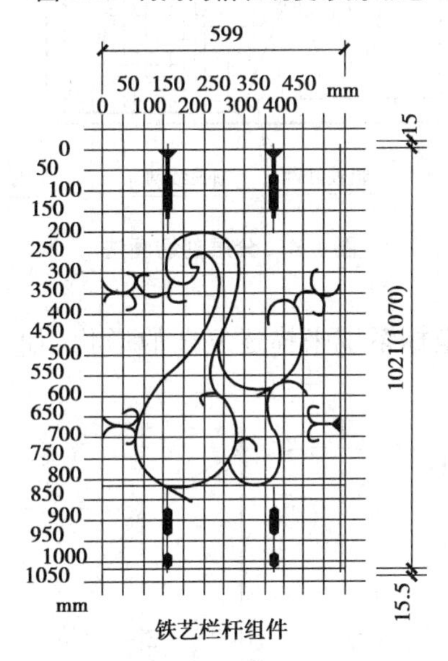

图 1.2　利用网格表现复杂造型

(3)分层剖切画法

为直观表达一个平面或立面的构造层次,施工图还用到分层剖切画法,就是利用“S”形曲线作为界限,将各个不同的构造层绘于一个图样中,如图 1.4 所示。

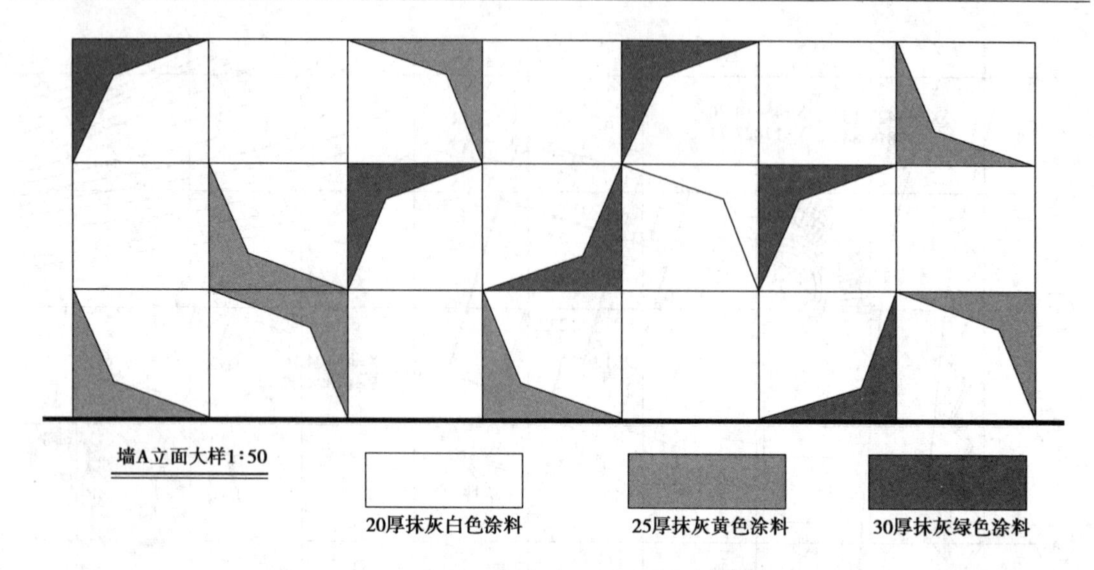

图1.3　利用不同色彩来区别墙面的凹凸变化

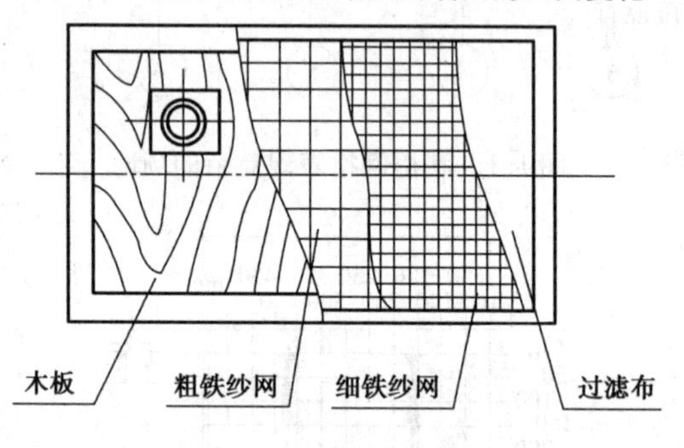

图1.4　分层剖切画法

(4)截距法

截距法是用一套专设的坐标系统来描述复杂的形状(如图1.5所示),它比网格法更精确。

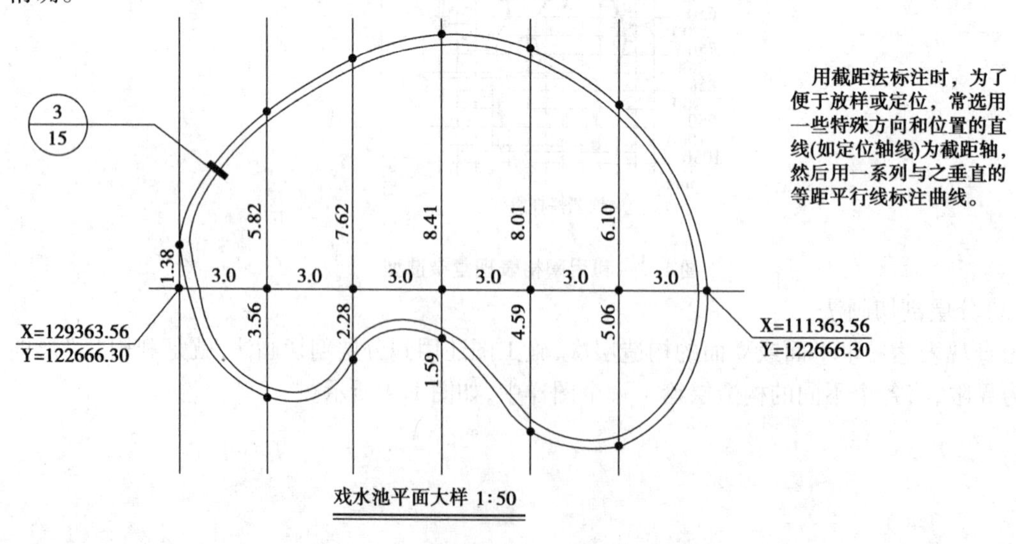

图1.5　截距法描述一个不规则的水池平面

4)**表格的使用**

表格兼具直观性和条理性,施工图中也常采用这种表达方式,例如图纸目录、构造一览表、苗木统计表等。表1.1为苗木统计表举例。

表1.1 苗木统计表

序号	图号	图例	植物名称	规格要求(cm)			数量	单位	备注
				胸径(cm)	自然高(m)	冠幅(m)			
1	01	01	春鹃	—	0.30~0.35	0.30~0.35	1 665	m^2	
2	02	02	夏鹃	—	0.35~0.40	0.30~0.35	786	m^2	
3	03	03	西洋鹃	—	0.25~0.30	0.25~0.30	669	m^2	
4	04	04	茶梅	—	0.35~0.40	0.30~0.35	957	m^2	
5	05	05	红继木	—	0.30~0.35	0.30~0.35	1 084	m^2	
6	06	06	南天竹	—	0.40~0.50	0.30~0.35	1 149	m^2	

5)**线型的使用**

施工图绘制时,使用不同粗细的线,根据线条越粗越显眼的特点,来区别内容的主次以及空间的远近。不同的线型(如点画线、实线和虚线等),都有其各自的含义和专门的用途,《风景园林制图标准》(CJJ/T 67—2015)对施工图线型的使用作出了规定,见表1.2。

表1.2 线型的使用要求

名称		线型	线宽	主要用途
实线	极粗		2b	地面剖断线
实线	粗		b	①总平面图中建筑外轮廓线、水体驳岸顶线; ②剖断线
	中粗		0.50b	①构筑物、道路、边坡、围墙、挡土墙的可见轮廓线; ②立面图的轮廓线; ③剖面图未剖切到的可见轮廓线; ④道路铺装、水池、挡墙花池、坐凳、台阶、山石等高差变化较大的线; ⑤尺寸起止符号
	细		0.25b	①道路铺装、挡墙、水池等高差变化较小的线; ②放线网格线、图例线、尺寸线、尺寸界线、引出线、索引符号等
	极细		0.15b	①现状地形等高线; ②平面、剖面中的纹样填充线; ③同一平面不同铺装的分界线

续表

名称		线型	线宽	主要用途
虚线	粗		b	新建建筑物和构筑物的地下轮廓线，建筑物、构筑物的不可见轮廓线
	中粗		0.50b	①局部详图外引范围线； ②计划预留扩建的建筑物、构筑物、铁路、道路、运输设施、管线的预留用地线； ③分幅线
	细		0.25b	①设计等高线； ②各专业制图标准中规定的线型
单点画线	中		0.50b	①土方填挖区零线； ②各专业制图标准中规定的线型
	细		0.25b	①分水线、中心线、对称线、定位轴线； ②各专业制图标准中规定的线型
双点画线	粗		b	规划边界和用地红线
	中		0.50b	地下开采区塌落界限
	细		0.25b	建筑红线
折断线			0.25b	断开线
波浪线			0.25b	

线型具体用于施工图绘制的实例，如图1.6和图1.7所示。针对不同内容，应采用不同线型。

在图1.6和图1.7实例中，粗实线用于表示被剖切驳岸的主要结构轮廓线和树箱立面图的外轮廓线；细实线用于表示剖面和立面图中的可见次要结构轮廓线，以及不同结构层次的引出线。

6)关于“现场确定”

施工图中常见“现场确定”或“现场决定”的字样，这是施工图阶段，设计师面对一些一时难以确定的或借助图纸难以表达的问题（例如复杂的造型），采取的实事求是并且行之有效的解决方式。针对这些问题，可以先在图中注明“现场确定”，意指由设计师去施工现场考察后再做决定，或由设计师在现场指导施工，因为这些问题如何解决，需要到工地察看样板（例如色彩和材质，如图1.8所示）、察看施工的实际情况，或察看地形及地质情况等等以后，才能对造型、材料、大小和做法等，做出符合实际情况的决定（如图1.9所示）。当然，施工图中“现场确定”的内容应越少越好，以免给参与设计和建造的各单位增添过多麻烦，因为在现场改动设计，同样要履行规定的程序。

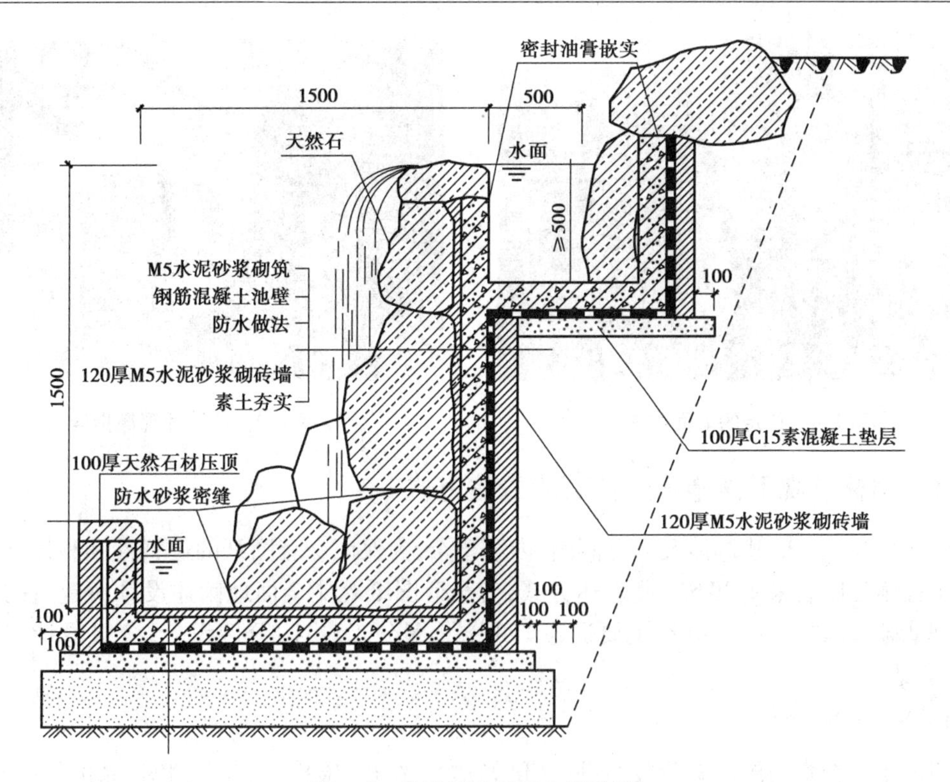

图 1.6　线型用于剖面大样举例

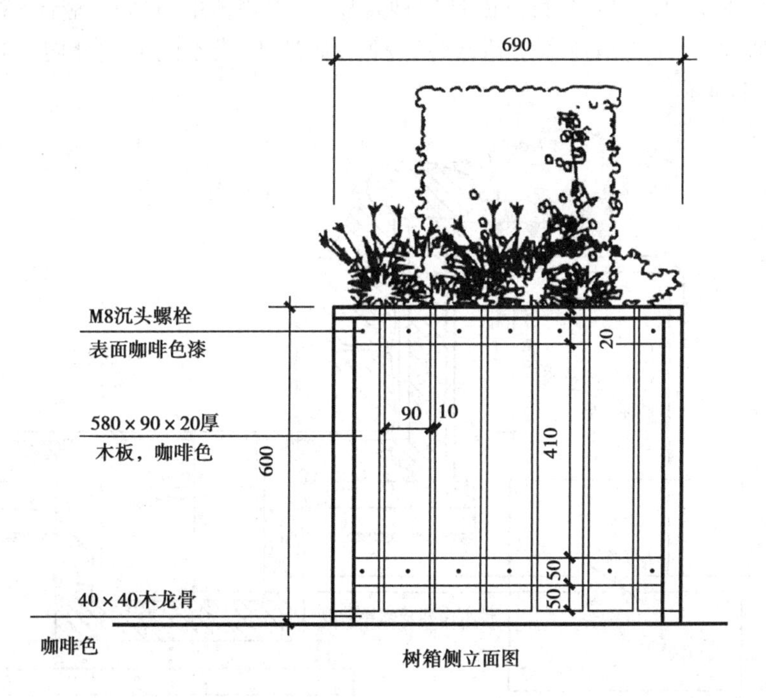

图 1.7　线型用于立面大样举例

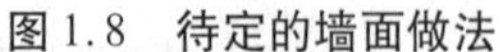

图1.8　待定的墙面做法

图1.9　设计师现场指导

1.5.2　园林景观工程施工图特有的表达方式

园林景观工程的建造涉及方方面面，内容繁杂，为保证全套图纸的逻辑性和整体性，园林景观工程施工图会采用以下一些表达方式，使全套图纸既能全面地阐述设计对建造的要求，又条理清晰、逻辑严谨。其中，主要通过“四分”（即分工设计、分区设计、分级设计、分项设计）进行表达。

1）分工设计

诸多工种会参与施工图阶段的设计（例如建筑、结构、给排水、电器照明、绿化景观等），各工种之间必须密切配合，共同设计，而且这种合作，应以规范的方式体现于图纸当中，避免出现漏项和矛盾冲突，即个别技术问题被各工种同时忽略，或不同的设计内容重叠一处，如图1.10和图1.11所示。

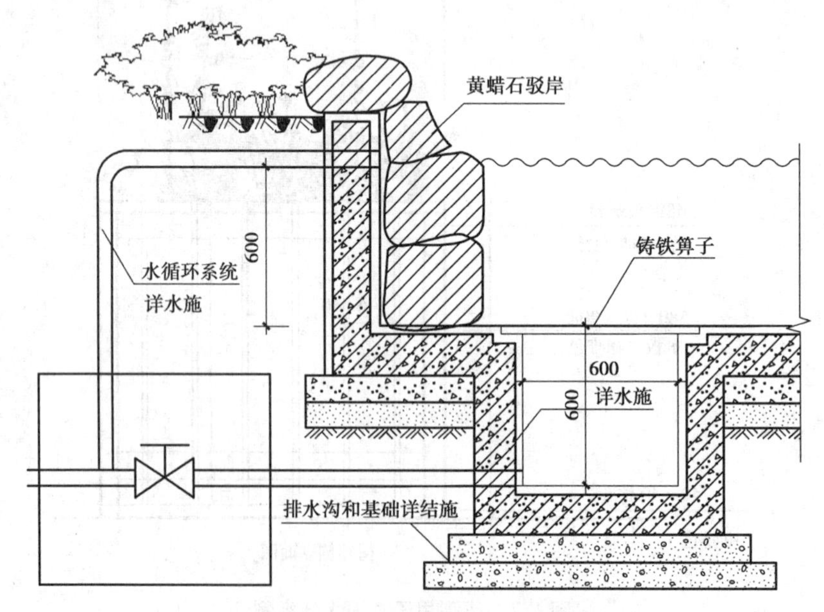

图1.10　景施与水施配合示例

施工图阶段，园林设计师还需绘制一些“工作图”，作为工种之间配合设计的依据，供其他专业参照。例如，效果灯具布置图是为电气照明工种提供参考的，其主要内容是提出除普通照明灯具以外的特殊灯具的选型和布置要求,以便会同电气照明工程师共同设计,保证照明的艺术效果设想能够落实。工作图主要是定性规定一些设计要点,而电气照明工种负责在此基础上做出技术设计,使得各种技术参数能够达标。再如沟渠总平面图,是提供给排水工程师参照的,由园林设计师出于对文化艺术效果的考虑提出排水方式,定性地做出规定,再由给排水工程师来做定量设计并具体落实。

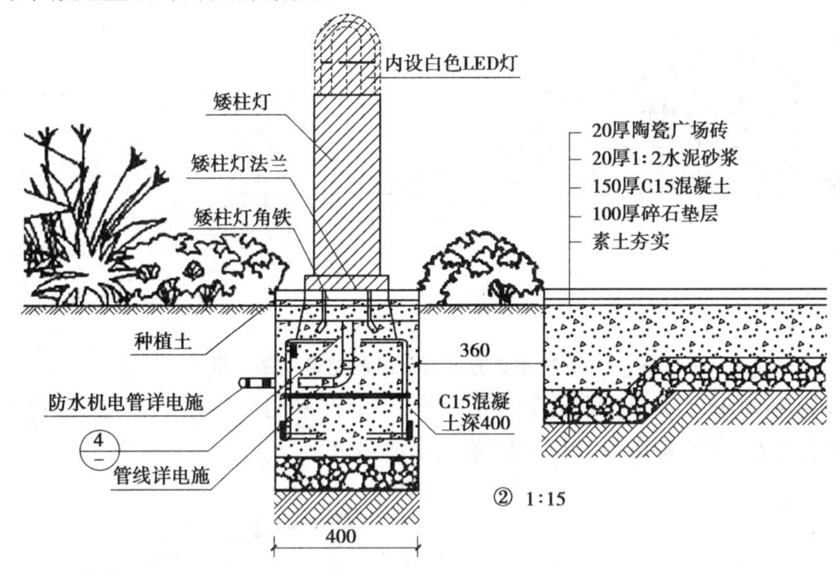

图1.11　景施与电施配合示例

2)分区设计

规模较大或内容较复杂的项目,可划分为若干较小的区域分别进行设计和绘制,如图1.12所示。绘制时应在分区设计图旁附上组合示意图,以表明本图所绘制的局部区域的内容,以及在整体里所处的位置。

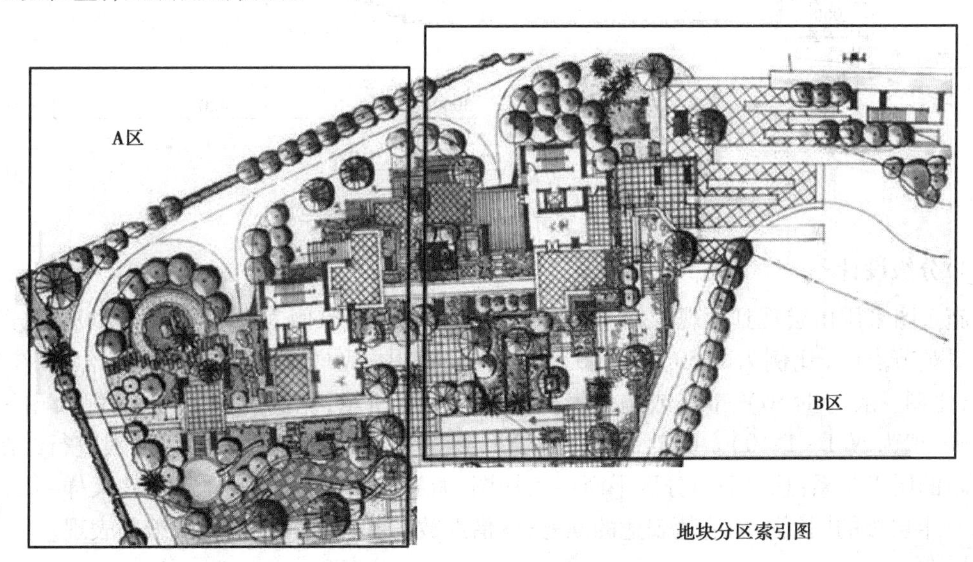

图1.12　分区平面及组合示意图

山地景观建筑，在各个平面之间的高差不大或地坪标高起伏不定、不便于划分楼层并分层绘制时，也可以采用在高程上分区的方式进行平面图绘制。如图1.13所示，其C区平面的地面和楼面，设计高程起伏变化较多，不便于划分楼层，采用分区绘制就较为合适。

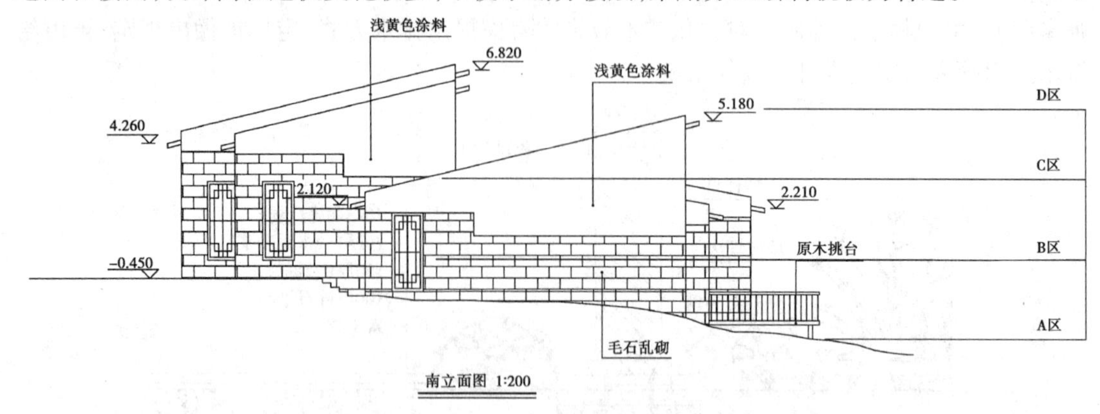

图1.13　在垂直方向分区绘制建筑平面示意1

如图1.14所示的建筑，具有不同标高的平面，也宜采用分区绘制。这时，各个平面图不再以楼层数来命名，通常是以设计标高的范围来命名。

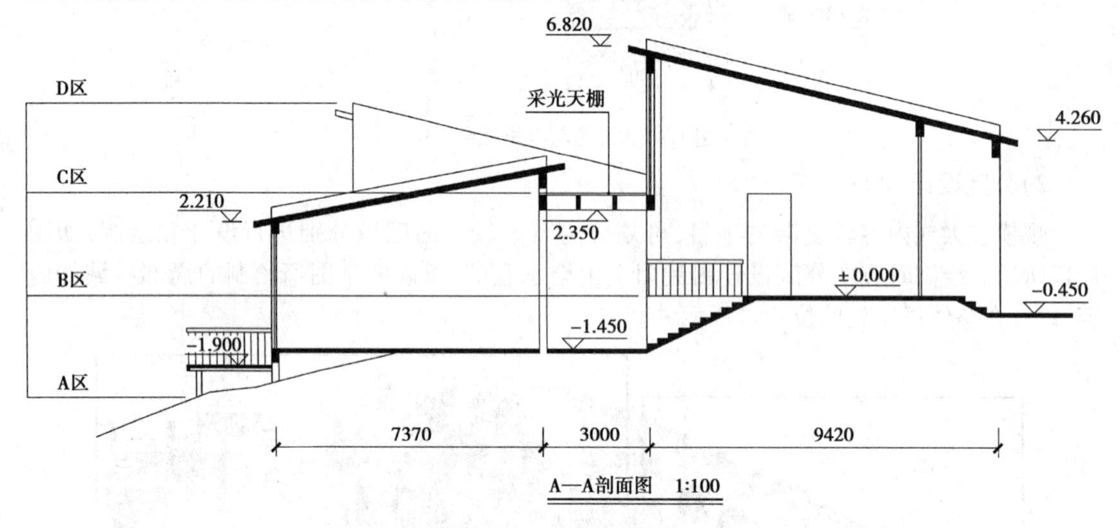

图1.14　在垂直方向分区绘制建筑平面示意2

3）分级设计

施工图采用由宏观到微观的叙述顺序，依次是总平面（比例为1:500～1:1 000）、分区平面或景观节点图（比例为1:50～1:200）、大样图。其中，大样图又包括局部大样（如图1.15所示，比例一般为1:50）、节点或构件大样（如图1.16所示，比例为1:10～1:20）、配件大样（比例一般为N:1～1:10）。由1:500～1:1 000到N:1（图比实物大），逐级放大进行绘制，构成清晰的层级关系：总平面→分区平面→大样图（局部大样→节点大样或构件大样→配件大样），一个层级的图纸不能清楚表达的问题，就借助放大和绘制其他层级图纸去表现。

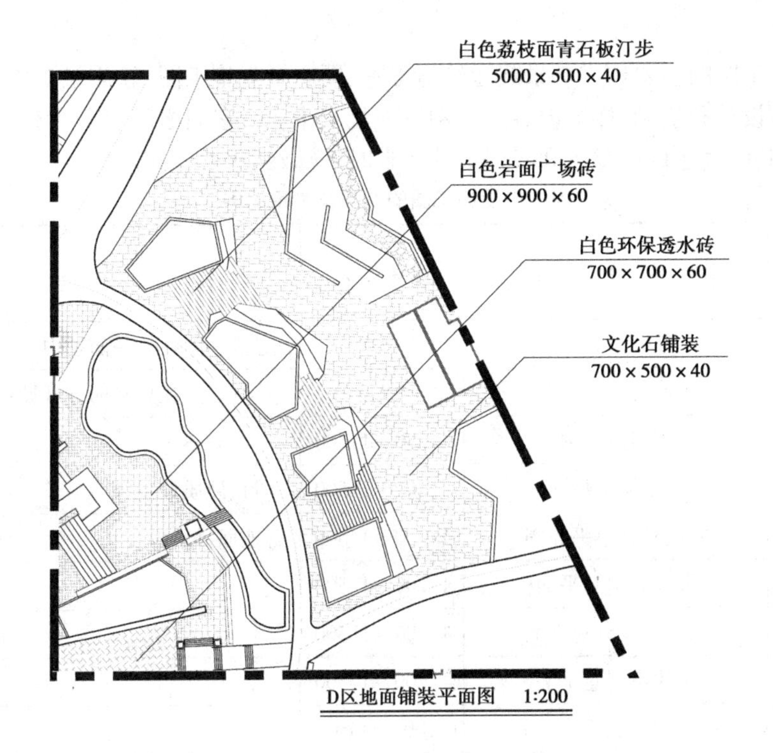

图1.15　局部大样

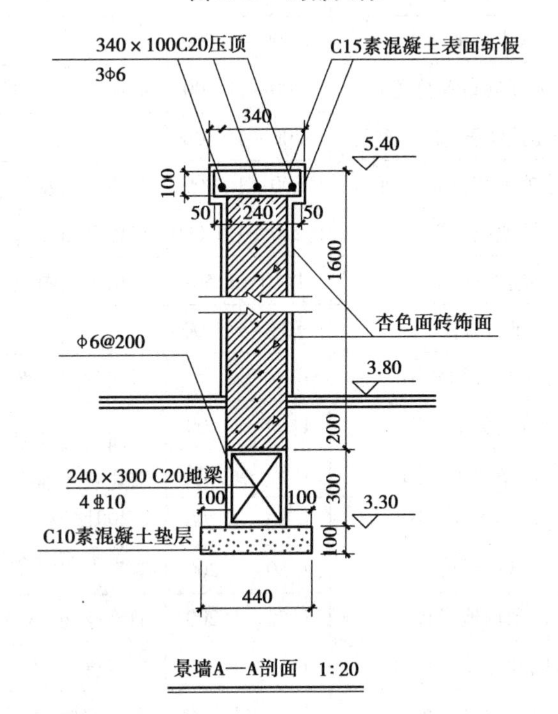

图1.16　节点大样

4)分项设计

园林景观施工图的主要构成有景观建筑施工图、硬质景观施工图、软质景观施工图等(主要由园林设计师设计和绘制,详细内容与比例可参见表1.3),它们之间有着严密的逻辑关系和层级关系,在共同表达设计意图和对建造的要求时,应做到丝丝入扣。

表1.3　景观施工图的种类及常用比例

类型	全图名称	分解图或分区图名称	常用比例	备注
景观施工图	总平面图	地理位置图	无	示意图,附在总平面图中
		地块分区示意图	无	示意图,附在总平面分区设计图中
		网格放样图	1:200~1:500	
		总平面定位图	1:200~1:500	建筑、硬质景观等
		竖向设计总平面图	1:200~1:500	含地面排水设计
		大样索引总平面	1:200~1:500	
		微地形设计总平面	1:200~1:500	
		水体设计总平面	1:200~1:500	
		种植总平面	1:200~1:1 000	
		路网布置图	1:500~1:1 000	
		铺装总平面	1:500~1:500	
		(效果灯具布置总图)	1:200~1:1 000	示意图,工作图的一种
		排水沟渠(管)总平面	1:200~1:1 000	
		其他单项布置总平面	1:500~1:1 000	例如小品及艺术品布置
		场地剖面图	1:200~1:1 000	与总平面配套
		场地详图	1:10~1:50	与总平面图及剖面图配套
		土石方图	1:500~1:1 000	
	硬质景观设计	分区组合示意图	无	附在分区平面图中
		分区地面铺装图	1:50~1:200	小而复杂的平面常用1:50比例,如别墅建筑平面图,大而简单的平面可用1:200比例,如多层仓库的平面,大多数建筑平面图采用1:100比例
		分区平面定位图	1:50~1:200	
		分区平面放样图	1:50~1:200	
		分区微地形设计图	1:50~1:200	
		运动场地设计	1:50~1:200	羽毛球场、网球场等
		园路及停车场设计	1:50~1:200	含栈道
		分区活动场地	1:50~1:200	露天剧场、活动广场
	景观节点	景观节点大样图	1:50~1:200	含平、立、剖面及大样图(详图)

续表

类型	全图名称	分解图或分区图名称	常用比例	备注
景观施工图	软质景观设计	水体分区设计或水景施工图	1:50～1:200	
		分区乔灌木种植平面图	1:50～1:200	
		分区地被植物种植平面图	1:50～1:200	
		树池施工图	1:50～1:200	
		屋顶绿化施工图	1:50～1:200	
		水生植物种植平面	1:50～1:200	
		水景防水设计	1:50～1:200	
	景观建筑小品		—	植物容器、户外家具、花架花廊、假山、置石、驳岸、标牌、标志、标识
			—	
配套设施	配套设施	健身设施安装图	—	各种成品的安装图、戏水池、沙坑等设计
		儿童游乐设施设计安装	—	
		艺术品、灯具基础	—	
景观建筑	景观建筑物、构筑物施工图		1:50～1:100	亭、廊、大门、车站、茶楼、餐厅、公厕、小卖部、垃圾站、自行车棚、挡土墙、围墙、景墙、小桥、护坡、栈台、台阶等的平、立、剖面图及全部的大样图
景观设计详图	局部大样图		1:50	地块、设施大样，如花坛、水池、运动场大样、景观节点设计图
	节点大样		1:10～1:20	景观某个局部的关键点，如铺装节点、路缘石大样、水沟大样、树池及种植池大样、台阶、绿地收边大样
	构件大样		1:10～1:20	一个独立的构件，如景窗、栏杆、树池盖等
	配件大样		1:1～1:10	小型装饰构件和连接用的构件，如预埋铁件
利用图	国家标准设计图		—	J系列，一般是引用，可不绘图
	地方标准设计图		—	DBJ系列，一般是引用，可不绘图
	设计单位的重复利用图		—	图纸附在施工图里
其他	分项工程施工图		—	例如配套的小型建筑的建施图，独立成套设计，或单项设计的各种总平面图

续表

类型	全图名称	分解图或分区图名称	常用比例	备注
参与设计图		建筑		小建筑独立设计,大型建筑可合作参与
		结构		基础、护坡、挡土墙等,小型的独立设计
		给排水		排水管道、排水沟渠等,小型的独立设计
		电器照明		特殊灯具选型、特殊布置设计
		弱电系统		广播、监控、通信等,配合设计
		喷泉		参与设备选型
		艺术品		参与制作安装设计,甚至独自创作、定制安装

一个园林景观工程项目,还可能由众多的小项目组成,比如一个公园的设计,就可能有餐厅设计、大门与围墙设计、水景设计、铺装设计、种植设计等。这些小项目的图纸自成一套,为区别开,可在标题栏里加以区分,如图 1.17 所示。

<table>
<tr><td colspan="5">设计单位全称</td><td>业主</td><td></td></tr>
<tr><td>批准</td><td></td><td></td><td>比例</td><td></td><td rowspan="2">项目名称</td><td rowspan="2"></td></tr>
<tr><td>审查</td><td></td><td></td><td>日期</td><td></td></tr>
<tr><td>设计</td><td></td><td></td><td>专业</td><td></td><td rowspan="2">子项名称</td><td rowspan="2"></td></tr>
<tr><td>制图</td><td></td><td></td><td>设计阶段</td><td></td></tr>
<tr><td rowspan="2">图名</td><td colspan="4" rowspan="2"></td><td>项目编号</td><td></td></tr>
<tr><td>图号</td><td></td></tr>
</table>

图 1.17　施工图的子项工程与标题栏

再如内容繁杂的景观设计总平面图,可分解为竖向设计总平面图、总平面定位图、绿化和小品总平面、场地铺装总平面、索引总平面等单项设计总平面,应分别绘制,以清楚地交代某一个单项的设计,这也与分项设计类似。而较为简单的项目,仅需一个景观施工设计总平面图就够了。

5)图纸的分解与合并

对内容较简单的图,可以做合并或者简化,例如建筑施工图将若干相同的楼层平面绘制于一个标准层平面中。绘图时也可使用对称轴符号以及折线(如图 1.18 所示),这样可节省许多绘图量和读图量。对内容较复杂的图,则可分解为几张内容相对单一的图纸去分别表达,以免照实绘制的时候,因图面内容过多而相互重叠和干扰,致使设计信息含混不清。

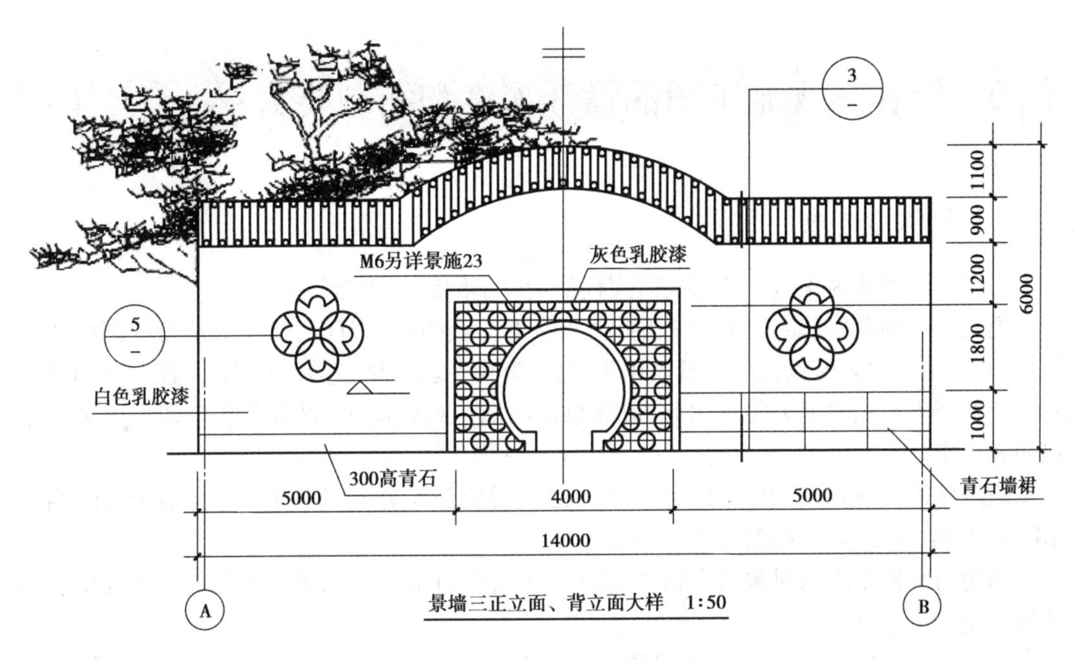

图 1.18 立面图中对称轴符号的应用

6）相关信息的表达

标题栏和会签栏是施工图纸的重要组成部分。会签栏包括参与会签的单位名称、会签姓名以及会签日期，举例如图 1.19 所示。会签栏是落实勘察设计单位质量管理体系的重要环节，是证实工程勘察设计各部门、各专业间的相互协调的重要证据。标题栏应该反映诸如工程名称、设计单位、图别、图号、工程负责人、设计人、制图、校核、本页图名和出图日期等重要信息，如图 1.20 所示。各设计单位的会签栏（或标题栏）内容都相同或相近，但形式各异。

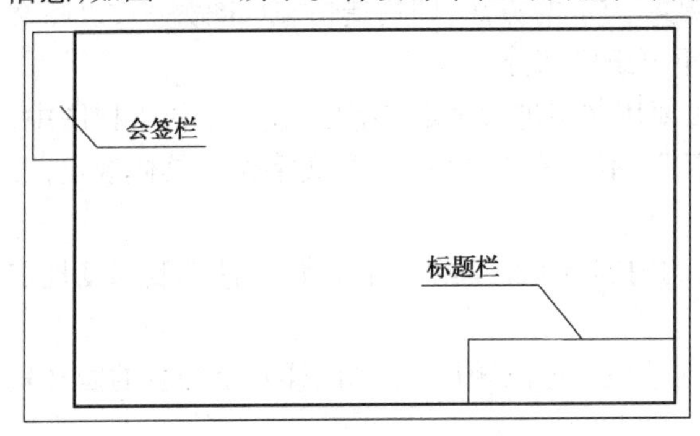

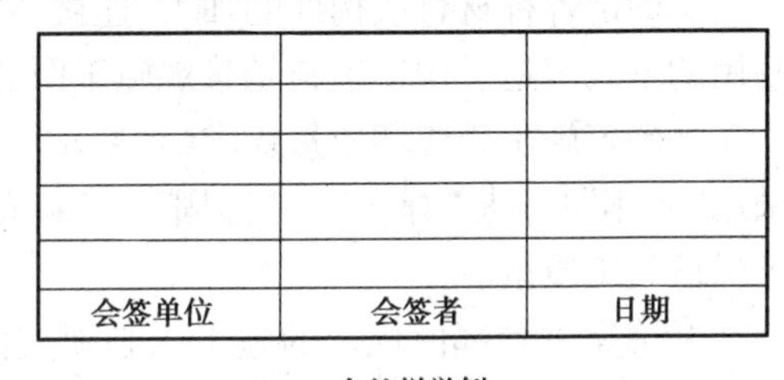

会签单位	会签者	日期

会签栏举例

会签栏和标题栏在图幅中的位置举例

图 1.19 施工图的会签栏举例

设计单位名称				工程名称		
子项工程				本页图名	编号	
工程负责		制图			图别	建施
各种负责		校核			图号	1/52
设计					日期	

图 1.20 施工图的标题栏举例

1.6 园林景观施工图的设计深度和绘制要求

1.6.1 设计深度要求

施工图应以图样为主,以文字为辅,交代清楚以下问题("九定"):

①确定施工的范围(定范围):应表明全套施工图纸的适用范围,以及个别设计图样所使用的范围,以免为甲处所设计的图纸被用于乙处;避免一套图纸被多次使用;保证全套图纸乃至每一个图样不被用错地方等。因此,应在总说明的工程概况中,以及在各个图样的名称中作出明确规定。

②确定施工的内容(定内容):施工图只绘制需要施工建造的内容,不绘制无关的内容(如配景、人物、汽车、游艇等)。

③确定所有需施工的对象的形状(定形):主要借助平面图、立面图、网格图和大样图等进行明确规定。

④确定施工对象的大小(定量):例如广场的长度和宽度、景墙上门窗洞口的大小等,一般以尺寸和数据来明确规定。

⑤确定施工对象的空间位置(定位):主要以测量坐标、距参照物的距离、相对标高和绝对标高等具体数据来规定。

⑥确定在建造施工的对象时,应采用的各种材料(定材料):以文字标注和图式的方式说明所用材料及对材质的要求,包括材料的品种、款式、规格(如型钢规格、墙地砖大小)、色彩(色标号)、等级(如砂浆标号、混凝土标号)等。

⑦确定各种材料或构件的加工、连接、安装和固定的方法,即构造措施(定做法),以图文并用的方式表达。构造措施是景观施工图的重要组成部分。

⑧确定施工做法和质量要求(定要求):主要用文字进行规定,例如在说明中或大样图中,采用"焊牢"(不是"焊接")、"拴固""三遍成活"(不能一步到位)一类文字作出具体规定,要求保证施工质量。

⑨国家主管部门规定的施工图必须交代的内容,例如《建筑工程设计文件编制深度规定(2016)》中规定的内容。

当借助绘图和文字标注,规范、全面地交代清楚上述问题后,个别图样乃至全套的园林景观施工图就算基本完成了。

1.6.2 园林景观施工图绘制要求

绘制园林景观施工图时,应遵循言简意赅的原则,做到图纸简约、够用。在表达到位的前提下,图样和图纸的数量越少越好,这样既方便使用图纸,又能提高设计和绘图的效率,还便于各工种之间的配合,利于在设计中的修改和编辑。绘制施工图时应争取做到:

①尽量减少重复的图纸和图样,例如使用标准层设计图,使用对称轴绘图等,合并内容接近的图纸。

②合理采用绘图比例,在保证能清楚交代问题的前提下,绘制的图样越小越好。

③应使图纸阅读方便,例如设法将大样索引和大样图绘在同一张图里,使大样图与其出处紧密联系。

④重复利用设计单位自己以前所设计的工程图纸,这是施工图设计常用的方法,但必须在设计说明和图纸目录中特别说明,并将以前的图纸与现在的施工图融合成为整体,这样可提高效率,甚至有益于建造质量。

1.6.3 标准设计图的利用

施工图设计阶段应尽量多地利用标准设计图,以提高设计效率和保证工程质量。标准设计图主要解决建造的技术问题,经过了实际工程的检验,设计质量可靠。同时,标准图的版权是公开的,鼓励设计师利用,以提高设计和建造质量。标准设计图的使用也受到与施工建造有关各方的欢迎,例如设计单位、审图单位、监理单位、施工单位、业主代表和构件生产单位等。特别是利用标准图就不必绘图,而是选用现成的设计图,可以省去大量重复劳动,只需在景观施工图中注明其所在图集的代号、页次和编号等,所以景观施工图利用标准设计图较多。

标准设计图有全国通用的类型,图纸编号带“J”,如《环境景观—室外工程细部构造图集》(15J012 - 1)、《环境景观—绿化种植设计》(03J012 - 2)等,如图 1.21 所示;也有全国各地方根据当地实际需要而编订的(即地方建筑标准图),其编号不一,如西南 11J 系列建筑标准设计通用图集,如图 1.22 所示;较多的还有 DBJ(地方标准建筑图)系列;同样,其他设计工种也有自己的标准设计图,与建筑图配套。熟悉标准设计图,也是学习景观工程构造知识以及间接积累工程经验的一个途径,能很好地利用标准图也是施工图设计的能力之一。

图 1.21 全国通用的建筑标准设计图集举例

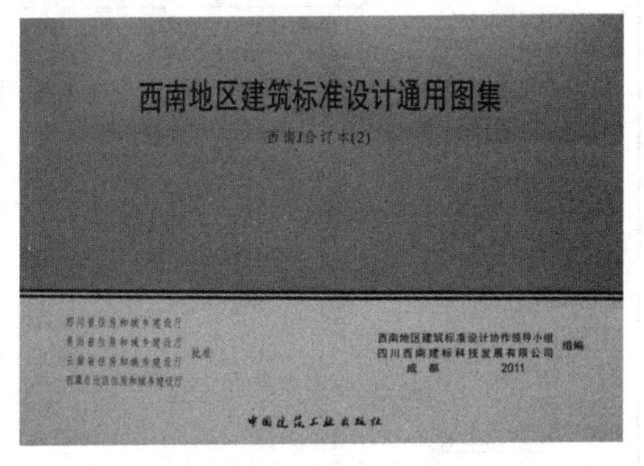

图 1.22 地方通用的建筑标准设计图集举例

1.6.4 景施图的设计范本

园林景观施工图的绘制,还有一个重要的参考文件,即《建筑场地园林景观设计深度及图样》(06SJ805),如图 1.23 所示。它直观地为各种类型的景观施工图绘制了较为标准的范例,如图 1.24 所示。

图 1.23 设计范本封面

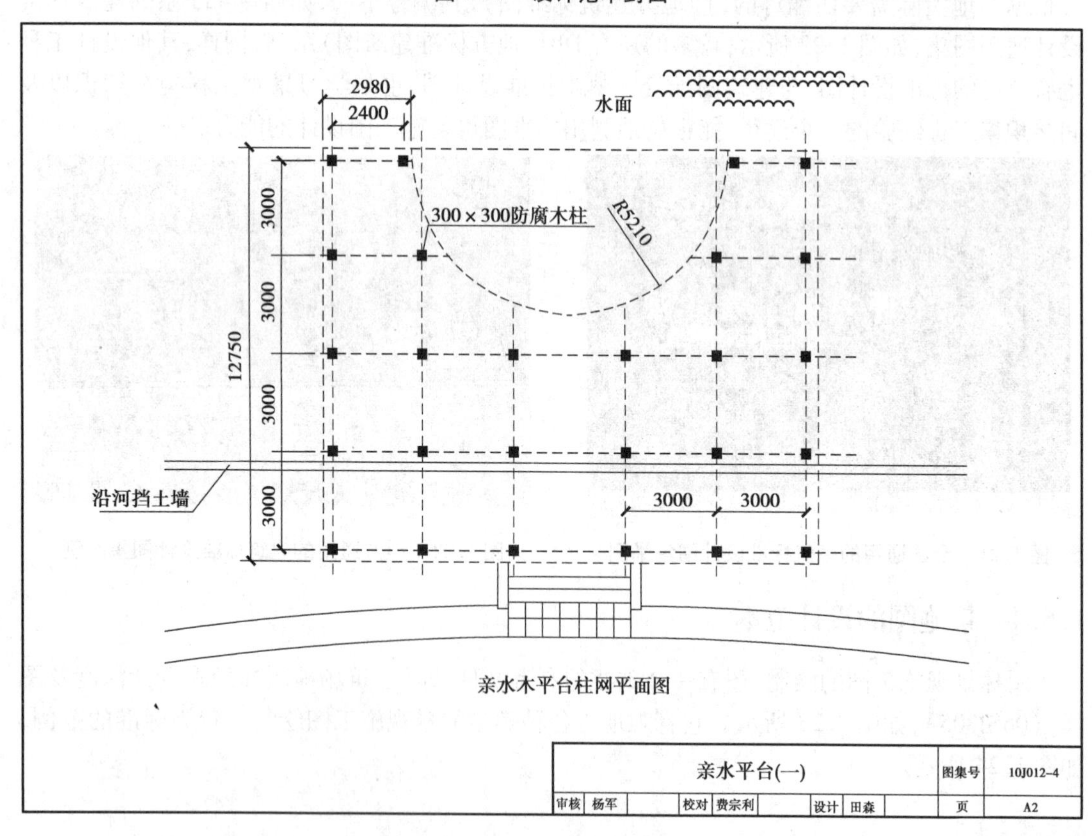

图 1.24 设计范本图例

1.7 施工图设计之前的准备

设计之前的调查研究尤为重要,最好在方案设计之初就着手进行,特别是设计条件的调研,应详细调查并落实以下内容:

①场地的地理位置,场地的大小,场地的地形、地貌、地物(有的地物因不能随意改动,会直接影响设计的布局)等。

②周边环境条件,周边交通,城市的基础设施建设情况等。

③市政设施,包括水源位置和水压,市政排水管网、电源位置和负荷能力、燃气和暖气供应条件等。另外,场地上空如果有高压线通过,地下如果有重要的市政管网、人防或溶洞等,都应调查清楚,它们与工程的布局设计有密切关系。

④气候条件,如降雨量、降雪、日照、无霜期、气温、风向、风压等,这些对植物的种植设计很重要。

⑤水文条件,包括地下水位、地表水位的情况,若干年一遇的洪水及洪水淹没区等。

⑥地质情况调查,包括地质异常(如溶洞、地下人防工程、滑坡、泥石流、地陷等)和下面岩石或地基的承载力等。另外,该地的地震烈度和设防要求,可以通过《中国地震烈度区划图》查得。

⑦采光通风情况,尽量使拟建建筑能够避开其他已建建筑的遮挡,或充分利用场地的特点,为建筑物争取较好的视野、日照、采光和通风条件。

1.8 全套园林景观施工图的编订

由园林设计师负责设计的内容和绘制的图纸主要包括小型园林建筑设计(各种建筑物和构筑物)、景观小品设计与选型、微地形设计、地面硬化(含道路广场)设计、绿化设计(种植设计和水景设计)、景观配套设施选型和定位等。

全套园林景观施工图由以下图纸文件组成,按照装订的先后顺序列举如下:

①图纸封面:应包含项目名称、设计单位、设计专业(工种)、设计阶段和出图时间等内容。

②图纸目录。不同项目根据该项目设计要求完成。

③设计说明。包括项目概况、设计依据、设计内容及范围、技术说明、竖向设计说明、施工要求等。

④总平面图。包括网格放样图、总平面索引图、竖向设计总平面图、总平面定位图、植物种植总平面等,各图纸的绘制与否视具体工程而定。

⑤各分区平面图(含微地形设计、硬质与软质景观等)。包括分区平面图、分区索引平面图、分区竖向平面图,分区定位平面图,分区铺装平面图等。

⑥各景观节点图。

⑦各地形剖面图。

⑧局部大样图。在总图图纸比例下无法叙述详尽时,使用大样图放大尺寸进行详细

设计。

⑨节点大样图和构件大样(一般与配件大样图在一处)。该图纸必须绘制完整的场地剖面或构筑物剖面,标注清楚场地关系。

⑩各分项设计图。

⑪附件:建施图的附件一般是设计中所选材料、设备的资料,以及重复利用的图纸资料等。

全套施工图编订的先后顺序,应按照由宏观到微观的叙事顺序来安排,而且应与施工的先后顺序大体一致。

1.9 设计单位的施工现场服务

设计单位的现场服务是指勘察、设计单位按照国家、地方有关法律法规和设计合同约定,为工程建设施工现场提供的与勘察设计有关的技术交底、地基验槽、处理现场勘察设计更改事宜、处理现场质量安全事故、参加工程验收(包括隐蔽工程验收)等工作。施工现场服务是勘察设计工作的重要组成部分,其工作内容与施工图和施工建造有密切关系,主要包括:

1)技术交底

技术交底也称图纸会审,工程开工前,设计单位应当参加建设单位组织的设计技术交底,结合项目特点和施工单位提交的问题,说明设计意图,解释设计文件,答复相关问题,对涉及工程质量安全的重点部位和环节的标注进行说明。技术交底后会形成一个《图纸会审纪要》,它是施工图纸文件的重要组成部分,也是施工的重要依据之一。

2)地基验槽

地基验槽由建设单位组织建设单位、勘察单位,设计单位,施工单位、监理单位的项目负责人或技术质量负责人共同检查验收,评估地基是否满足设计和相关规范的要求。

3)现场更改处理

(1)设计更改

设计文件不能满足有关法律法规、技术标准、合同要求,或者建设单位因工程建设需要提出更改要求时,应当由设计单位出具设计修改文件,包括修改图或修改通知。

(2)技术核定

设计单位应对施工单位因故提出的技术核定单内容进行校核,由项目负责人或专业负责人进行审批并签字,加盖设计单位技术专用章。

4)工程验收

设计单位相关人员应当按照规定参加工程质量验收。参加工程验收的人员应查看现场,必要时还要查阅相关施工记录,并依据工程监理对现场落实设计要求情况的结论性意见,提出设计单位的验收意见。

思考题

1. 施工图的作用有哪些?
2. “九定”分别是指什么?
3. 施工图设计依据(国家标准或规定)主要有哪些?
4. 设计标准图的主要内容是什么?
5. 施工图设计中关于施工放样的表达方法有哪些?
6. 设计师的现场配合是施工图设计阶段的一个环节吗? 为什么?
7. 施工图设计阶段重要的设计依据有哪些?
8. 施工图图纸文件的编订顺序有什么特点?
9. “四分”的施工图叙事方法具体是指哪些?
10. 关于分级绘图,一般的施工图有哪几个重要的层级? 其各自的常用比例是什么?

园林景观施工图制图与识图

本章导读

本章系统介绍了有关园林景观施工图绘制的规范及要求,以及施工图在设计参数表达方面的深度要求和表达方法,包括对线型、图式、文字标注、大样索引、表格、设计参数(例如坐标、尺寸和设计高程等)、材质填充等内容的介绍,以及对这些内容的表达方法和深度要求的介绍。本章还简要介绍了地形测绘图的特点和与园林景观设计有关的图式,以便读者在设计时能够熟练地阅读和使用地形测绘图。

2.1　常用的图纸类型

由园林工程师负责设计的全套园林景观施工图(不含水施、电施和结施等),所涉及的图纸类型主要有四类,即地形测绘图、园林建筑施工图,景观施工图、植物景观施工图。

2.1.1　地形测绘图的识别与应用

大多数园林景观工程常用的地形测绘图,是在测量地形以后,按照国家标准《国家基本比例尺地图图式　第1部分:1∶500 1∶1 000 1∶2 000 地形图图式》(GB 20257.1—2017)绘制的。少数工程(例如风景区规划设计)可能会用到别的制图比例(如1∶10 000等),也是按照相关的国家标准绘制的。

地形测绘图在使用时,要注意以下几点:

1)现场核实

设计时所用地形图一般是若干年前测绘的,其地形和地物至今已有多少不一的改变,设计师应去现场踏勘，根据实情对测绘图进行修正，然后才用于总平面图。

2）在设计时的应用

用 CAD 绘制的总平面，应在修正后的地形测绘图上绘制，才能直观反映设计建造的内容与原有地形和地物的关系。此时，根据现场实情修正过的测绘图应全部采用灰色，以区别于设计的内容。测绘图不能在 CAD 的工作界面中随意移动（Move）、旋转（Rotate）和缩放（Scale），否则会使测绘坐标（CAD 中左下角的 *X* 和 *Y* 的数值）错乱，致使施工图无法使用。在我国，设计坐标的 *X* 和 *Y* 与 CAD 中的 *X* 和 *Y* 相反，即在设计标注时，CAD 的 *X* 数值应为坐标 *Y* 的数值。

3）测绘图识别

测绘图是测量大地以后，依据有关国家标准绘制的，景观工程目前常用的地形测绘图，目前是依据《国家基本比例尺地图图式　第 1 部分：1∶500　1∶1 000　1∶2 000 地形图图式》（GB/T 20257.1—2017）绘制的，常用的测绘图图式列举如下：

①典型地形地表图式，如图 2.1 所示。

冲沟	土质陡崖	石质陡崖	人工陡坎	崩崖	未加固陡坎
已加固陡坎	梯田坎	土堆、渣堆	坑穴	山洞、溶洞	滑坡
戈壁滩	沙泥地	石块地	小草丘地	龟裂地	盐碱地
垃圾场	公墓	遗址	地形等高线	运动场地	水塘
河流	干河床	湖泊	淤泥滩	红树林滩	沙滩

图 2.1　地形地表图式举例

②典型建筑物和构筑物图式，如图 2.2 所示。

混1			破	混3	
地面建筑	棚房	无墙棚房	破坏房屋	廊房	蒙古包
			23		瓦
窑洞	水塔	水磨房	电视发射塔	烟囱	堆式窑
	砼5 H	砼4 M			混
风车	宾馆　饭店	商场　超市	纪念碑	字碑	庙宇
古迹	教堂	塔	科学实验站	亭	雕像
清真寺	敖包　玛尼堆	土地庙	气象站	环保监测站	地下建筑入口
	砼4	砼8 a		砖 5	
柱廊	挑外廊	外楼梯	围墙和门墩	门洞　过街楼	卫星地面站

图 2.2　建筑物和构筑物常用图式举例

③典型管线、围墙、路桥图式,如图 2.3 所示。

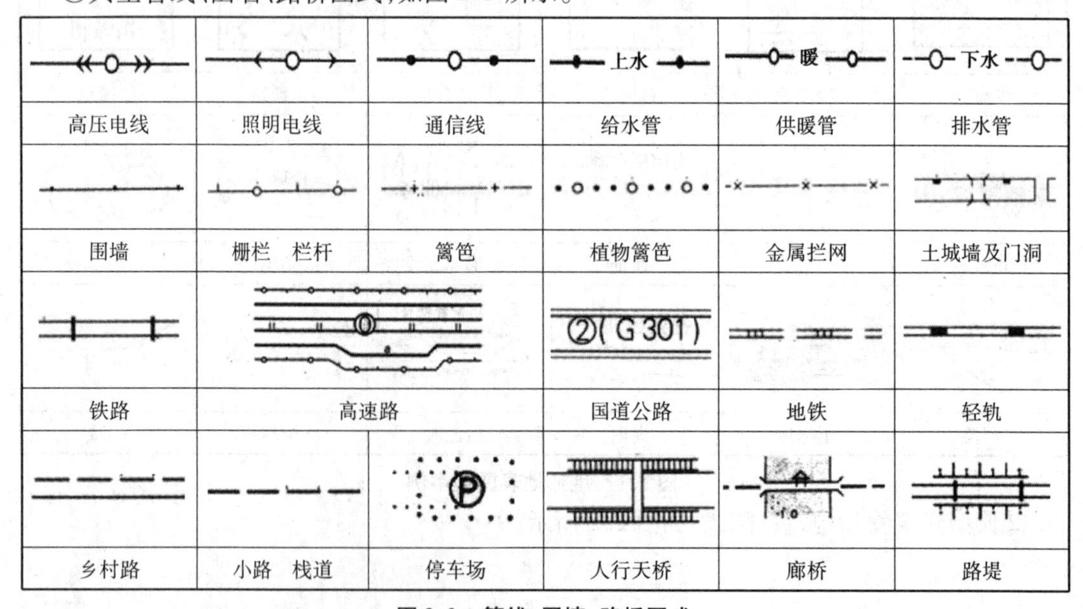

图 2.3　管线、围墙、路桥图式

④典型植物和绿地图式。植物的图式中有独立的植物,也有成片的植物,测绘图会在图式的旁边用虚线表示树林的大小和边界的形状,识图时应予以注意,如图 2.4 所示。

稻田	旱地	菜地	果园	桑园	有林地
灌木林	天然草地	花圃	竹林	人工草地	芦苇地
其他园林	橡胶园	半荒植物地	植物稀少地	未成林	阔叶独立树
针叶独立树	果树独立树	椰子独立树	独立竹丛	独立灌木丛	散树

图 2.4 植物和绿地常用图式

2.1.2 园林建筑施工图识图与制图

建施图由各式线型、图式、材料符号、设计参数、各种编号和表达方式等组成。制图的依据目前主要有《建筑制图标准》(GB/T 50104—2010)、《房屋建筑制图统一标准》(GB/T 50001—2017)等。绘制的内容主要是建筑物、构筑物的平面、立面、剖面图和大样图等。

(1)线型

施工图绘制时会采用各种线型,针对不同绘制对象应规范地采用不同的线型,具体要求详见《风景园林制图标准》(CJJ/T 67—2015)的规定。

(2)大样索引和大样编号

建施图的设计过程中会产生和绘制许多大样图(也称为详图),这些大样图及其出处要借助大样索引和大样编号产生相互间的联系。大样索引符号的直径为 10 mm;大样编号的直径为 14 mm 并且用粗实线,如图 2.5 所示。但注意:这些直径的大小是对 A0、A1 和 A2 大小图纸的打印结果而言的,更小的图则不然。

(3)构造层次标注

地面或墙面等,通常要做粉刷或装修,采用不同的材料对其表面按照工序进行处理,会形成不同的构造层次,对这些层次的标注方式如图 2.6、图 2.7 所示。

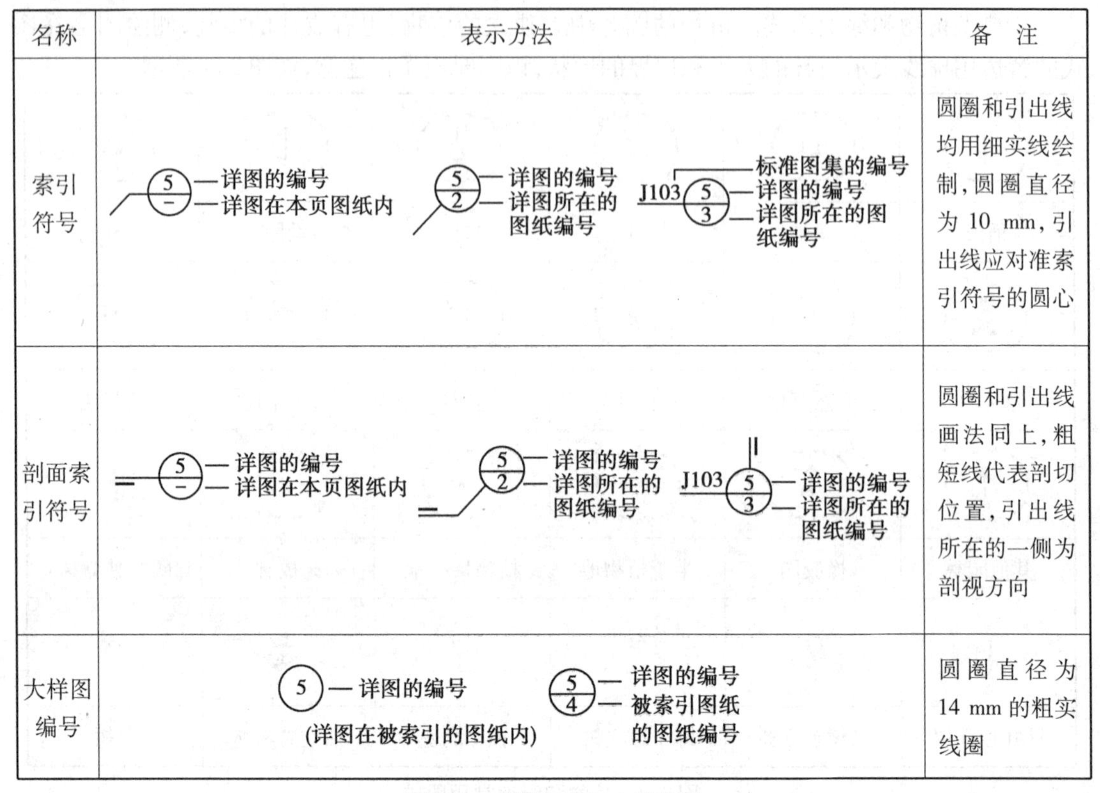

名称	表示方法	备　注
索引符号	5/— 详图的编号；详图在本页图纸内　　5/2 详图的编号；详图所在的图纸编号　　J103 5/3 标准图集的编号；详图的编号；详图所在的图纸编号	圆圈和引出线均用细实线绘制，圆圈直径为 10 mm，引出线应对准索引符号的圆心
剖面索引符号	5/— 详图的编号；详图在本页图纸内　　5/2 详图的编号；详图所在的图纸编号　　J103 5/3 详图的编号；详图所在的图纸编号	圆圈和引出线画法同上，粗短线代表剖切位置，引出线所在的一侧为剖视方向
大样图编号	5 — 详图的编号（详图在被索引的图纸内）　　5/4 详图的编号；被索引图纸的图纸编号	圆圈直径为 14 mm 的粗实线圈

图 2.5　大样索引和大样编号

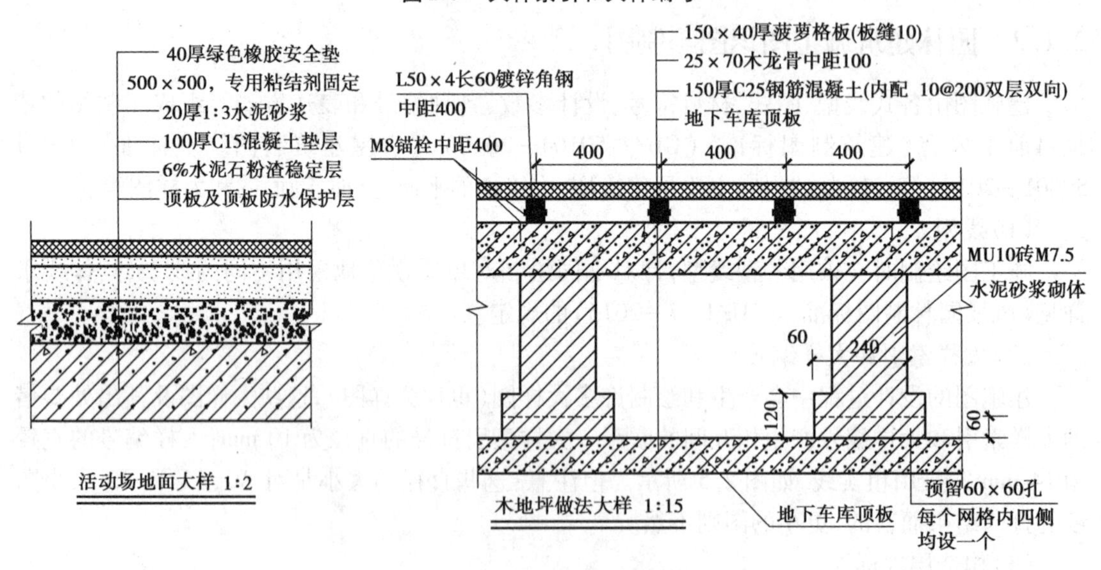

图 2.6　地面构造层次的标注

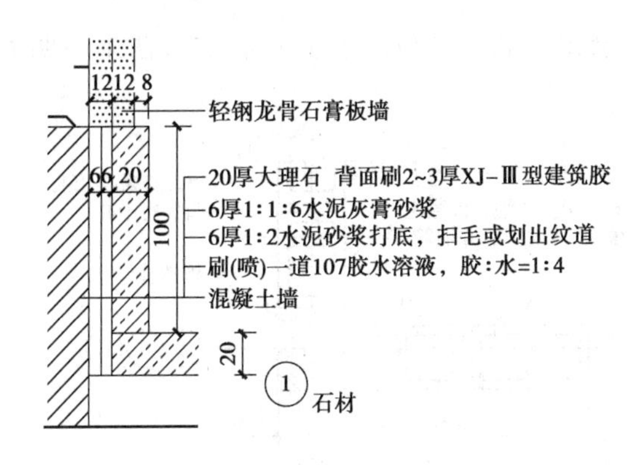

图2.7 墙面构造层次的标注

(4)轴线、轴网及编号

景观建筑的墙和柱的定位,是通过轴线、轴线编号和各种尺寸标注来规定的,如图2.8所示。为便于开挖基槽和基坑时的施工放线,轴线大多数通过墙和柱的中心线,只有少数例外。轴线编号是用数字(从左至右)和字母(从下往上)按顺序编号的,次要轴线(如独立的柱或墙体的轴线),可用分轴线标注,如图2.8(a)的1/4轴、2/4轴和1/5轴,分别表明④轴和⑤轴以后加的分轴线。轴线编号符号的直径为8~10 mm。

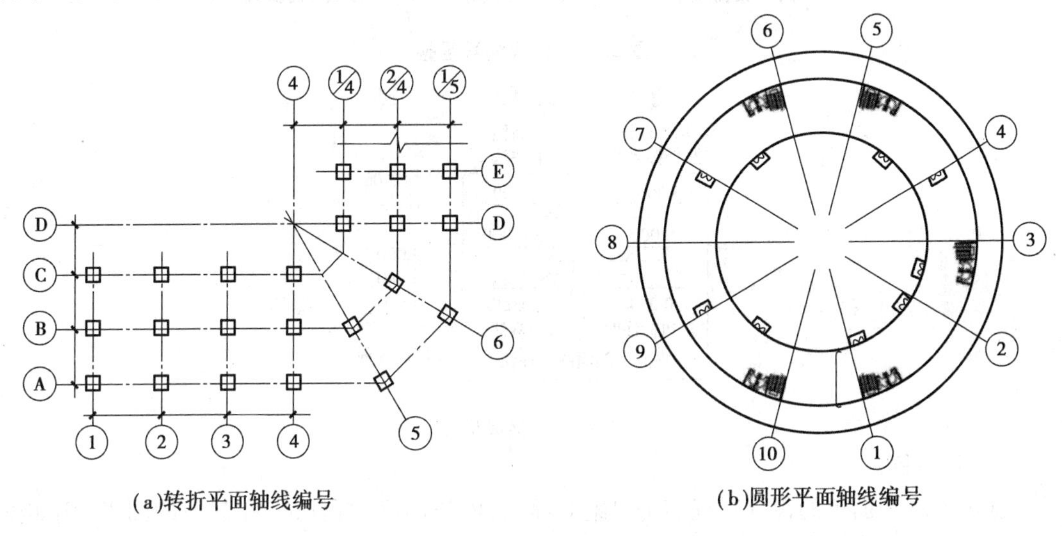

(a)转折平面轴线编号

(b)圆形平面轴线编号

图2.8 景观建筑轴线编号示例

分轴线中的分母编号不同,会有不同含义,如图2.9所示。

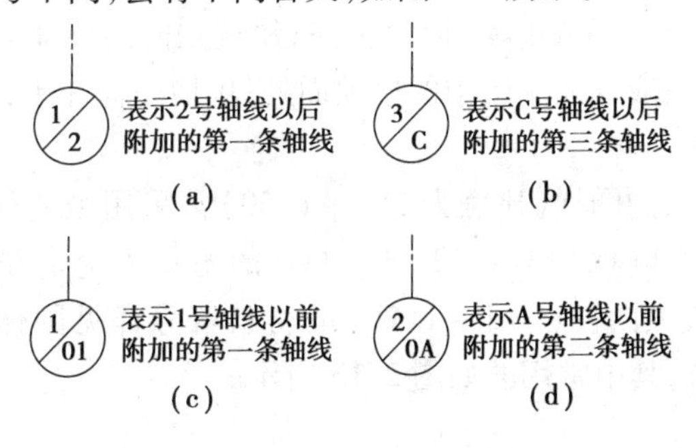

图2.9 分轴线中分母编号的含义

大样图里的轴线有时会采用若干个轴线编号重叠的方法来表明大样的适用范围，如图2.10、图2.11所示。

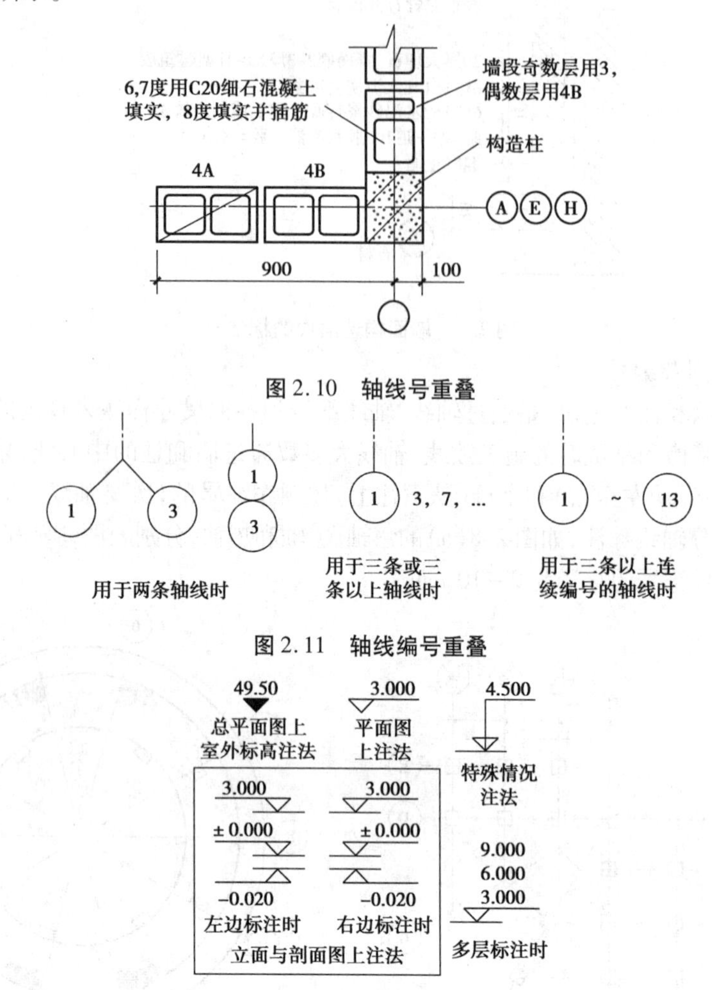

图2.10　轴线号重叠

图2.11　轴线编号重叠

图2.12　标高标注

(5)标高标注

施工图总平面里的设计高程均是以绝对标高(海拔高度)标注的，在其他的图里(例如微地形设计图和建筑小品等)，可用相对标高标注。标注的各种方式详见图2.12。设计标高在各图中需标注的位置是:总平面图在场地关键位置及建筑的主要出入口处标注;建筑平面图是在各层的主要垂直交通(楼梯或电梯口)处标注;建筑立面图标在洞口处、楼地面(屋面)处或重要位置;建筑剖面图一般标注于图中的楼地面处;场地图标注于关键点和主要地坪处。

(6)工程材料的标注

在施工图中，比例较大的图样(比例为1:1～1:50)常采用填充材质符号的方法，以区别不同材料。比例较小的图样(例如1:1:50～1:1 000的图)，不论是方案设计图还是施工图都不会采用。各种使用于较大图样(N:1～1:20)的材料符号详见国标《房屋建筑制图统一标准》(GB/T 50001—2017)，其中常用的如图2.13所示。

序号	位置	图例	说明
1	自然土质		包括各种自然土壤
2	夯实土填	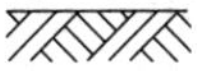	
3	沙,灰土		靠近轮廓线点较密的点
4	砂砾石、碎砖、三合土	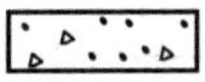	
5	天然石材	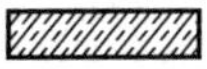	包括岩层、砌体、铺地、贴面等材料
6	毛石	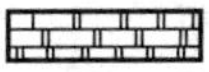	
7	普通砖		包括砌体、砌块, 断面较窄、不易画出图例线时,可涂红
8	耐火砖	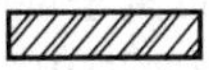	包括各种耐酸砖等
9	空心砖	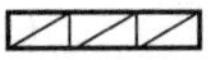	包括各种多孔砖
10	饰面砖		包括铺地砖、马赛克、陶瓷锦砖、人造大理石等
11	混凝土		1. 本图例仅适用于能承重的混凝土及钢筋混凝土; 2. 包括各种标号、骨料、添加剂的混凝土; 3. 在剖面线上画出图例时,不画图例线; 4. 断面较窄,不易画出图例线时可涂黑
12	钢筋混凝土		
13	焦渣、矿渣		包括与水泥、石灰等混合而成的材料
14	多孔材料		包括水泥珍珠岩、沥青珍珠岩、泡沫珍珠岩、非承重加气混凝土、泡沫塑料、软木等
15	纤维材料		包括麻丝、玻璃棉、矿渣棉、木丝板、纤维板等
16	泡沫塑料材料	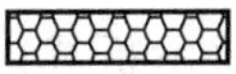	包括聚苯乙烯、聚乙烯、聚氨酯等多孔聚合物类材料
17	木材	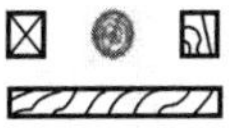	1. 上图为横断面,左上图为垫木、木砖、木龙骨; 2. 下图为纵断面
18	胶合板	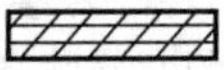	应注明 x 层胶合板

图 2.13　施工图使用的各种工程材料符号

(7)工程图式

施工图中还会用到大量的工程图式,就是一种易于识别和理解的图案,如图 2.14 所示。方案设计阶段由于不涉及技术细节并且较为注重艺术表现,故一般不会使用这些图式,但施工图中常会用到。其他的图式详见《房屋建筑制图统一标准》(GB/T 50001—2017)、《建筑制图标准》(GB/T 50104—2010)、《总图制图标准》(GB/T 50103—2010)、《风景园林制图标准》(CJJ/T 67—2015)。

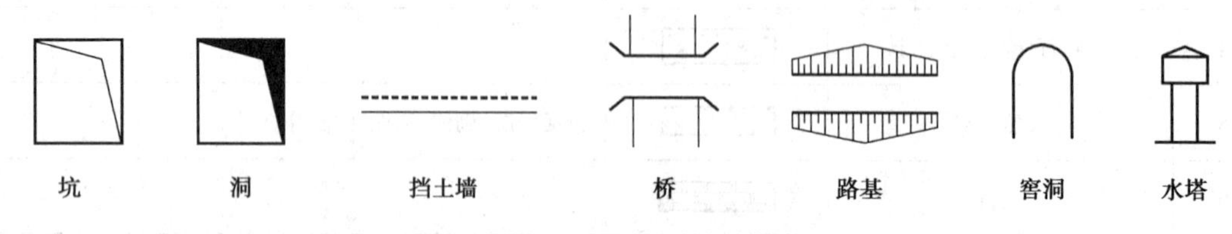

图 2.14　施工图常用的工程图式例

(8)引出线

施工图中的许多内容必须以文字标注说明,而文字应借助引出线明确指向。常用的有引出线和共同引出线(如图 2.15 所示),以及多层构造引出线(如图 2.16 所示)。

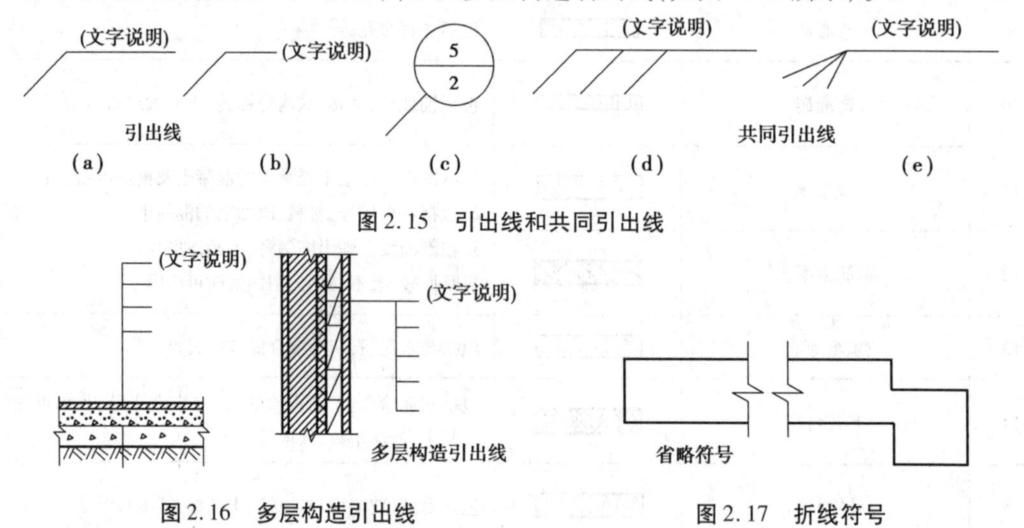

图 2.15　引出线和共同引出线

图 2.16　多层构造引出线

图 2.17　折线符号

(9)折线

施工图里,折线符号的作用类似省略符号,表示折线以外或两个折线之间的内容因为不重要或者重复等,绘图时就被省略了,如图 2.17 所示。

2.1.3　景观施工图绘制

景观施工图是指场地改造有关的施工图,也称硬质景观施工图,以区别与植物景观施工图(也称软质景观施工图),例如总平面施工图、竖向设计图、微地形施工图、路网施工图、铺装施工图、水景施工图等图纸。

1)常用图式

《风景园林制图标准》(CJJ/T 67—2015)规定了园林景观施工图绘制的常用图式(图例),见表 2.1。

表 2.1 园林景观施工图常用图式

序号	名称	图形	说明
建筑			
1	温室建筑	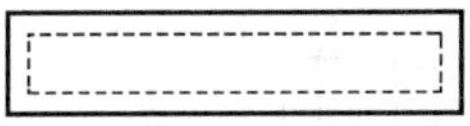	依据设计绘制具体形状
等高线			
2	原有地形等高线		用细实线表达(灰色)
3	设计地形等高线		施工图中等高距值与图纸比例应符合如下的规定： 图纸比例 1:1 000,等高距值 1.00 m; 图纸比例 1:500,等高距值 0.50 m; 图纸比例 1:200,等高距值 0.20 m
山石			
4	山石假山	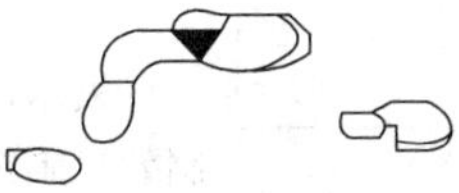	根据设计绘制具体形状,人工塑山需要标注文字
5	土石假山	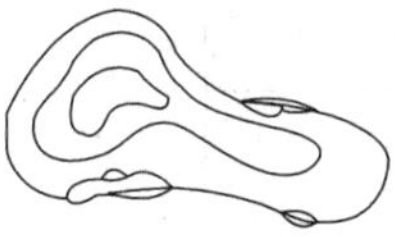	包括“土包石”“石包土”及土假山,依据设计绘制具体形状
6	独立景石	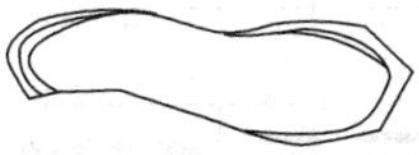	依据设计绘制具体形状
水体			
7	自然水体		依据设计绘制具体形状,用于总图
8	规则水体	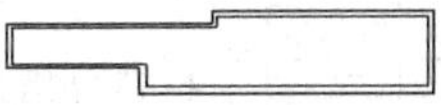	依据设计绘制具体形状,用于总图
9	跌水、瀑布	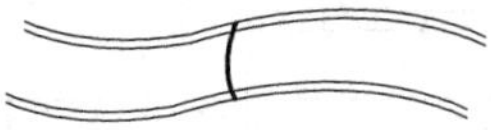	依据设计绘制具体形状,用于总图
10	旱涧	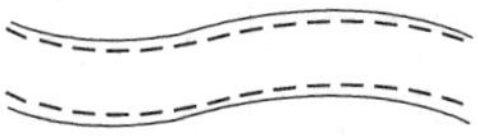	包括“旱溪”,依据设计绘制具体形状,用于总图
11	溪涧		依据设计绘制具体形状,用于总图
绿化			
12	绿化	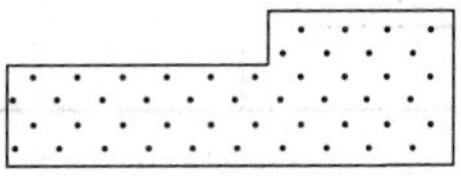	施工图总平面图中绿地不宜标示植物,以填充及文字进行表达

续表

序号	名称	图形	说明
常用景观小品			
13	花架		依据设计绘制具体形状,用于总图
14	座凳		用于表示座椅的安放位置,单独设计的根据设计形状绘制,文字说明
15	花台、花池		依据设计绘制具体形状,用于总图
16	雕塑	雕塑 雕塑	仅表示位置,不表示具体形态,根据实际绘制效果确定大小;也可依据设计形态表示
17	饮水台		
18	标识牌		
19	垃圾桶		
其他			
20	挡土墙		虚线绘在高地一侧
21	台阶		
22	铺装材质填充		材料分格采用灰色细线
23	桥梁		
24	涵洞		

2）设计参数的表达

施工图里有着众多的设计参数要表达，绘图时应交代详尽，以满足造价计算、施工实施的需要。

（1）路网有关参数

车行道应有道路中心线，通常以 4 个参数标注来定位道路的关键点：以标高符号及海拔高度标明地块关键点的设计高程；以长箭头及数据标明场地（停车场等）的坡向和坡度。车行道还应标注道路宽度、断面形式、关键点之间的水平投影距离、缘石半径和弯道中心线的半径等。人行道应标注道路宽度、关键点的空间位置等，如图 2.18 所示。

（2）建筑物

建筑物在总平面图和竖向设计图中，应有 3 个角的测量坐标定位，设计参数有总长、总宽、室内外海拔高度（绝对标高）、楼层数、名称（用途）等，如图 2.19 所示。

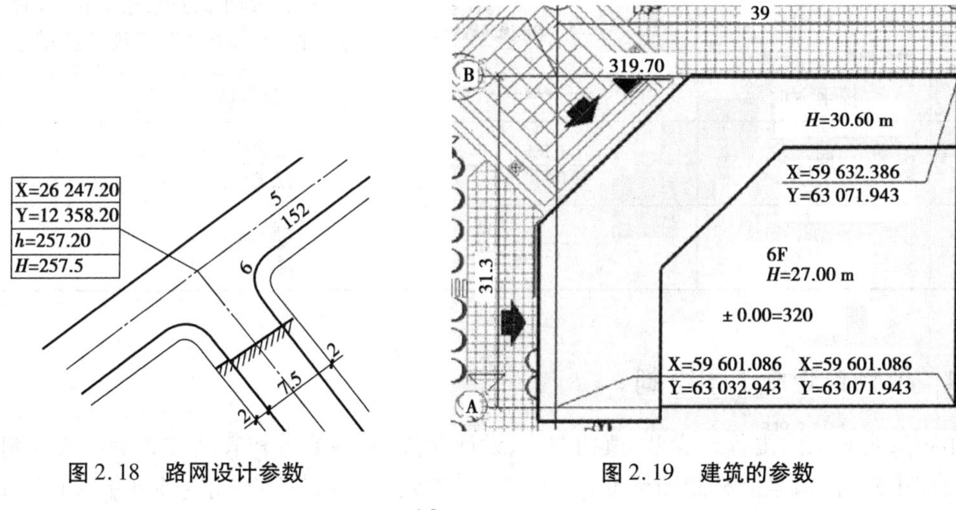

图 2.18　路网设计参数　　　　图 2.19　建筑的参数

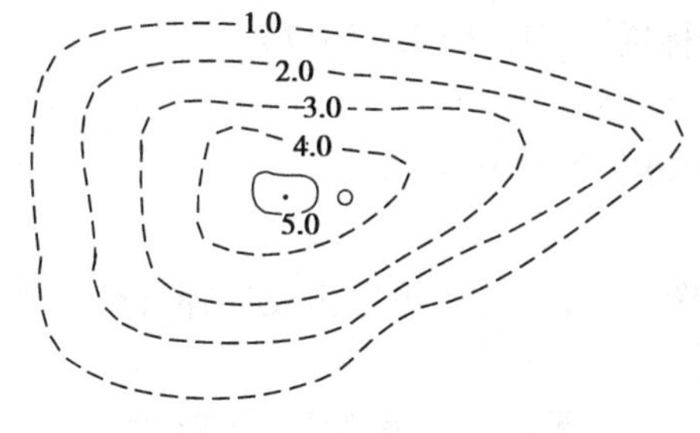

图 2.20　微地形设计与表达

（3）微地形

微地形应以虚线绘制设计等高线并标注相对标高，如图 2.20 所示。

（4）设计高程

设计高程的表达方式见表 2.2。

表 2.2　设计高程等内容的表达方式

序号	名称	标注	说明
1	设计等高线	6.00 5.00 4.00	等高线上的标注应顺着等高线的方向，字的方向指向上坡方向。标高以“米”为单位，精确到小数点后第 2 位
2	设计高程 （详图）	5.000　5.490 或 0.000 (常水位)	标高以“米”为单位，注写到小数点后第 3 位；总图中标写到小数点后第 2 位；符号的画法见现行国家标准《房屋建筑制图统一标准》（GB/T 50001）
	设计高程 （总图）	6.30　(设计高程点) 6.25　(现状高程点)	标高以“米”为单位，在总图及绿地中注写到小数点后第 2 位；设计高程点位为圆加十字，现状高程为圆
3	排水方向		指向下坡
4	坡度	i=6.5% 40.00	两点坡度 两点距离
5	挡墙	5.000 (4.630)	挡墙顶标高 （墙底标高）

2.1.4　植物景观施工图绘制

植物景观施工图由各式线型、植物图式、设计参数、各种编号和表达方式等组成。制图的依据目前主要有《风景园林制图标准》（CJJ/T 67—2015）、《风景园林标志标准》（CJJ/T 171—2012）、《风景园林基本术语标准》（CJJ/T 91—2017）。

（1）制图比例

种植平面图的比例为 1∶200 和 1∶500。

（2）自定义植物图式

植物的品种繁多，为在图中加以区别，可以由设计师自己定义图式，然后用于种植设计图中，见表 2.3。

表 2.3　自定义植物图式举例

黑松	罗汉松	雪松	金钱松	五针松	湿地松	火炬松	白皮松	马尾松
香樟	大叶樟	杜英	意杨	椿树	紫穗槐	刺槐	国槐	香花槐

续表

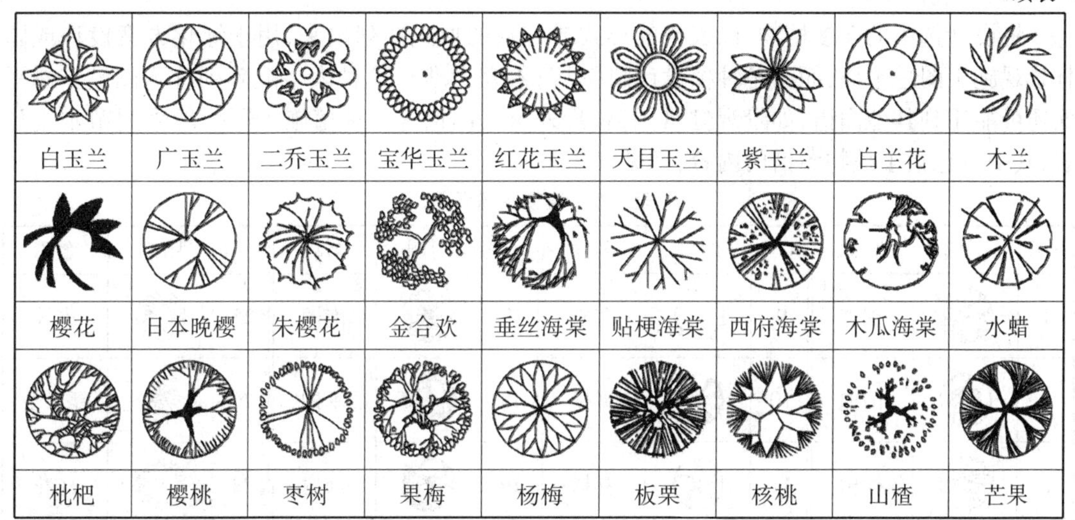

白玉兰	广玉兰	二乔玉兰	宝华玉兰	红花玉兰	天目玉兰	紫玉兰	白兰花	木兰
樱花	日本晚樱	朱樱花	金合欢	垂丝海棠	贴梗海棠	西府海棠	木瓜海棠	水蜡
枇杷	樱桃	枣树	果梅	杨梅	板栗	核桃	山楂	芒果

(3)标准图式

不同植物类型的规范表达如表2.4所示,一般用于种植设计总平面图。

表2.4　种植施工平面图中的植物图例

植物种类	单株设计	单株现状	群植
常绿针叶乔木			
常绿阔叶乔木			
落叶阔叶乔木			
常绿阔叶灌木			
落叶阔叶灌木			
竹类			
地被			
绿篱			

注:该表参照《风景园林制图标准》绘制

(4)植物图谱

将设计选用的众多植物,以表格的形式或阵列的形式罗列出来,用于绿化方案设计或园林景观施工图总平面,而不是种植设计图(以苗木表为准),这种表格或阵列称为图谱。总平面还可能用到其他图谱,如景观灯具图谱、户外家具图谱等。种植施工图一般采用苗木统计表,其中也包括了植物图谱的内容,详见表2.5。

表2.5 植物图谱示例

序号	图例	名称	序号	图例	名称	序号	图例	名称	序号	图例	名称
1		银杏	9		雪松	17		泡桐	25		火棘
2		国槐	10		枫杨	18		垂柳	26		糯米条
3		榉树	11		喜树	19		柿树	27		桂花
4		广玉兰	12		榆树	20		龙柏	28		丁香
5		鹅掌楸	13		龙爪槐	21		樱花	29		铺地柏
6		香樟	14		杨树	22		慈孝竹	30		红叶李
7		红枫	15		乌桕	23		榆叶梅	31		鸢尾
8		水杉	16		黄山松	24		紫薇	32		月月桂

(5)大样图表达方式

植物景施图的大样图较多,例如种植坑的施工图大样的绘制,其绘制方法与建筑施工图的大样图一致。

(6)植物种植的标注方式

单株植物绘种植点和种植点连线,再由种植点绘制引出线,以标注序号、树种和种植数量,如图2.21所示。

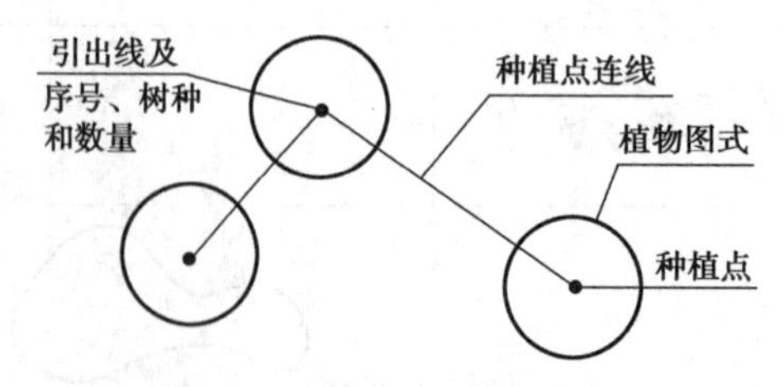

图2.21 单株植物种植的标注方式

群植的图可标或不标种植点,应有引出线,其上注明序号、树种和种植数量,如图2.22所示。

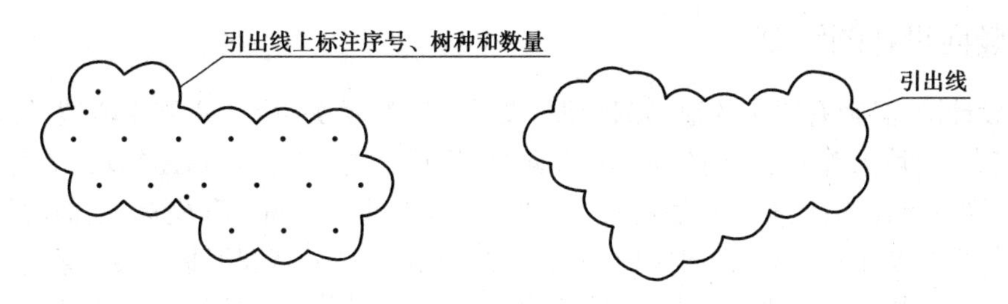

图 2.22 群植的标注方式

2.2 园林景观总平面施工图绘制

园林景观总平面施工图，由园林设计师负责绘制，是地形测绘图、建筑设计总平面图、景观设计（硬景）总平面图、种植设计（软景）总平面图等内容的集合。总平面图一般附有比例、指北针或风玫瑰、技术经济指标、各种图谱和表格等。当总平面的内容较多和图面复杂难辨时，可以对其场地进行进一步的分区和分级制图。

2.2.1 总平面施工图绘制

总平面图中既有地形测绘图，也包括由园林设计师设计和绘制的需要施工的所有内容，如图 2.23 所示。总平面里的尺寸和高程的度量单位都是“米”。

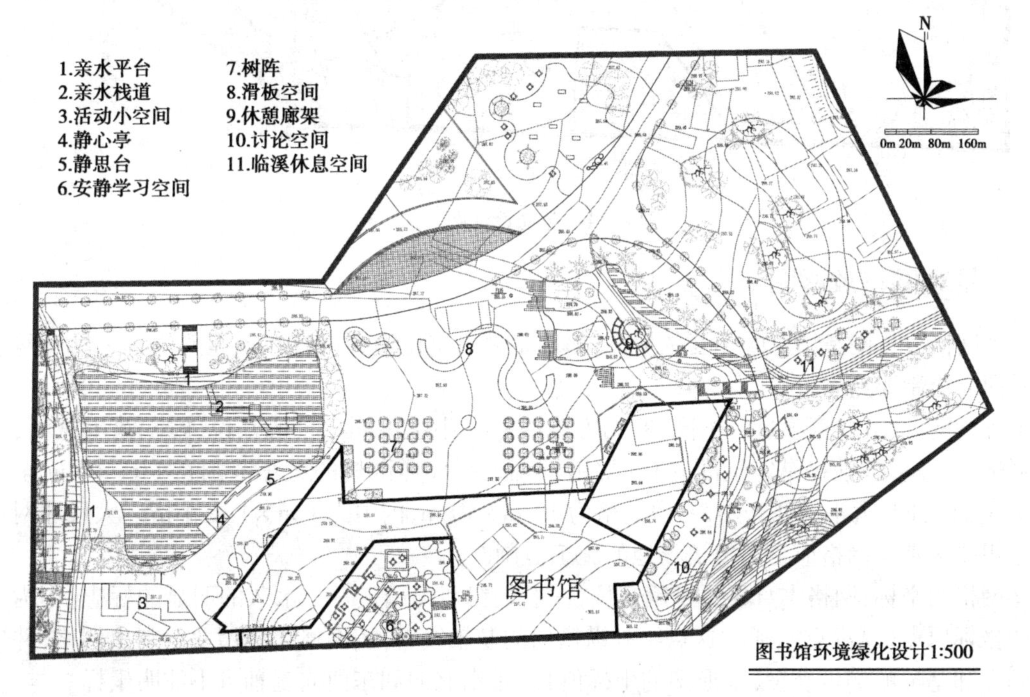

图 2.23 景观施工图总平面（谭姝曼绘制）

2.2.2 竖向设计图绘制

竖向设计图,必须有原有的地形测绘图、设计的车行道关键点(道路中心线的起始点、转折点、交汇点、变坡点等)的空间位置、道路宽度、断面形式、中心线、道路纵坡、关键点之间的水平距离、缘石半径等;应有人行道的宽度、地面关键点的设计高程和坐标、地面的坡向、微地形设计的等高线及相对标高、建筑室内外的设计高程(绝对标高即海拔高度)等;应有其他如挡土墙、水沟、小桥、涵洞、水池、围墙等施工内容的大小、形状与位置标注,如图 2.24 所示。

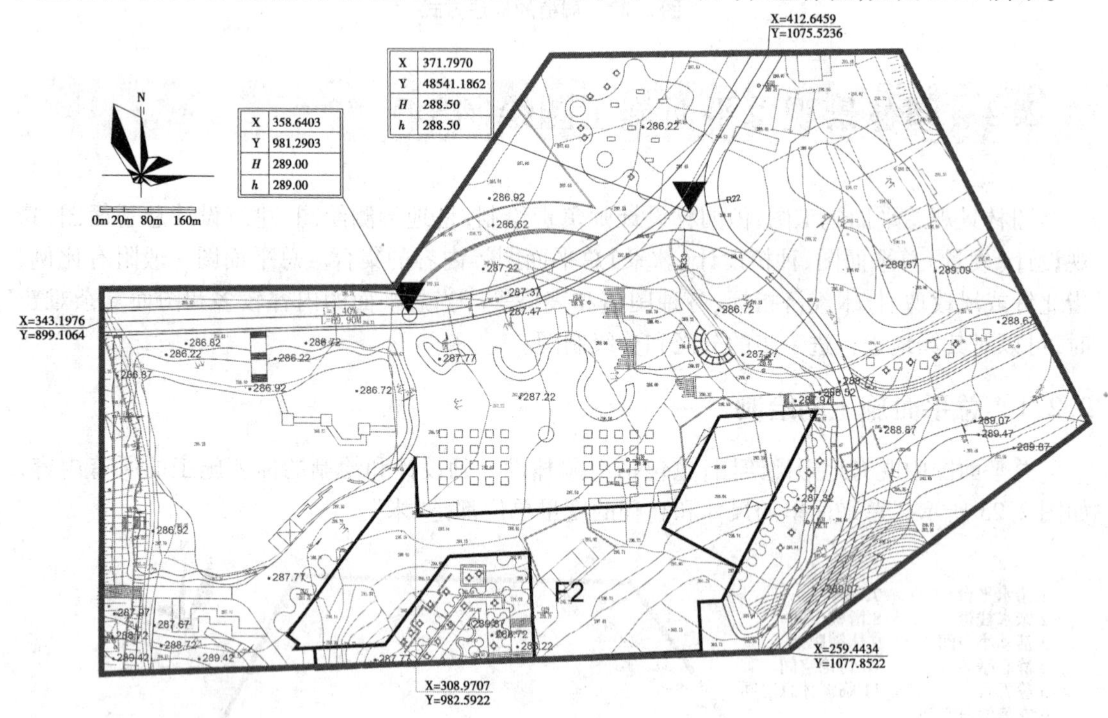

图 2.24 竖向设计图

2.2.3 景观网格放样图

景观网格放样图是施工的主要依据,其作用是精确定位设计内容在场地的位置。景观网格放样图的绘制要点如下:

①方格网大小:根据项目的不同,所用方格网的大小也不同。一般来说,施工范围越大,所用网格尺寸越大(前提是定位准确)。常用景观工程放样网格的大小范围在 1 m×1 m 至 20 m×20 m 之间,大小尺寸套用,一般大格为 10 m×10 m,内中为 1 m×1 m 小格。大尺寸网格线用粗线区别。网格应全面覆盖场地的施工范围。

②网格的坐标:网格本身先要精确定位,一般是在现场选定一个永久的明显的标志,作为网格的坐标原点(基准点),通过这点绘制纵横向的基轴线,再按网格大小尺寸绘制出网格,并标注基点和基轴的测量坐标(地形图的坐标值)。正南北向和东西向基轴可不注明坐标。

③网格的尺寸标注:一般以 3 道尺寸线进行放样的控制标注,即总尺寸、大格尺寸、小格尺寸。复杂的内容还需引出大样进行详细标注。

④网格编号:每一条网格线应有自己的编号,便于区别和施工时交流,如图 2.25 所示。

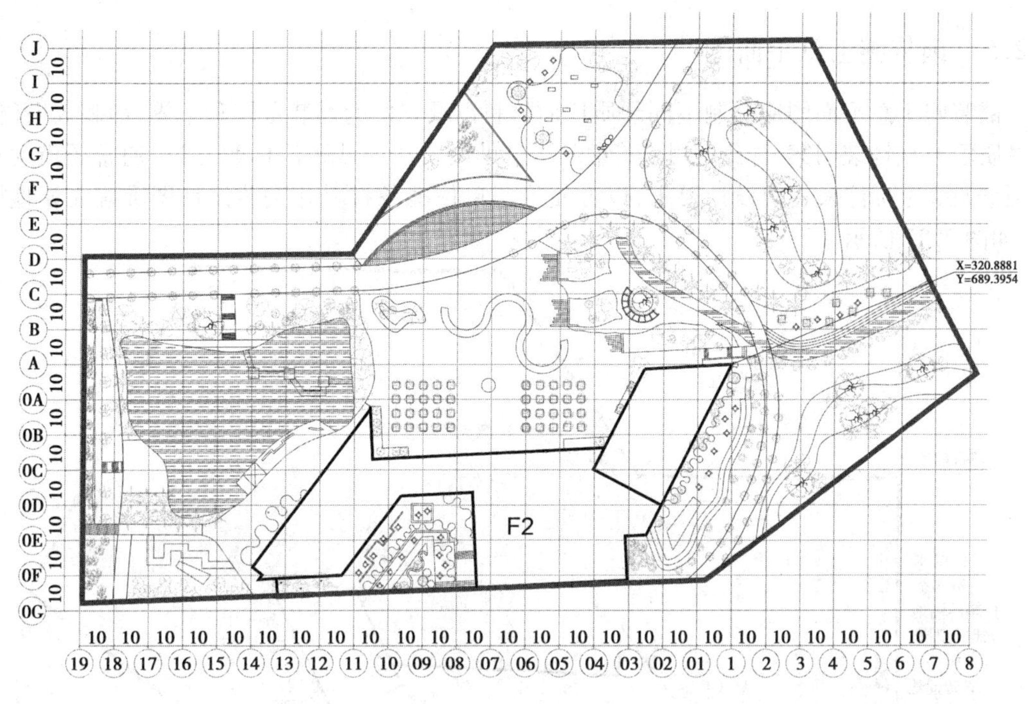

图 2.25 网格放样图

2.2.4 总平面索引图

总平面索引图主要用于标注各种大样(局部大样、构造大样)的索引,例如小建筑大样、地面铺装节点大样、户外家具构造做法、花池构造做法、树坑构造做法、水池构造做法、道路构造做法等内容的大样索引,如图 2.26 所示。

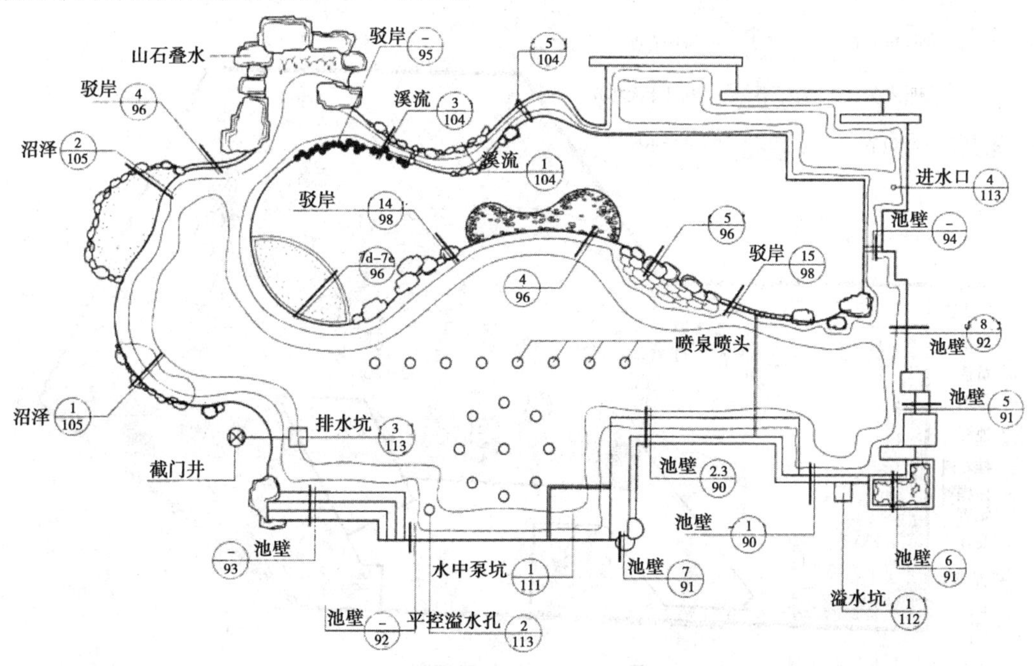

图 2.26 总平面索引图

2.2.5 铺装施工总平面图

铺装施工总平面图应绘制不同硬质地面材料以及它们的铺装范围和边界、铺装效果(借助材质填充)、铺装图案、详细尺寸(随意形可借助网格法或截距法标明)等。通常还借助材料图谱及文字标注来表明设计要求,以方便施工单位准备材料并按照设计图准确无误地施工,如图2.27所示。

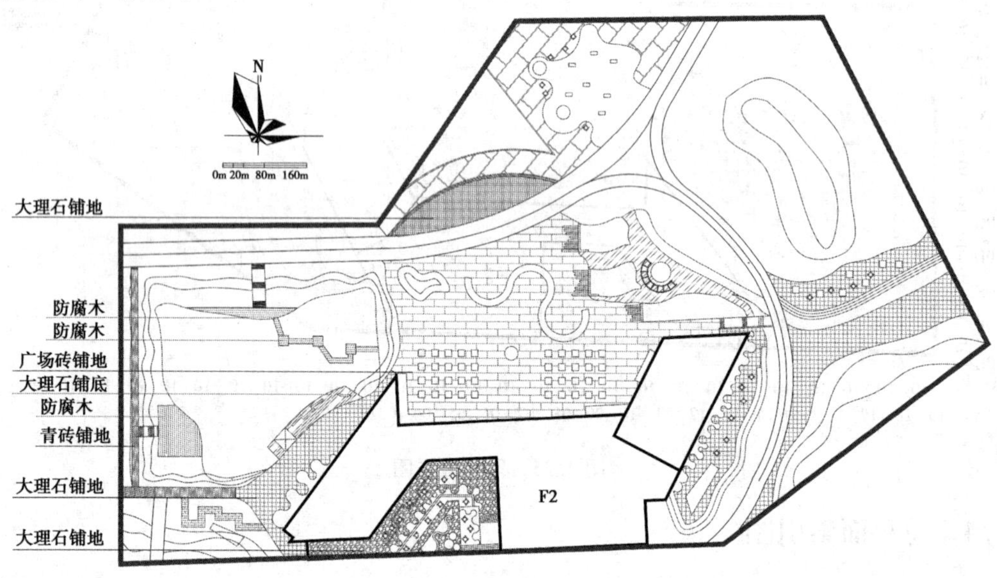

图2.27 铺装总平面图

2.2.6 种植施工总平面图

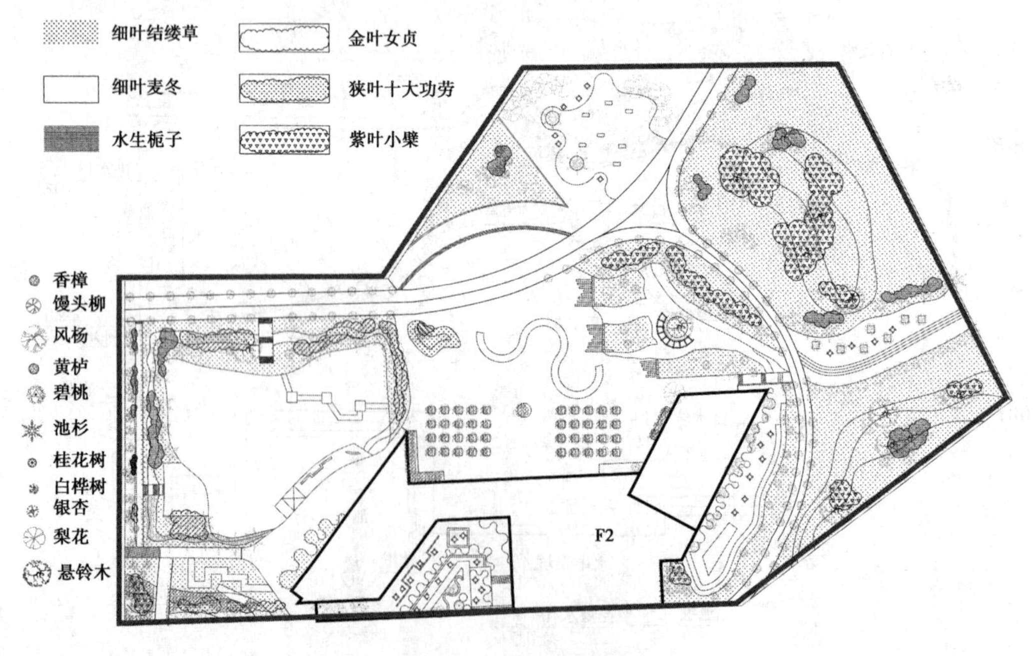

图2.28 种植总平面图

种植施工总平面图以表明所有待种植植物的布置为主，一般以彩色 CAD 图的形式绘制，不同的植物用图式和色彩加以区分。种植位置可借助网格或标注尺寸定位。图中应有植物统计表(如图 2.28 所示，图中植物受篇幅限制未全部列出)，包括植物名称、图式、规格(高度、冠幅和胸径)、种植数量等信息。种植总平面的绘制还可以同分区种植平面图结合，以便详细标明种植要求。

2.3 分区图绘制

2.3.1 分区图的特点

当设计的园林工程项目规模较大且较为复杂，在总平面图中无法准确或全面地表达设计意图和建造要求时，可对场地进行分区，再分别放大绘制。分区图表达时仍需要包含尺寸、标高、材料、索引等，以详细反映某个局部区域的设计要求，分区图也是施工放线和编制施工组织设计的依据，如图 2.29 所示。

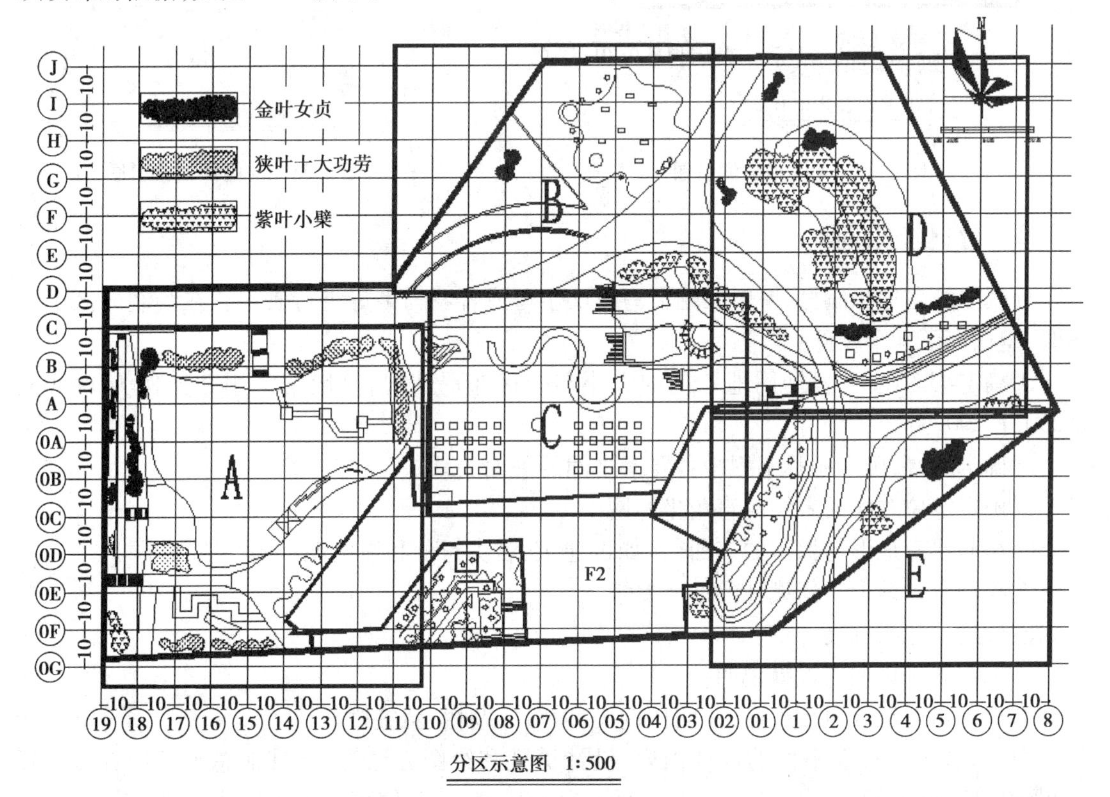

图 2.29 分区示意图

各个分区图绘制时，都应借助一个组合示意图(如图 2.30、图 2.31 所示)，来交代各个分区图在场地或总平面中的具体位置。分区总平面图如果内容较为繁杂，也可分解为若干专项设计总平面，例如分区索引总平面。索引图中有许多的索引符号，其作用是将总平面布置的内容与其设计详图(大样图)相关联。

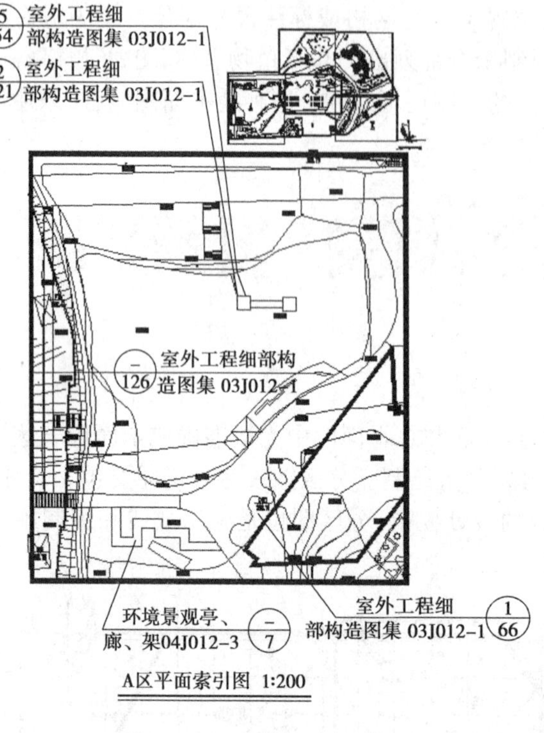

图 2.30　A 区平面索引图

图 2.31　D 区平面索引图

2.3.2　分区图绘制

分区图的名称和编号,一般采用大写英文字母或者罗马字母进行表示。在绘制分区平面图时,遵循以下几个步骤:

①确定绘图比例,根据用地范围的大小与分区布局情况,一般常采用的比例为 1∶300、1∶250、1∶200。

②确定图幅,确定园林工程中各要素之间的平面关系。

③确定定位轴线或者绘制直角坐标网。

④绘制原有地形与保留的东西(例如古建筑、名贵树种和地面埋设的管线、管网)。

⑤绘制设计地形与新设计的造园要素。

⑥标注尺寸与标高。

⑦标注图例说明与设计说明。

⑧绘制指北针或风玫瑰图,注明比例尺,填写标题栏、会签栏。

总之,分区设计总平面的设计内容、设计深度和绘图方法等,与其他总平面设计图一样(如图 2.32、图 2.33 所示),只是将场地的局部分别放大后,能更好表达设计意图。

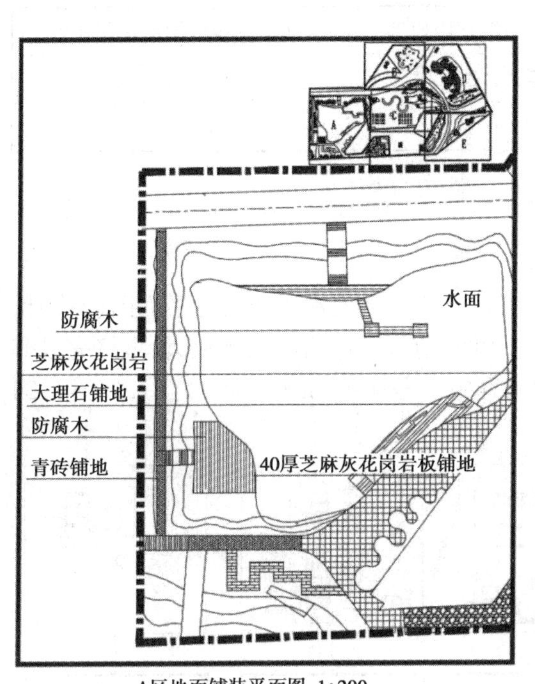

图 2.32　A 区地面铺装平面图

细叶结缕草
细叶麦冬
水生栀子
金叶女贞
狭叶十大功劳
紫叶小檗
2.45
1.65
1.45
-0.15
D区景观植物平面图 1:200

图 2.33　D 区植物种植平面图

2.4　分级绘图

施工图表明设计意图和施工要求的过程，是由宏观到微观，由全局直到每个细节的过程，具体方法是分级放大图纸，采用的绘图比例由 1∶1 000 直至 1∶1等。

2.4.1　绘图比例

对于常用施工图的绘图比例，《风景园林制图标准》（CJJ/T 67—2015）中给出了具体规定，也体现了施工图分级绘图的特点，详见表 2.6。

表 2.6　园林景观施工图绘图比例举例

图纸类型	初步设计图纸常用比例	施工图设计图纸常用比例
总平面图（索引图）	1∶500、1∶1 000、1∶2 000	1∶200、1∶500、1∶1 000
分区（分幅）图	—	可无比例
放线图、竖向设计图	1∶500、1∶1 000	1∶200、1∶500
种植设计图	1∶500、1∶1 000	1∶200、1∶500
园路铺装及部分详图索引平面图	1∶200、1∶500	1∶100、1∶200
园林设备、电气平面图	1∶500、1∶1 000	1∶200、1∶500

续表

图纸类型	初步设计图纸常用比例	施工图设计图纸常用比例
建筑、构筑物、山石、园林小品设计图	1:50、1:100	1:50、1:100
做法详图	1:5、1:10、1:20	1:5、1:10、1:20

2.4.2 分级图之间的关系

以景观工程中的一个小桥的施工图为例,其表达方法是由宏观层面的总平面图(有小桥的粗略位置),直到微观层面的小桥上的一个预埋铁件绘制,经过四次逐级放大,最终完成其全部的施工图设计表达,并使小桥成为这个景观工程施工图体系的组成部分之一,如图2.34所示。

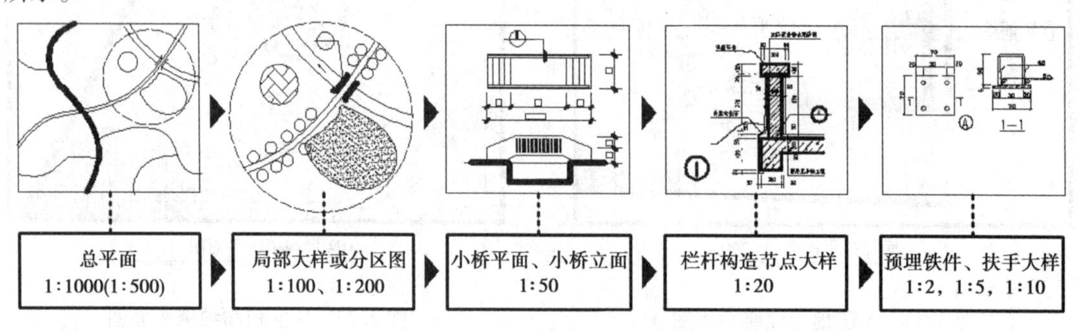

图2.34 分级图之间的关系

2.4.3 局部大样图

局部大样图绘制的对象或是一个区块,或是场地或建筑物的一个完整的局部片段,或是

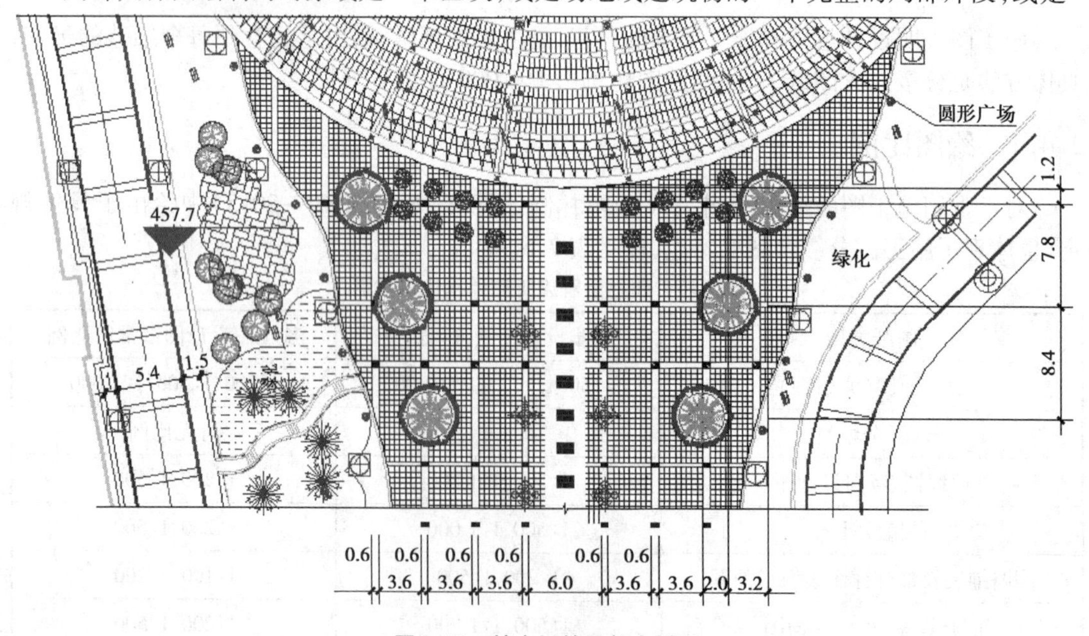

图2.35 某广场的局部大样图

一个景观节点，尺寸以“米”为单位居多。其比例一般采用1:100～1:200，用于精确定位和标注施工内容，并借此引出独立的造型（如小建筑、花池、景墙、小桥等）进行放大绘制。某广场的局部大样图举例如图2.35所示。

2.4.4 造型的平面图和立面图

园林景观中的造型以建筑物、构筑物、假山、花池等为主，绘图比例为1:100或1:50，尺寸单位为“毫米”（mm），一般由总平面或局部大样引出放大。花台的平面图和立面图举例如图2.36所示。

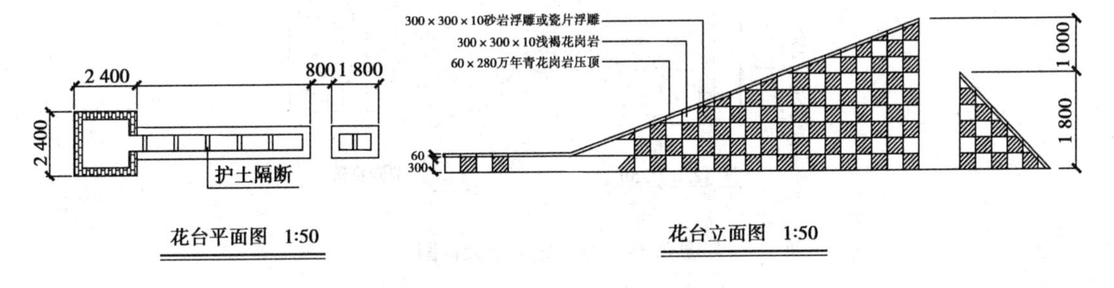

图2.36 花台的平面图和立面图

2.4.5 构件大样

构件大样通常用于绘制建筑构件，如门、窗的立面，或是一个图案等，比例常用1:10～1:20。图名可以是构件名称，也可是阿拉伯数字编号，之上还可索引出配件大样，编号则是字母，如图2.37、图2.38所示。

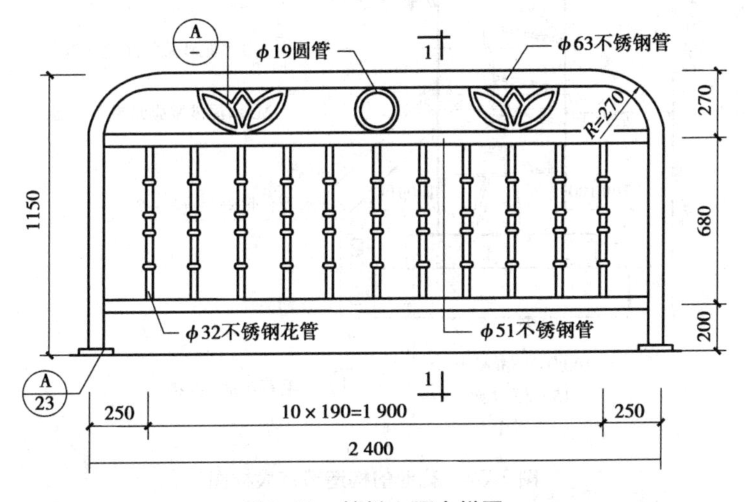

图2.37 护栏立面大样图

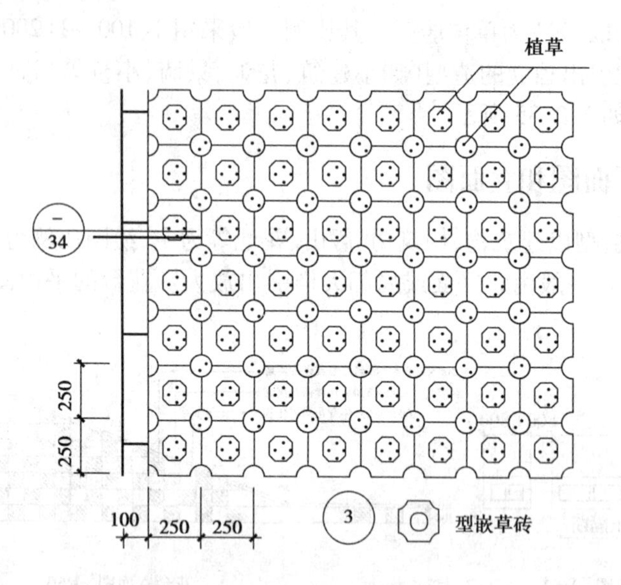

图 2.38　植草砖地面大样图

2.4.6　构造节点大样图

构造节点大样图一般由平面、立面和剖面图引出放大，比例多为 1∶20，大样的编号为 1、2、3 等，如图 2.39、图 2.40 所示。

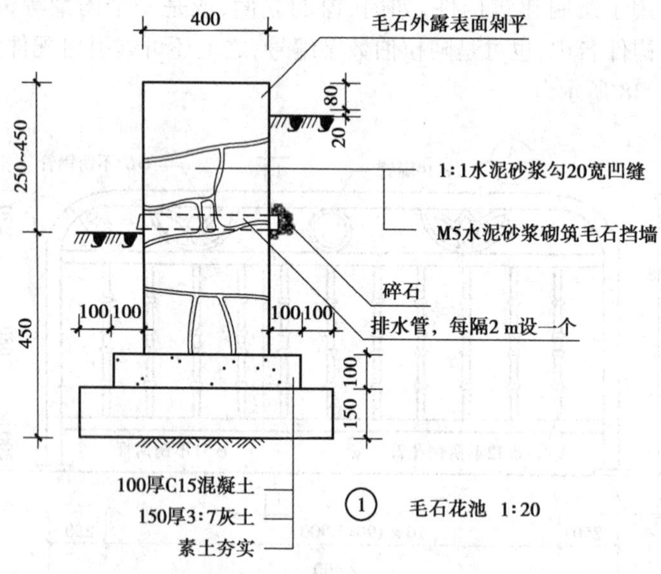

图 2.39　花池的构造节点大样图

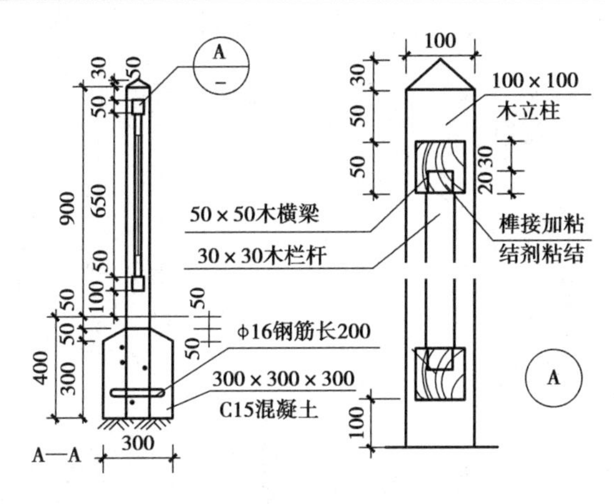

图 2.40　木栅栏的构造大样图

2.4.7　小型配件大样图

小型配件大样图通常用于绘制连接构件或装饰构件等更小物件。这一类大样仅由构造节点大样或构件大样引出进行放大绘制，编号一般为 A、B、C 等，比例常用 1∶1、1∶2、1∶5，如图 2.41所示。

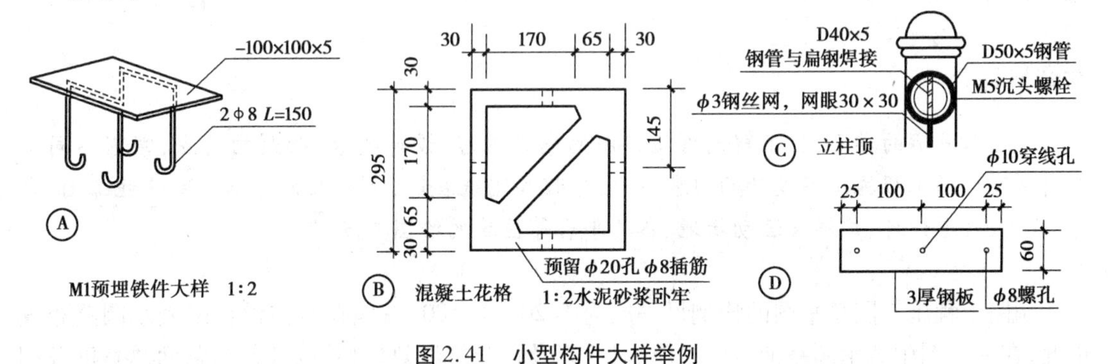

图 2.41　小型构件大样举例

思考题

1. 一个施工图总平面的绘制，通常会用到哪几种粗细不同的实线？各用在什么地方？
2. 测绘图的图式与景观施工图的图式可以通用吗？
3. 什么是绝对标高？什么是相对标高？它们有何不同？各自用于何处？
4. 施工图的大样图有哪几种类型？
5. 分区图适用于哪些内容的表达？
6. 竖向设计图中，一般要标注哪些关键点的空间位置？如何标注？
7. 工程材料填充的图式以什么为依据？
8. 选择绘图比例的原则是什么？
9. 由总平面图索引出的大样图通常是哪些类型的大样？

3

园路及广场工程施工图

本章导读

通过本章节的学习，应了解园路施工图的图纸内容、设计要求、绘制的特点，掌握不同类型园路及广场工程施工图设计的内容、一般过程和图纸表现，熟悉人行与车行道路施工图、台阶、坡道、盲道设计、广场及运动场地、各类平台等区域的绘图要点。

园路工程施工图总平图的比例尺一般为1∶20～1∶100，一般在竖向设计中表示园路布置情况，在平面图中表示园路铺装的材质、尺寸以及色彩搭配效果，其内容包括路面总宽度及细部尺寸，如图3.1所示。

道路横断面考虑排除雨水，分单坡和双坡两种类型。一般道路路拱为双坡，车行道路宽度较宽时通常采用双坡排水，可以减少地表水在道路表面的径流时间并迅速将水排除。在小转弯半径处设为单坡，人行道通常也为单坡，如图3.2所示。

3.1 概述

园林景观中的道路即为园路，它是构成园林的基本组成要素之一，一般呈网络状(称为路网)分节。园路、广场、游憩场地等的形态和铺装，组成了园林的硬质景观。园路及广场除了具有交通、导游、组织空间、划分景区等功能以外，还有造景作用，因此也是园林工程设计与施工的主要内容之一。

园路路网是组织园林景观各部分的“骨架”，其设计是否合理，与路网密度有关。路网密度是指在一定区域内，道路网的总里程与该区域面积的比值，用 km/km^2 表示。园路的路网密度宜为 150 ~ 380 km/km^2。

坡度是地表单元陡缓的程度，是坡面的垂直高度 H 和水平方向距离 L 的比值。

道路宽度在城市规划中是指车行道与人行道宽度之和，不包括人行道外侧沿街布置的城市绿化等用地宽度和路缘石宽度。

3.2　园路工程施工图

园路施工一般都是结合园林场地施工一起进行的。园路工程施工图主要有平面图和断面图，园路景观工程的内容包括车道、人行道、隔离带、道牙、道路排水系统，以及台阶、停车场、广场、平台等。

3.2.1　园路工程平面图

园路工程施工图总平图的比例尺为 1∶20 ~ 1∶100，一般在竖向设计中表示园路布置情况，在平面图中表示园路的平面铺装效果。园路工程平面图的内容包括路面总宽度及细部尺寸；放线用基点、基线、坐标；与周边建构筑物距离尺寸及对应标高；路面及广场高程、路面纵向坡度、关键点标高、广场中心及四周标高、排水方向；雨水口位置，雨水口详图或注明标准图索引号；路面横向坡度；曲线园路线形标出转弯半径，自由曲线的园路和岸线则以方格网 2 m × 2 m ~ 10 m × 10 m 定位；路面面层铺装设计，如图 3.1 所示。

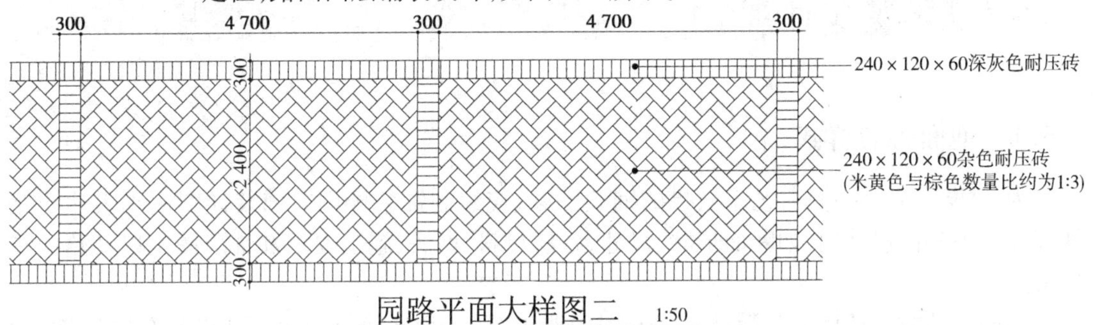

图 3.1　园路平面大样图

3.2.2　断面图

断面图又分为横断面图和纵断面图。横断面图用以表示园路的断面形状、尺寸、各层材料、做法、施工要求、路面布置形式及艺术效果。道路横断面设计主要考虑排除雨水，分单坡和双坡两种类型，如图 3.2 所示。

道路纵断面图表达道路沿线起伏变化的状况。道路纵断面设计主要是根据道路的性质和等级，汽车类型和行驶性能，沿线地形、地物的状况，当地气候、水文、土质的条件以及排水的要求，具体确定纵坡的大小和各关键点（例如变坡点）的标高。绘制纵断面图时，由于路线的高差比路线的长度要小得多，如果用相同的比例绘制，就很难将路线的高差表示清楚，因此路线的长度和高差一般采用不同比例绘制。图 3.3 即为园路纵断面图举例，图中根据纵坡设计的数据，在图中上半部分绘制纵坡设计线，再将这些点用粗折线连接起来。

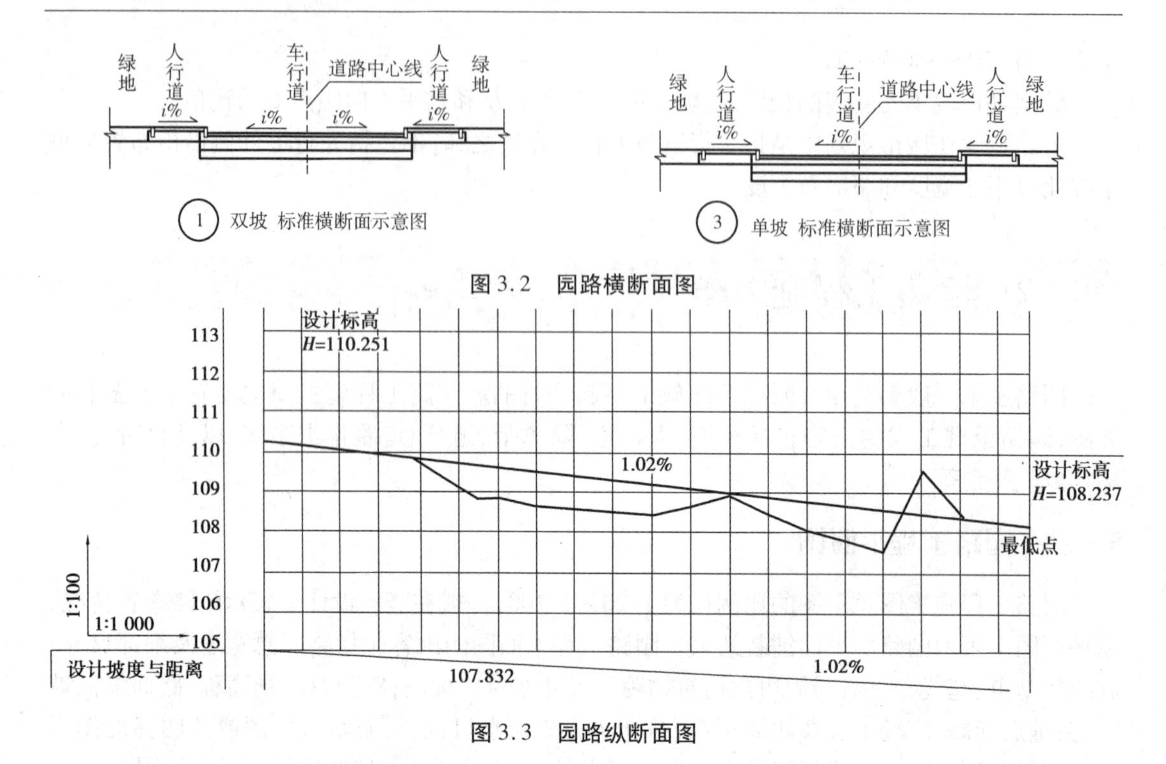

图 3.2 园路横断面图

图 3.3 园路纵断面图

3.3 铺装设计

3.3.1 地面铺装样式

为了便于施工,对具有艺术效果的铺装图案,应绘制铺装详图。铺装详图用于表达园路的铺装效果和面层结构,如断面形状、尺寸、各层材料、做法、施工要求和铺装图案以及路面布置形式。

不同的地方对地面铺装设计会有不同的要求,同一种地面材料也可拼装出各式图案,而设计所采用的图案、形式、材料等,应同周围环境协调,尽量做到新颖且和谐统一。

3.3.2 地面铺装材质

地面铺装材质是根据不同的地面需求来确定的,人多的地方要求坚固,以利于人们休息、活动。常用的材料有天然石条、沥青混凝土、卵石、水泥、仿石混凝土等。不同的材质和铺装效果,在施工图中应表达详尽。在人行区域要考虑铺装的导向功能,宜用水平方向的铺装。休憩、娱乐的区域宜采用色彩艳丽、有花纹图案的铺装,如图 3.4 所示。

3.3.3 地面铺装结构

地面铺装构造要合理,应根据基础的强弱做不同的构造层处理。地面铺装结构简单、坚固,能防潮,尤其是地面坡水处理,以免地面积水。施工图设计中应显示各层所用材料,体现施工方式。设计实例如图 3.5 所示。

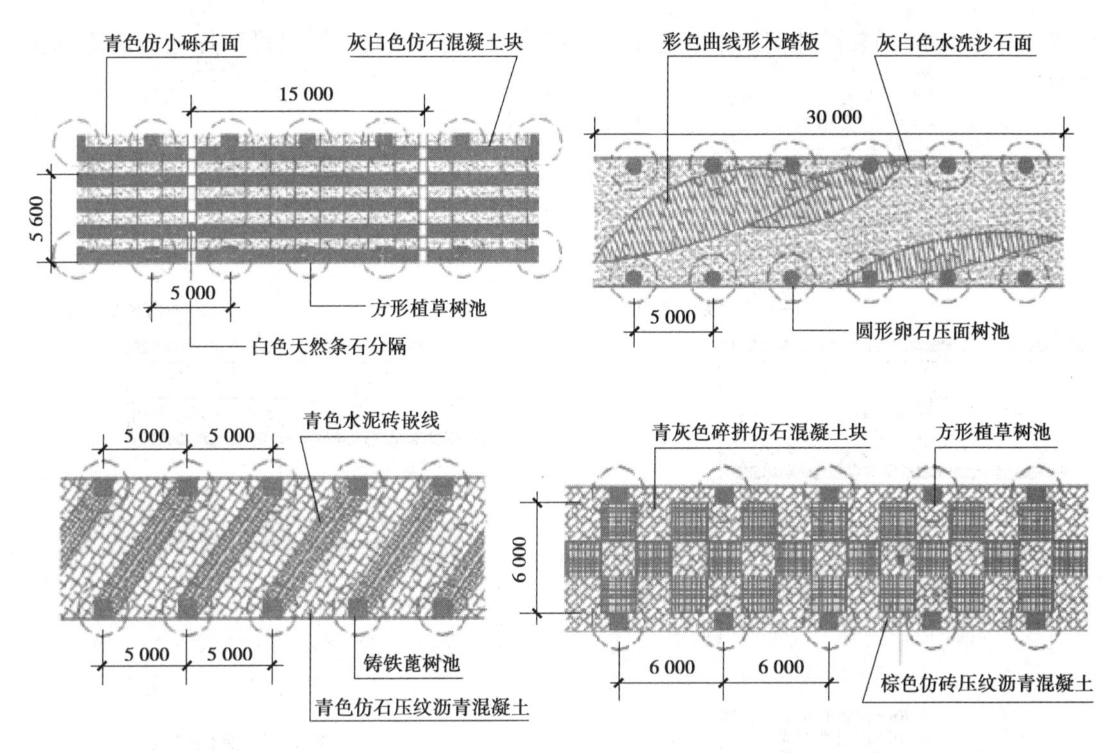

图 3.4　不同材质的园路地面铺装

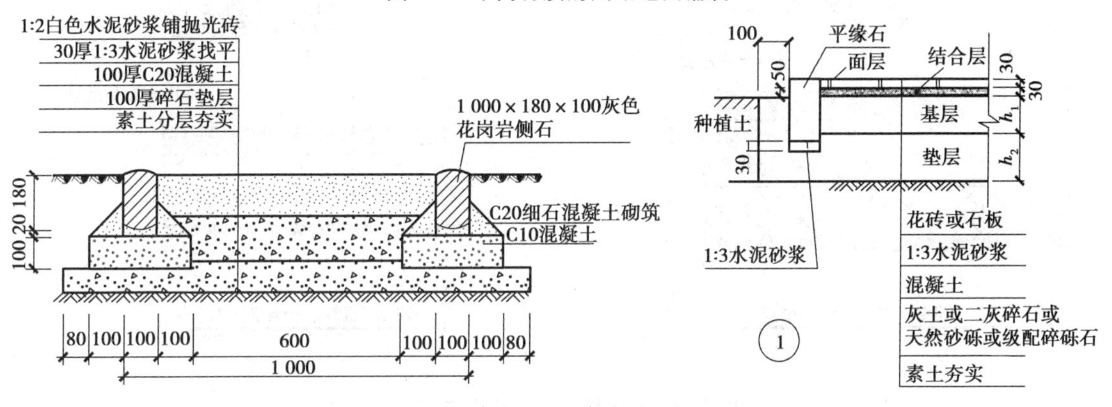

图 3.5　地面铺装结构举例

3.4　人行与车行道路施工图

道路施工图设计根据道路的使用性质来决定，车行道和人行道由于承载和基础的不同，施工做法也不尽一样。车行道路由于车行量大，其构造要宽阔坚实，在特殊的地方要加钢筋混凝土。人行道的路面结构及厚度等，应按交通部颁发的现行路面设计规范确定。例如路面铺装材料为花岗石时，车行道的厚度不宜低于 60 mm；而人行道路面厚度不宜低于 30 mm，人行道路面不宜采用大面积光面石材。在道路的刚性垫层或结构层上，用 20 mm 厚 1∶2水泥砂浆找平，面铺花岗岩，使地面具有良好的耐磨性、耐久性、防水防火，如图 3.6 所示。路面还需设坡度以排雨水;铺装设计应使路面透水、透气、避免积水,如嵌草铺装可增加地面的透气排水性。

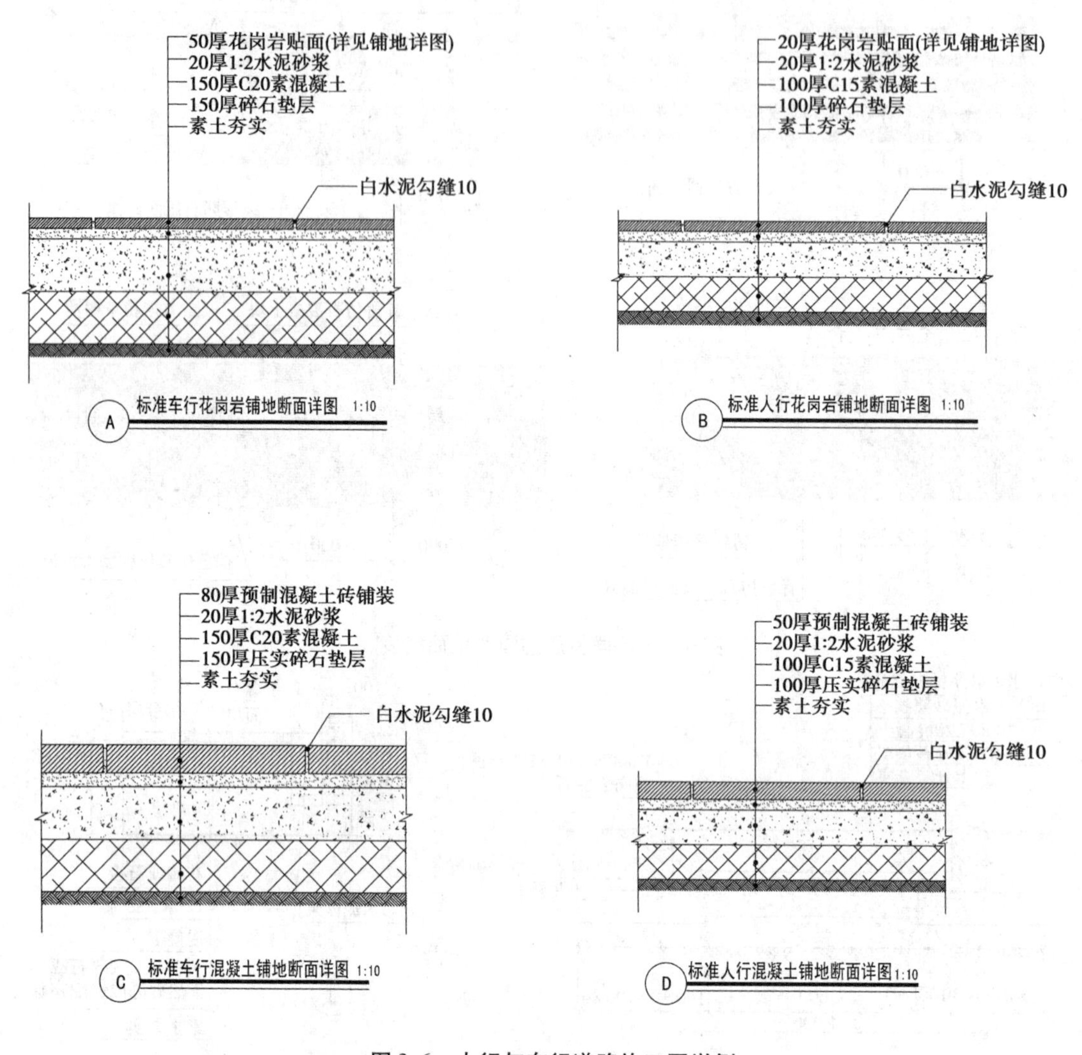

图 3.6 人行与车行道路施工图举例

较为重要的道路一般需要设置道牙,道牙主要分为立道牙和平道牙两种形式。道牙的作用是在道路上划分不同区域,例如区分车行道和人行道。人行道和自行车道之间可以采用平道牙或者不同色块及材质的道板砖加以区别,而立道牙一般用于块料路面。平道牙一般用于整体路面,它们安置在路面两侧,使路面与路肩在高程上起衔接作用,能保护路面,便于排水。施工图应考虑道牙与路面结合部作法、道牙与绿地结合部高程作法,实例如图 3.7 和图 3.8 所示。

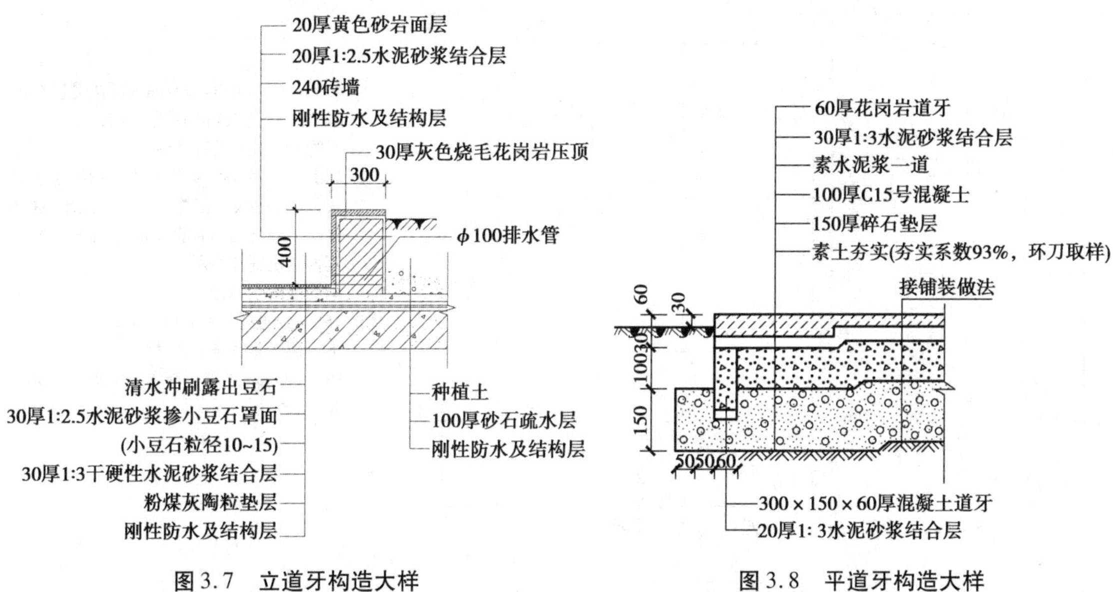

图3.7　立道牙构造大样　　　　图3.8　平道牙构造大样

3.5　台阶

园路主路纵坡宜小于8%,横坡宜小于3%,颗粒路面横坡宜小于4%,纵、横坡不得同时不设坡度。主园路不宜设置梯道,必须设置梯道时,纵坡宜小于36%。支路和小路,纵坡宜小于18%。纵坡超过15%时,路面应做防滑处理;超过18%时,宜按台阶、梯道设计,台阶踏步不得少于两级;坡度大于58%的梯道应做防滑处理,宜设置护栏设置。

户外台阶踏步的宽度一般为300~400 mm,高度一般为100~150 mm。台阶踏面选用易滑材质时应做防滑处理。对于步数较多或地基土质条件太差的台阶,可根据情况架空成钢筋混凝土台阶,以避免过多填土或产生不均匀沉降。室外台阶设计中,如果降低踢板高度,加大踢板宽度,通常可提高台阶的舒适性。通常台阶的构造层次同两端的道路一致。台阶的施工图应绘制其形状、大小和位置,如图3.9和图3.10所示。

3.6　坡道

坡道是联系不同高度地面的、倾斜度受限的道路,其构造大多与相连两端的道路是一致的。

3.6.1　残障人坡道

无障碍道路的坡度一般在1:12(8.5%)到1:8(1.25%)之间。住宅区和公共建筑的建筑出入口附近应设置带有扶手的坡道,以方便残障人士的轮椅和婴儿车通行。在掌握好坡度的情况下,每一步都要进行详细的施工测量。另外,应根据需要砌筑各种墙体,对坡道的安全性和人性化进行完善,如图3.11和图3.12所示。

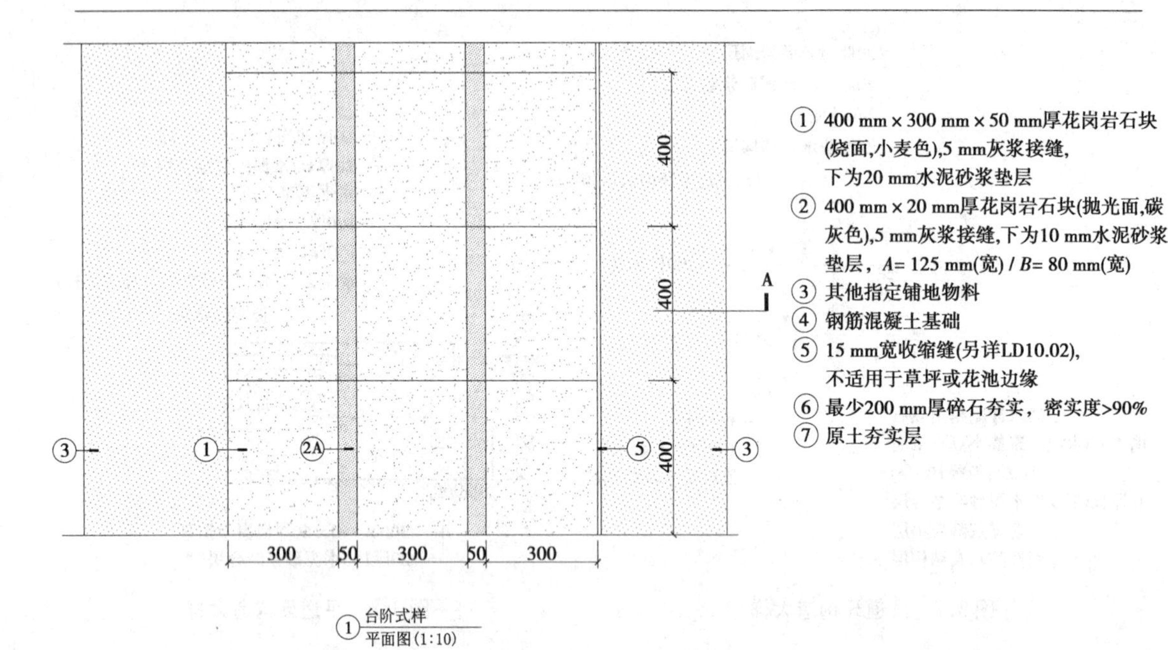

图 3.9　台阶平面大样

图 3.10　台阶剖面大样

轮椅坡道的坡度不应大于1∶12,坡面应平整防滑。如受地形限制,无法设置轮椅坡道,宜设无障碍电梯或升降平台。坡道的构造一般与两端的道路一致。

3.6.2　建筑入口处汽车坡道

酒店、医院公共建筑门廊平台与广场地面之间应设行车坡道。对其施工的具体要求,需由局部大样来表达,如图 3.13 所示。

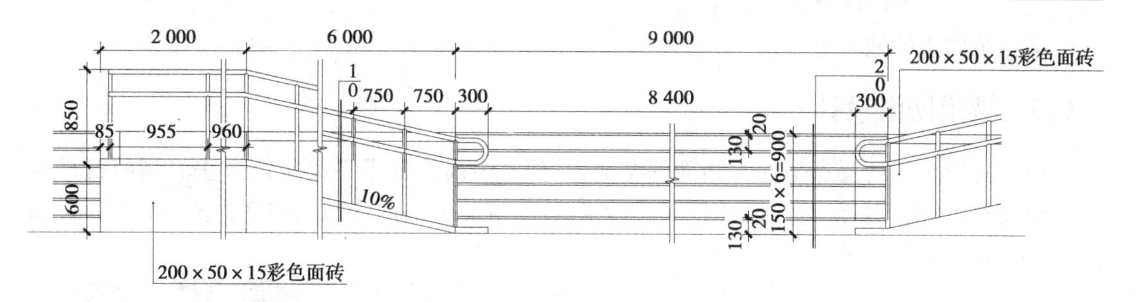

图 3.11 残障人坡道及台阶立面图

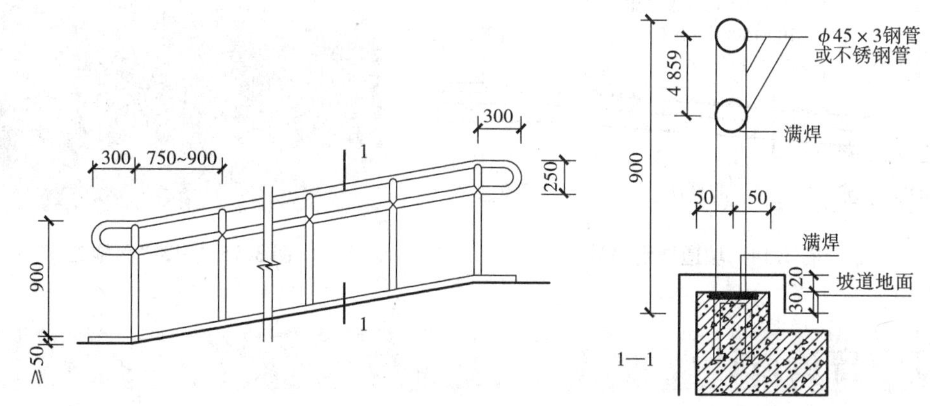

图 3.12 残障人坡道扶手大样

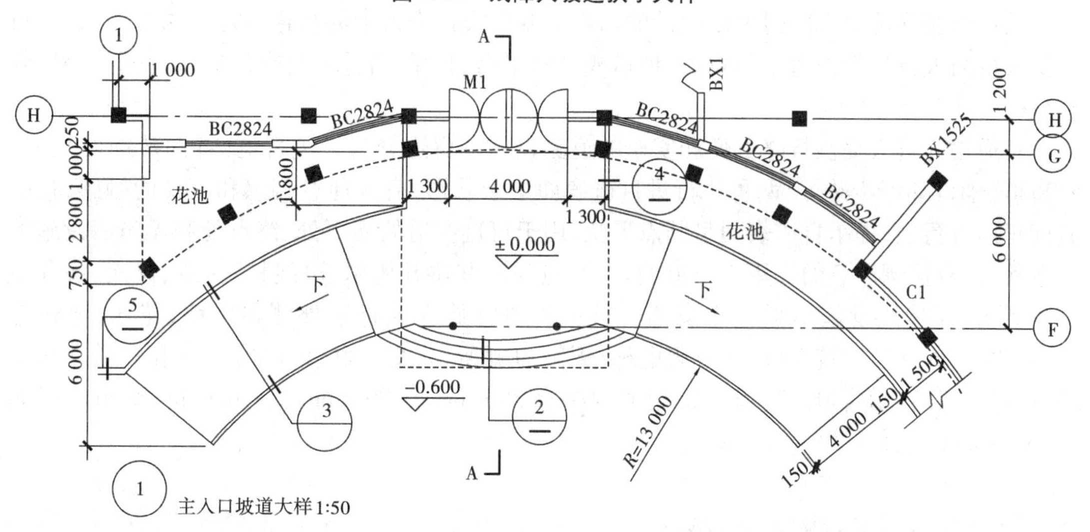

图 3.13 车行坡道平面大样图

汽车坡道应设计与表达的内容如下:

①车道宽度形状和大小;

②车道边沿距离建筑入口的安全缓冲距离;

③台阶的形状、台阶大小和位置;

④坡道和台阶的构造做法索引、坡道和入口雨篷的关系;

⑤相关的大样索引、剖面的剖切位置;

⑥建筑的主要轴线及编号;

⑦建筑周边的散水等。

3.6.3 坡道防滑设计

坡道防滑设计的要点是加大路面的摩擦力,使其表面粗糙不平是常用方法。例如石材做成火烧面、拉丝面、剁斧面等,又如将水泥砂浆路面、混凝土路面或石材路面做成“礓礤”面,如图 3.14 和图 3.15 所示。

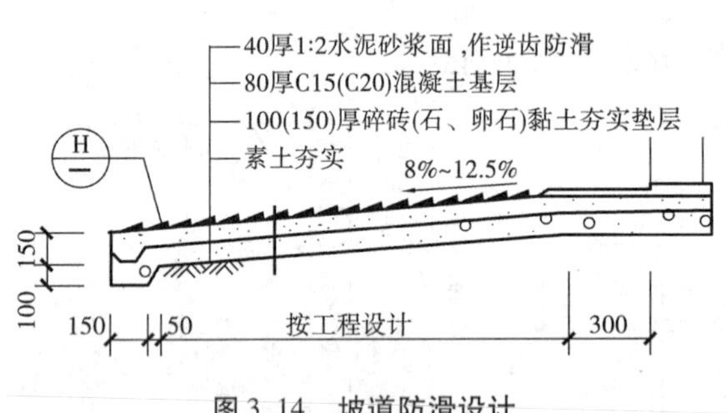

图 3.14 坡道防滑设计

图 3.15 “礓礤”面施工

3.7 盲道设计

城市道路环境中无障碍设施设计的内容主要有人行步道中的盲道、坡道、缘石坡道;人行过街天桥与人行过街地道中的盲道、坡道或升降平台、扶手、标志;公交停靠站、交通信号、停车位等。

盲道是为盲人提供行路方便和安全的道路设施。盲道分为行进盲道(导向砖铺设)和提示盲道(铺设如停步砖等)两种。行进盲道表面呈条状形,盲人通过脚感和盲杖的触感,指引其向正前方行走;提示盲道表面呈圆点形状,用于行进盲道的拐弯处、终点处和无障碍设施的位置前,具有提醒注意的作用。盲道的设计应连续,并避开树木、电线杆、拉线、树穴、窨井盖等障碍物,且其他设施不得占用盲道。行进盲道宜放在人行道外侧距围墙、花坛、绿化带 250 ~ 600 mm 处。建筑入口、无障碍电梯、无障碍厕所、公交车站、铁路客运站和轨道交通站的站台处应设提示盲道。盲道砖常用的规格有 300 mm × 300 mm × 20 mm 和 300 mm × 300 mm × 25 mm,如图 3.16 所示。

3.8 广场及运动场地

大多数广场和活动场地是由道路拓宽后形成的,例如车行道拓宽就形成停车场或回车场,人行道拓宽就成为人群的活动场所如广场或羽毛球场等。因此,广场的施工一般与相邻道路相联系,然而大型的广场(如田径场)是例外。运动场地类型丰富,施工图设计时应提供准确位置,提供标准的平面图和详细的构造图。常涉及的广场和运动场地主要有:休闲广场、树荫广场、篮球场、羽毛球场、儿童沙坑等。

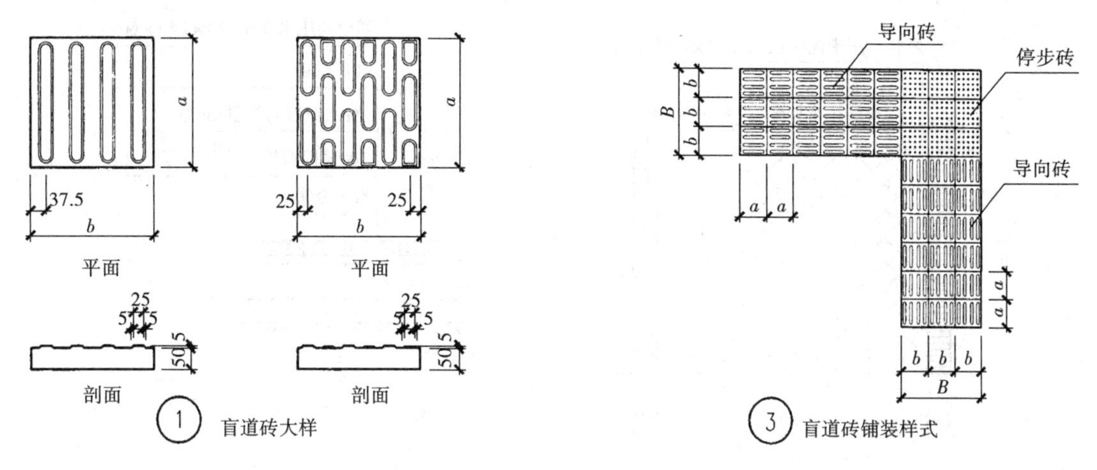

图 3.16 盲道

(1)休闲广场

休闲广场功能分区较多,设计内容丰富,一般作为场地的一个局部,放大为1∶200～1∶100的局部大样绘制施工图平面,再从中索引各种节点大样。休闲广场的施工图平面标示出人行道路宽度、游览设施、地面铺装、建筑物等,并针对路面铺装构造进行详细的描述,如图 3.17 和图 3.18 所示。

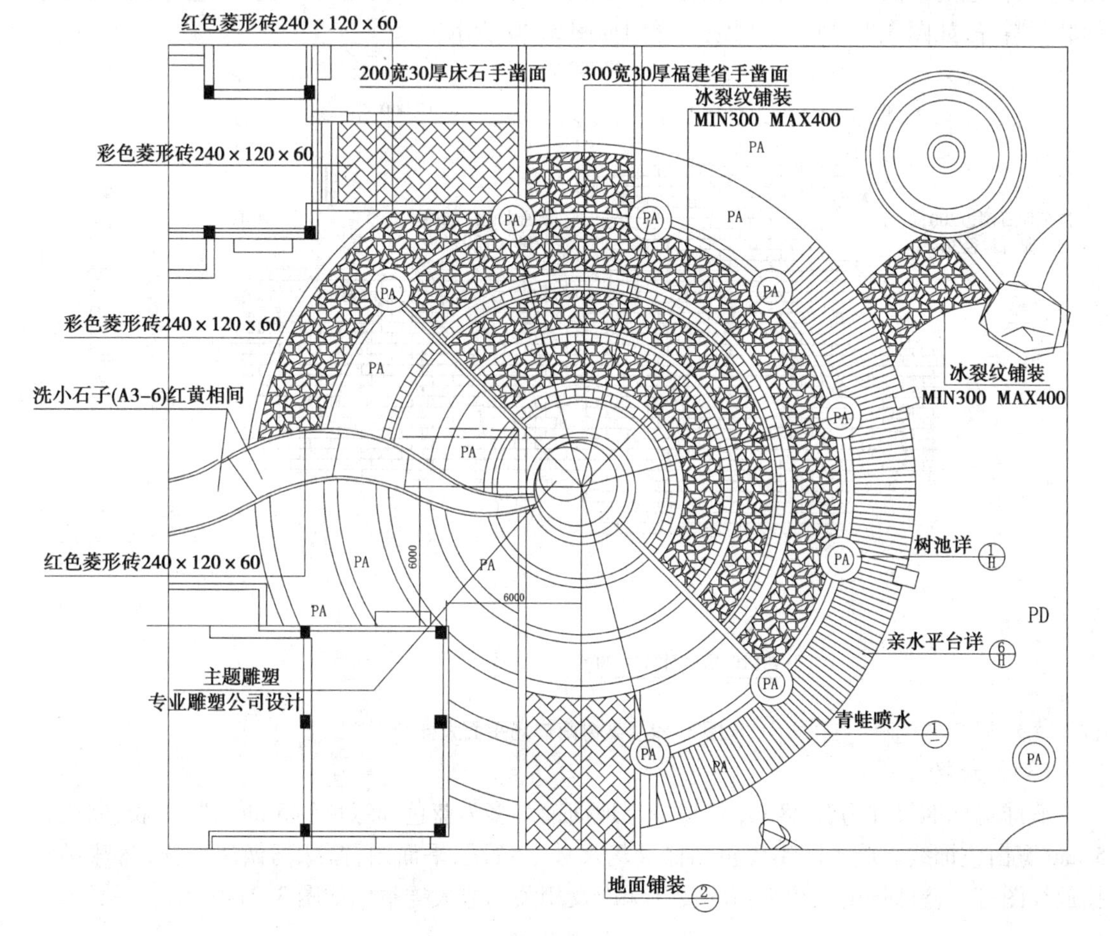

图 3.17 某休闲广场平面大样

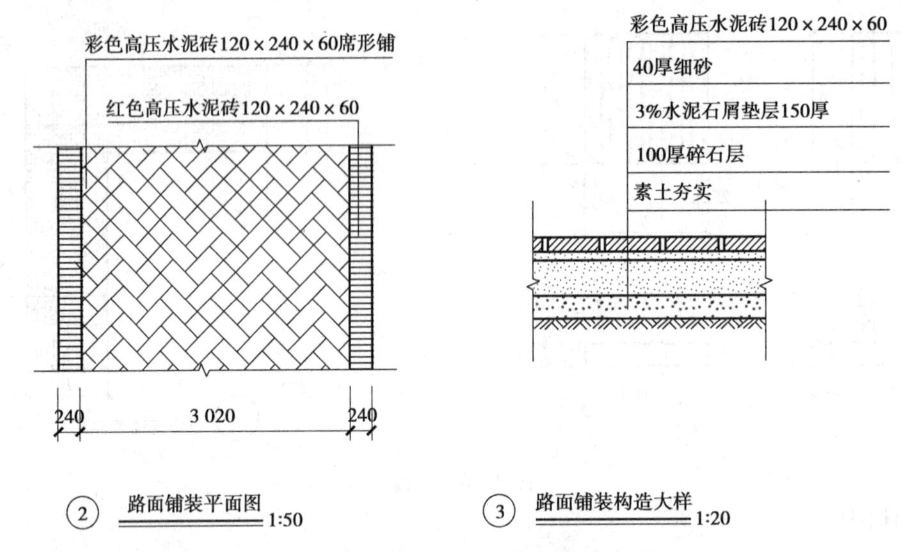

图 3.18 某休闲广场构造节点大样

(2)树荫广场

树荫广场在室外环境中最为常见,其施工图包括广场网格定位图、广场平面图、广场剖面图,以及树池的平面图、剖面图、立面图。其中,平面图包括了树池的位置、数量、大小及道路铺装材料等,如图 3.19 所示。树池大样图如图 3.20 所示。

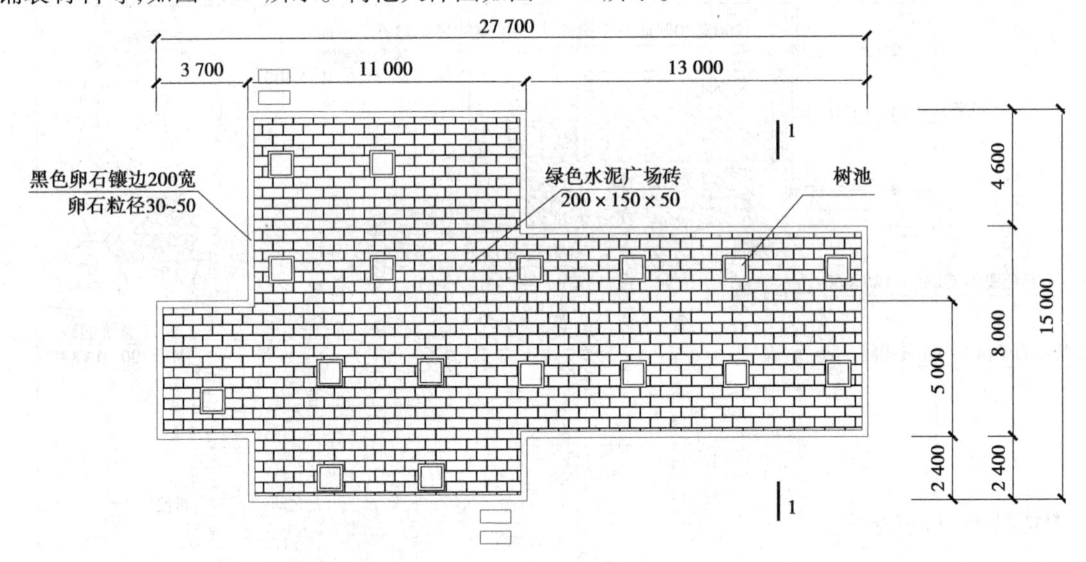

图 3.19 某树荫广场平面大样

(3)篮球场

篮球场标准尺寸为长 28 m,宽 15 m。地面铺装多为蓝色和绿色的 5 mm PU 塑胶,周边为 5 mm 宽白色饰线。施工图主要包括篮球场尺寸定位图、平面图,篮球场做法大样,篮球场网格放线图等。篮球场施工图平面的设计深度及相关构造大样举例如图 3.21 所示。

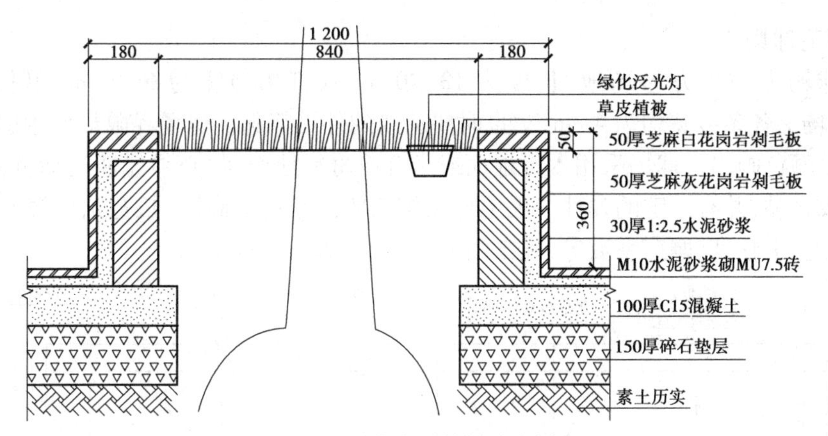

图 3.20 树荫广场的树池大样图

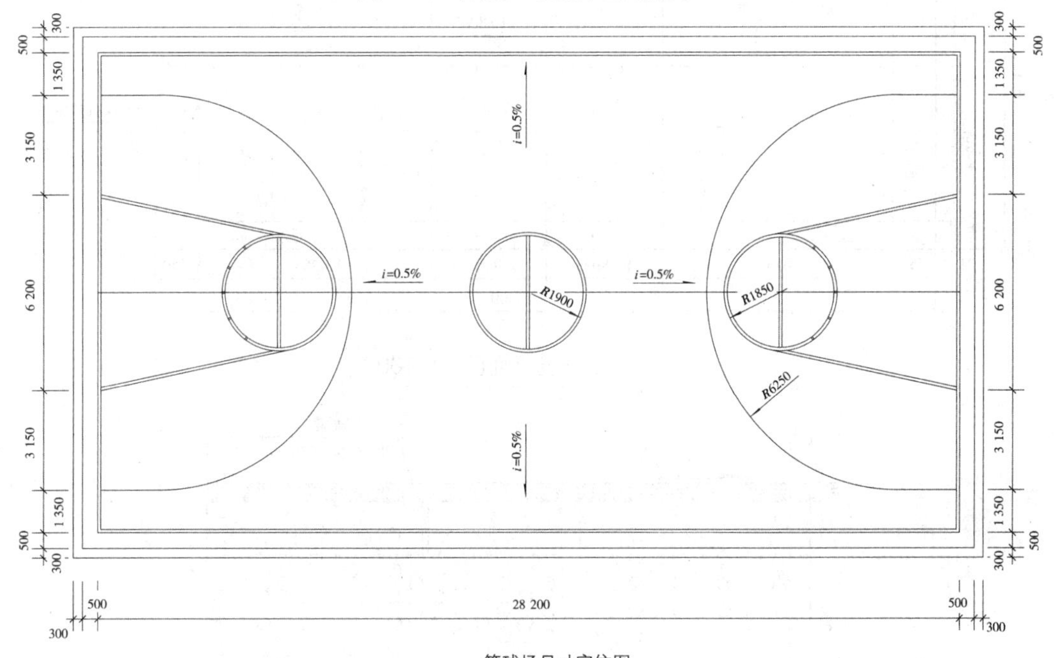

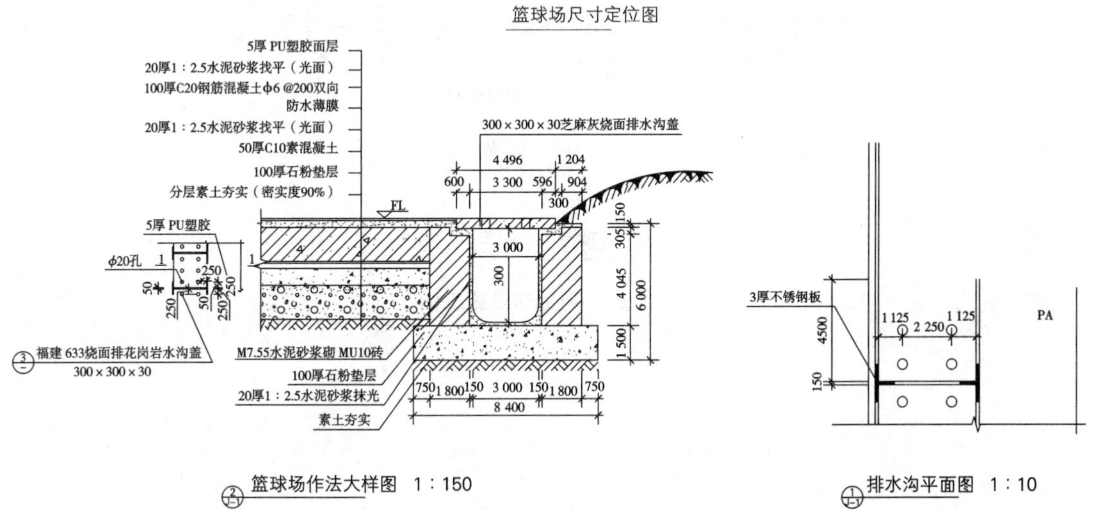

图 3.21 篮球场及相关构造大样

(4)羽毛球场

羽毛球场为一长方形场地,长度为 13.40 m,双打场地宽为 6.10 m,单打场地宽为 5.18 m。球场上各条线宽均为 4 cm,丈量时要从线的外沿算起。球场界限最好用白色、黄色等易于识别的颜色画出。球场采用木板地面或是合成材料地面,都必须保证运动员在比赛中不感到太滑或太黏,并有一定的弹性。羽毛球场施工要注意场地高度,长宽预留缓冲区,地面基础材质、湿度、平整度、摩擦系数等,施工图大样如图 3.22 所示。

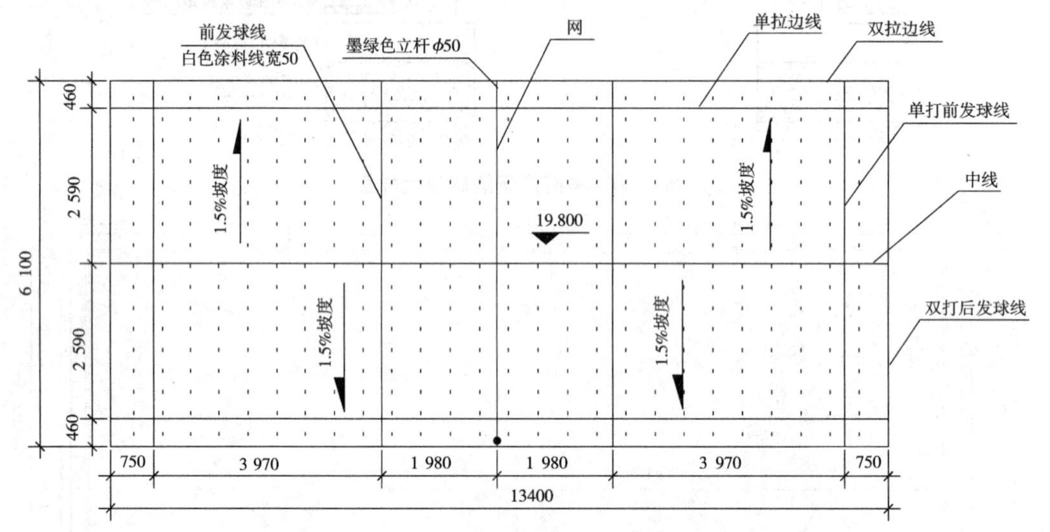

羽毛球场平面图 1:100

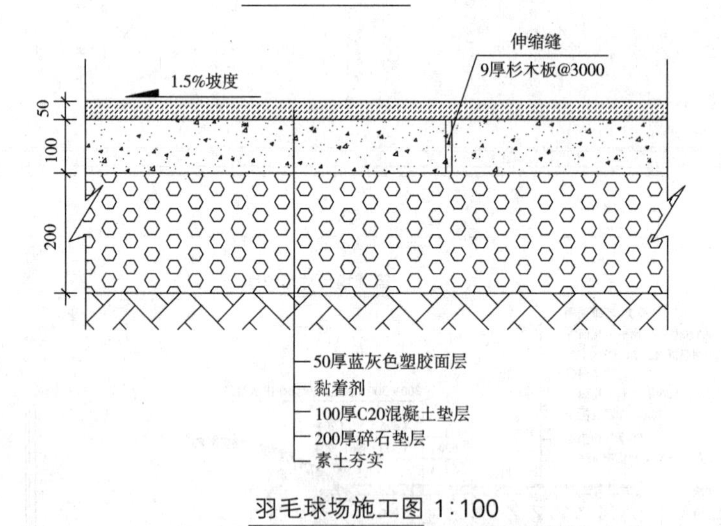

羽毛球场施工图 1:100

图 3.22 羽毛球场施工图

(5)儿童沙坑

沙坑应有排水设施,以免雨后变成水坑。沙坑附近宜设家长的座椅,座椅距离儿童活动处不得多于4 m,不得少于1.8 m。沙坑位置应能保证家长视线与儿童活动区出口的通透,便于家长监护,细沙的深度在0.5 m左右为宜。施工中各阳角处应做成钝角或圆角,注重排水和防滑处理,以保证儿童的活动安全,如图3.23和图3.24所示。

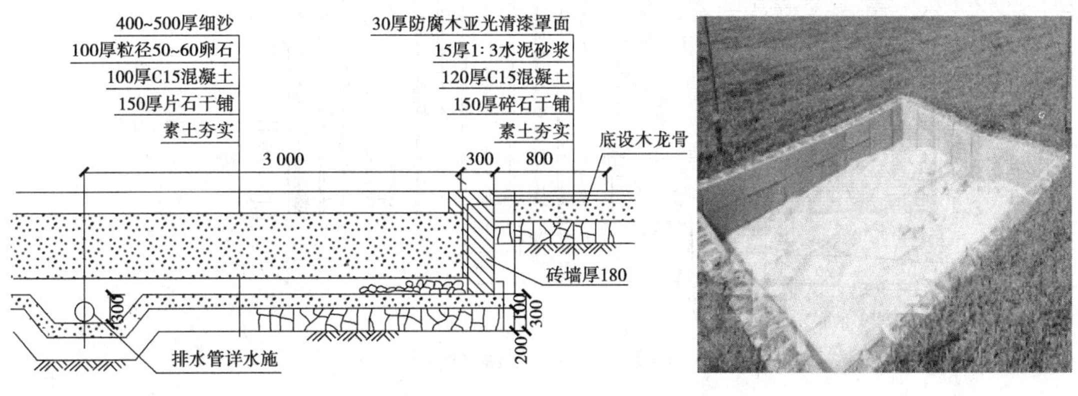

图3.23　沙坑施工图举例

图3.24　沙坑效果

3.9　各类平台

平台是小面积的垫高了的活动场地,或在斜坡地及水体处架高设置的水平场所,如图3.25所示。为了防风、防雨和防日晒,平台要做防腐、防潮、耐磨处理。在地势起伏较大的区域,平台不仅可以解决高差,也可起登高眺望远景的作用,如图3.26、图3.27所示。其施工图设计必须同建筑结构设计合作进行,园林设计师一般仅负责构造部分的设计和绘图。

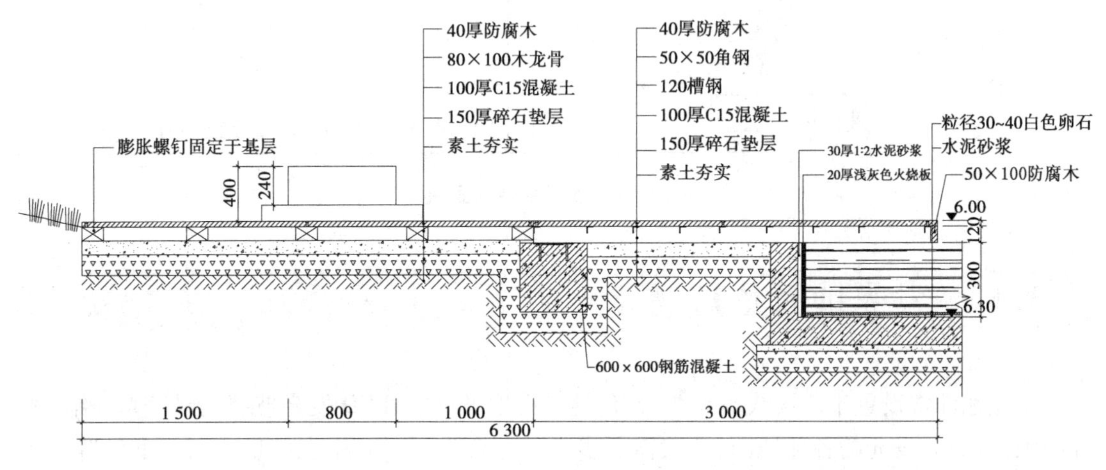

图3.25　木平台剖面图

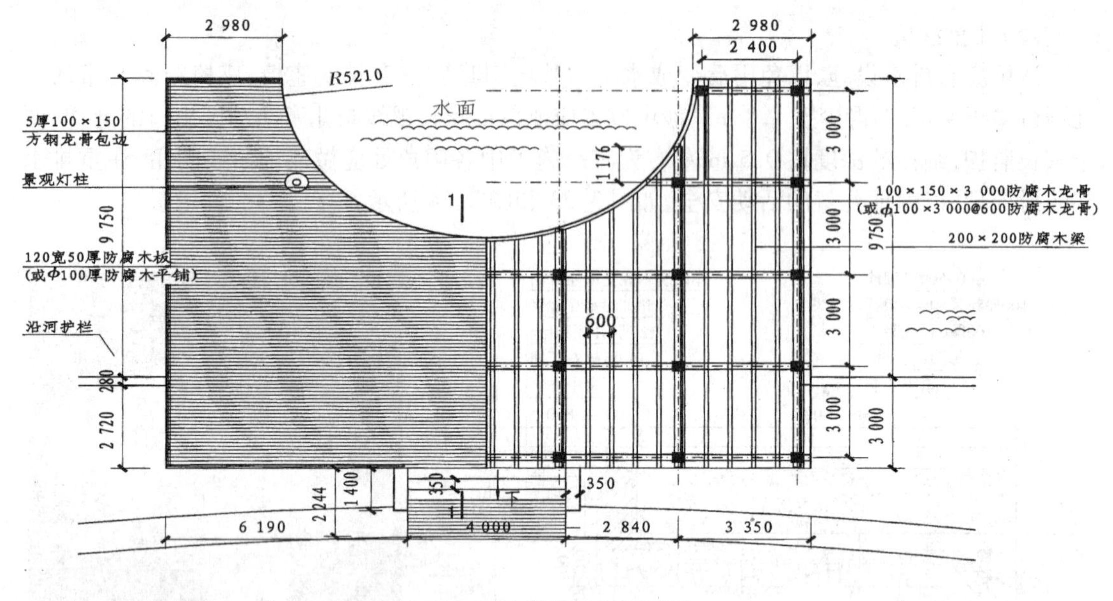

图 3.26　观景平台平面图

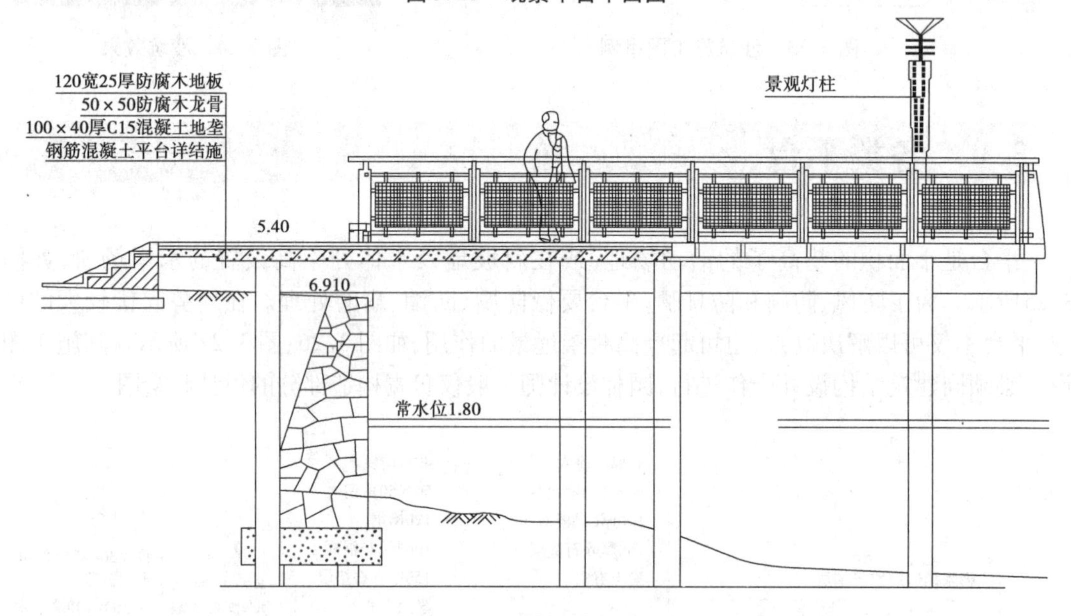

图 3.27　观景平台剖面图

3.10　发光地面及灯槽

发光地面常设置于广场或露天舞台,包括借助地下灯槽、LED 发光玻璃或尾发光纤维(光导纤维)等方式发光的各种地面,一般需要多工种配合设计。其中在广场或路面下设置灯槽的构造设计与施工较为典型,灯槽内部能够设置各种光源或灯具,能够增添场地的装饰照明效果,其节点大样举例如图 3.28 所示。

地下灯槽的设计要点如下:

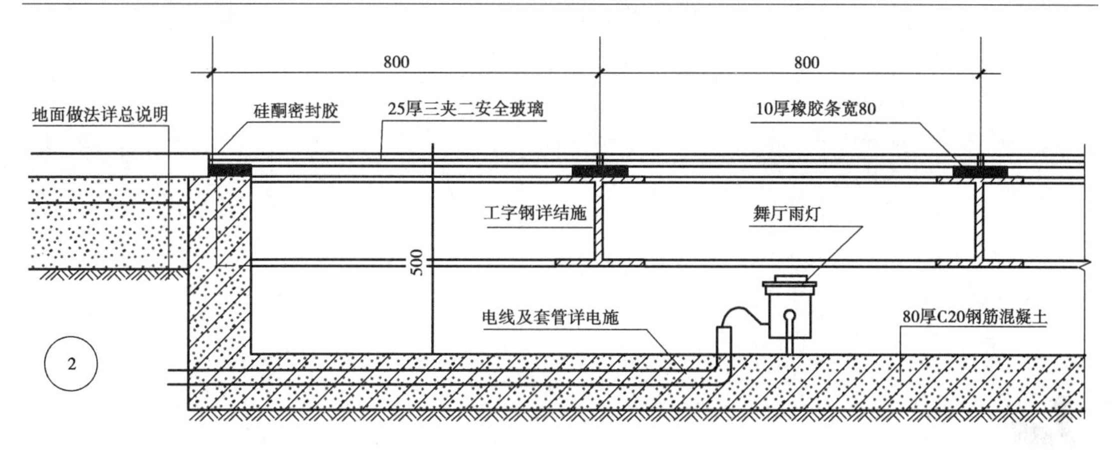

图 3.28 地下灯槽的构造节点大样图

①灯槽的表面能够透光、承重和耐撞击，一般采用 25 厚的夹胶玻璃（三夹二玻璃）。

②灯槽应保持干燥，安全玻璃的分格缝应密封，一般设二道防线防地表水，即设置密封胶和橡胶条。

③灯槽按照水池设计施工，采用细石混凝土防水。为防地下渗水和潮气产生的水分，较大的灯槽应有内排水措施（设置排水管网），由给排水工程师负责设计。

④玻璃应便于取放，便于今后内部的光源或灯具维修更换。

思考题

1. 园路施工的准备工作和道路放线有哪些注意事项？
2. 园路铺装设计如何做到装饰和实用功能的有机结合？
3. 园路与两旁绿化之间的关系和相互作用是什么？
4. 广场施工图设计时如何体现其地域文化特征？
5. 开放式街区道路设计如何充分考虑其实用功能及技术要求？
6. 运动场地施工图的设计依据有哪些？
7. 发光地面如何与周围环境相融洽？
8. 按海绵城市建设的要求，道路雨水低影响开发设计的原则和要求是什么？

4

水景工程施工图设计

本章导读

本章介绍水景工程设计的主要内容及水景施工图绘制的特点和要求，并分别介绍了水池、驳岸、汀步步道、栏杆、平台、跌水、景观小桥施图的基本图（平面、立面和剖面图）以及大样图的绘图要点。

4.1 概述

水景工程设计是园林中与水景相关工程的总称，包括水景设计、水景构造（如水池、人工湖泊与溪流、喷泉跌水等）设计。水景工程设计一般由园林设计师、给排水工程师、结构工程师、电气照明工程师等专业人员参与，其中由园林设计师主要负责构造部分的设计和施工图编绘。

4.2 水景施工图设计

水景工程设计中的施工图设计，一般包括水景平面施工图、水景放样及定位图、索引图、各类水景详图等内容。水景施工图的总平面图一般是园林景观工程的一个局部，常用绘图比例为1:10～1:100。

4.2.1 水景总平面施工图、索引图、水景定位图

1)水景平面施工图

水景总平面或平面施工图的设计内容和施工图绘制,包括水面形状、最高(最低)水位、小桥、水池、驳岸、观景平台等,属于景观工程设计当中的水景分项,如图4.1所示。

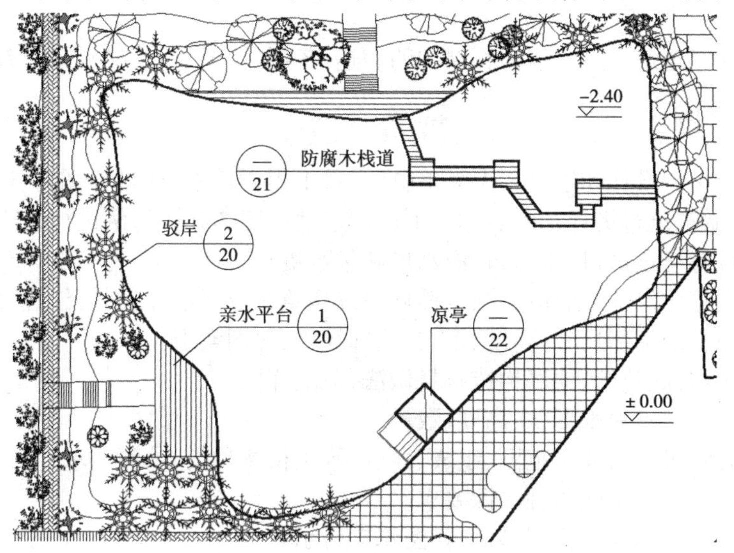

图4.1 水景平面施工图

2)水景放样及定位图

水景平面施工图应交代其在场地中的准确位置和精确形状。水景的水面大多为自然随意形,为施工放线方便和造型的准确,通常要绘制网格图(常见为5 m×5 m或10 m×10 m方格网放线),并借助测量坐标来精确定位,如图4.2所示。

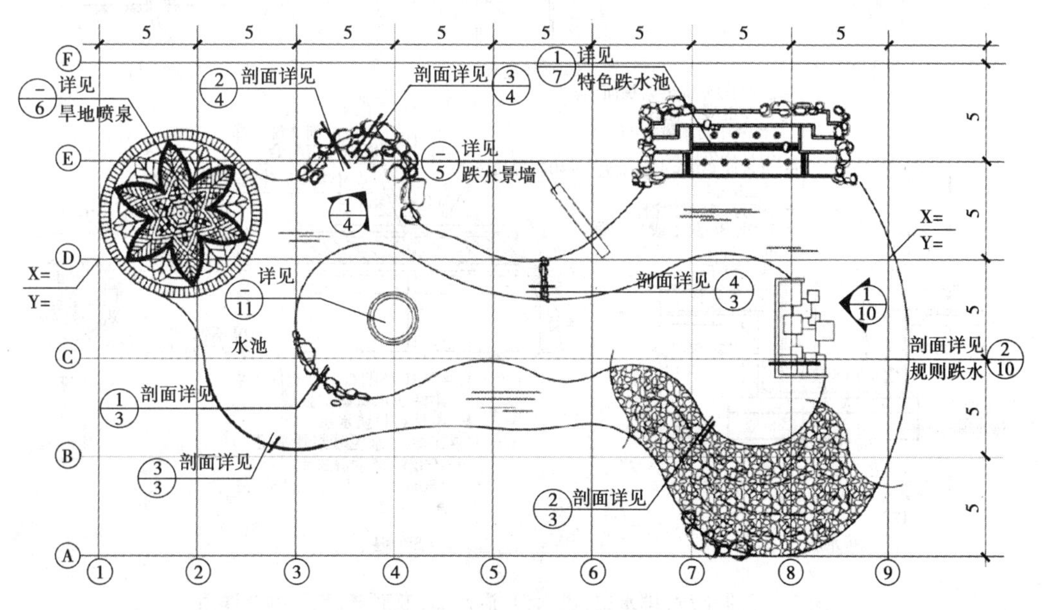

图4.2 水景放样及定位图

3)索引图

当总平面图内容较多时,可以单独绘制索引总平面图,并绘制主要水景平面,同时将需详细绘制的各处大样图按排序索引编号标注,比例不限。较小的和较简单的工程,索引图一般与水景施工图总平面一起表达,如图2.25所示。

园林景观人工水池,按修建的材料和结构可分为刚性结构水池、柔性结构水池、临时简易水池三种。

水池绘制注意池底、池壁、压顶石结构的表达,各层厚、宽、高及材料都应有表达。

4.2.2 各类详图

各类水池施工图设计和绘制要点如下:在水景工程设计中,通过详图对各类水景的位置、尺寸、构造材料做法进行更详细的表达。下面以水池施工图详图为例进行说明。

水池一般设置有进水口、排水口、溢水口和集水坑。

平面图表示定位尺寸、细部尺寸、水循环系统构筑物位置尺寸、剖切位置、详图索引。

立面图水池立面细部尺寸、高度、形式、装饰纹样、详图索引。

剖面图表示水深、池壁、池底构造材料做法,节点详图。

其中,喷水池:表示喷水形状、高度、数量;

种植池:表示培养土范围、组成、高度、水生植物种类、水深要求;

养鱼池:表示不同鱼种水深要求。

和水景工程有关的部分详图举例,如图4.3所示。

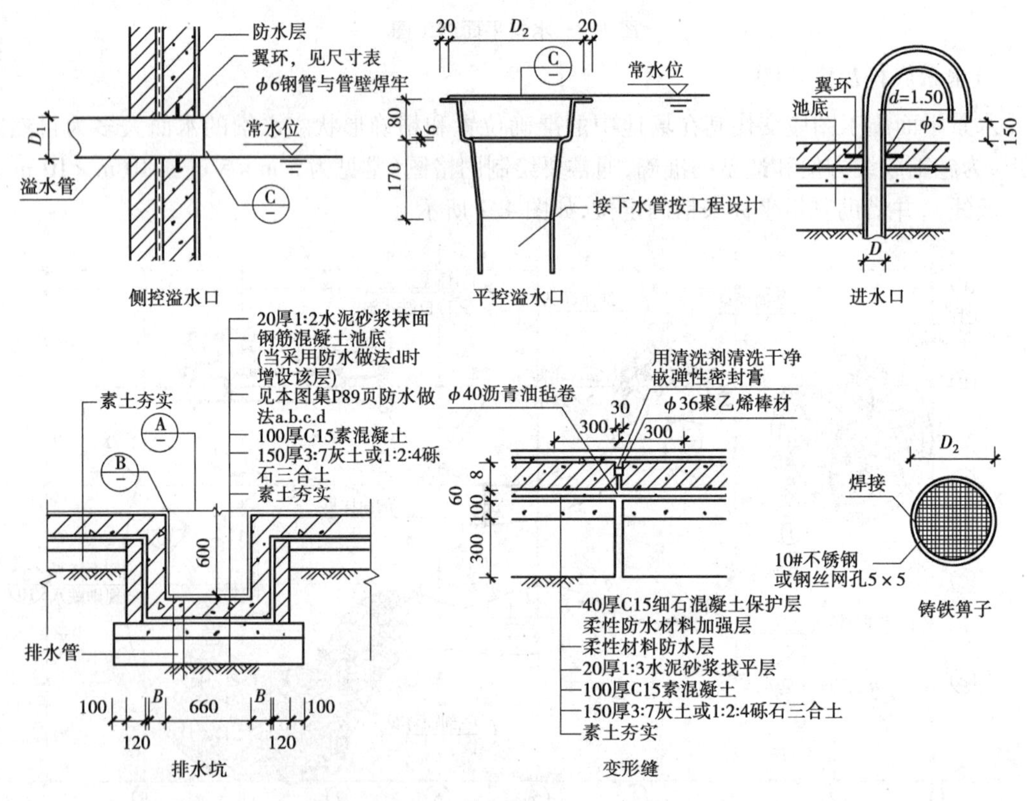

图4.3 排水坑、排水口、进水口、溢水口、变形缝、箅子构造详图

4.3 水池设计与表达

水池是由自然水形成的小型坑洼或由人工修建、具有防渗作用的蓄水设施。其形式多样,布局灵活,在景观园林中应用广泛,是局部空间或小规模环境绿地创建水景的主要形式之一,常与建筑、雕塑、小品、山石、植物等组合造景。

园林景观用人工水池,按修建的材料和结构可分为刚性结构水池、柔性结构水池、临时简易水池三种。

4.3.1 刚性结构水池

刚性水池是钢筋混凝土整体现浇的水池,特点是池底、池壁均配钢筋,再整体浇筑混凝土。其使用寿命长、防漏性好,适用于大部分的各式各样的水池。一般水池结构为池底素土夯实 + 铺碎石 + 混凝土垫层 + 找平层 + 防水层 + 池底 + 面层,池壁与底类似,注意池壁高于地面,并置压顶石。施工图绘制的内容如图 4.4 所示。

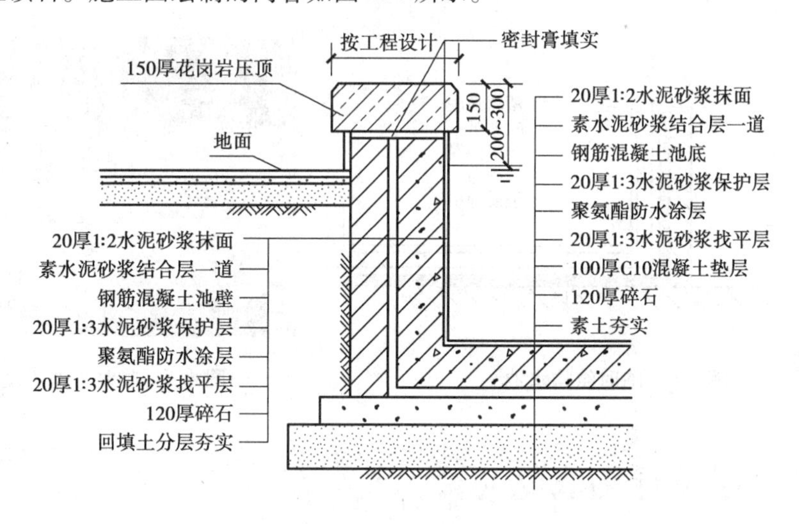

图 4.4 刚性结构水池

4.3.2 柔性结构水池

柔性结构水池一般为自然形式的水池,岸壁常采取块石、卵石饰面压顶或镶嵌景石的方式,保证水面与陆地的自然衔接,池底素土夯实 + 无纺布防水层 + 卵石铺底倒压。选用柔性不渗水材料做防水层,可以选择的不渗水材料有玻璃布沥青席、三元乙丙橡胶(EPDM)薄膜、聚氯乙烯(PVC)衬垫薄膜、膨润土防水毯等。柔性结构水池的施工图如图 4.5 所示。

4.3.3 简易水池和临时水池

简易水池结构简单,安装方便,使用完毕后能随时拆除,甚至还能反复利用,一般适用于节日、庆典、小型展览等水池的施工。

临时水池根据安置位置,结构形式不一。对于铺设在硬质地面上的水池,一般采用角钢

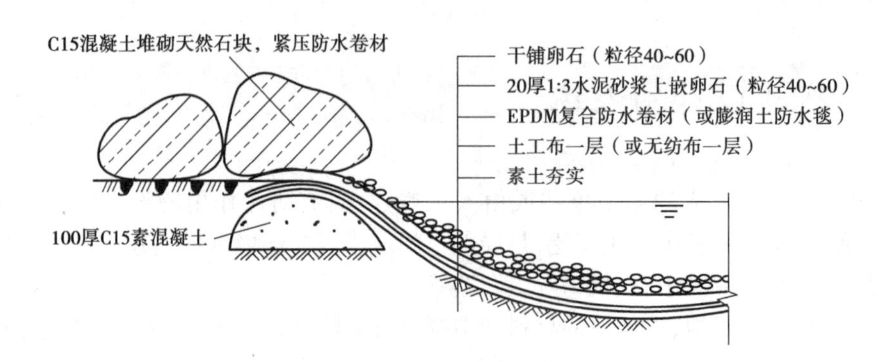

图 4.5　柔性结构水池

焊接,用红砖砌筑或者用泡沫塑料制成池壁,再用吹塑纸、塑料布等分层将池底和池壁铺垫,并将塑料布反卷包住池壁外侧,用素土或其他重物加以固定,如图 4.6 所示。内侧池壁可用树桩做成驳岸,或用盆花遮挡,池底可视需要再铺设砂石或点缀少量卵石。当地基不平稳而无法承担地面上部荷载时,可用挖水池基坑的方法建造,先按设计要求挖好基坑并夯实,再铺上塑料布(塑料布应至少留 15 cm 在池缘),并用天然石块压紧,完成临时水池的安置,如图 4.7所示。

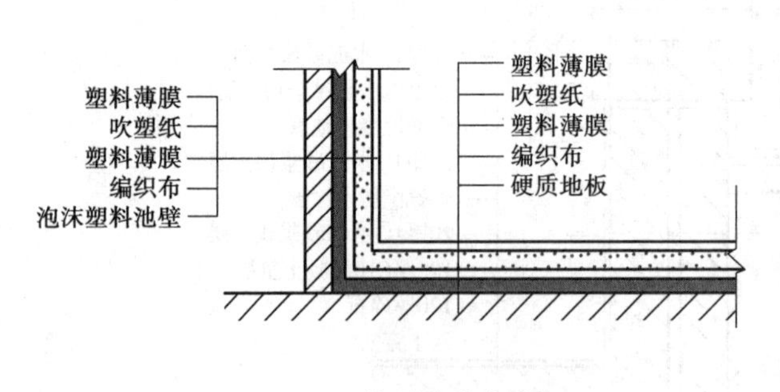

图 4.6　临时结构水池

图 4.7　临时水池安装现场

4.4　驳岸设计与表达

一面临水的挡土墙称为驳岸,位于园林水体边缘与陆地交界处,是保护湖岸稳固、防止冲刷或被水淹所设置的构筑物。大多岸壁为直墙,有明显的墙身,岸壁坡度 >45°,设计施工时应注意设施与常水位、高水位、20 年(50 年或 100 年)水位及水位线的关系。

驳岸常见类型如下:

(1)砌石驳岸

砌筑上又可分为干砌和浆砌两种,前者往往用于斜坡式,后者用于垂直式。

干砌石是不用胶结材料的块石砌体,它依靠石块自身重量及石块接触面间的摩擦力在外力作用下保持稳定。如图 4.8 所示。

浆砌块石驳岸:选用较大块石(ϕ300 mm 以上),并用 M10 水泥砂浆砌筑。为使驳岸整体性加强,带做混凝土压顶,内放 206 统长钢筋,构造基本同挡土墙。一般每隔 25 ~ 30 m 应设置一道伸缩缝,缝宽 20 ~ 30 mm,内嵌防腐木板条或沥青油毡等,如图 4.9 所示。

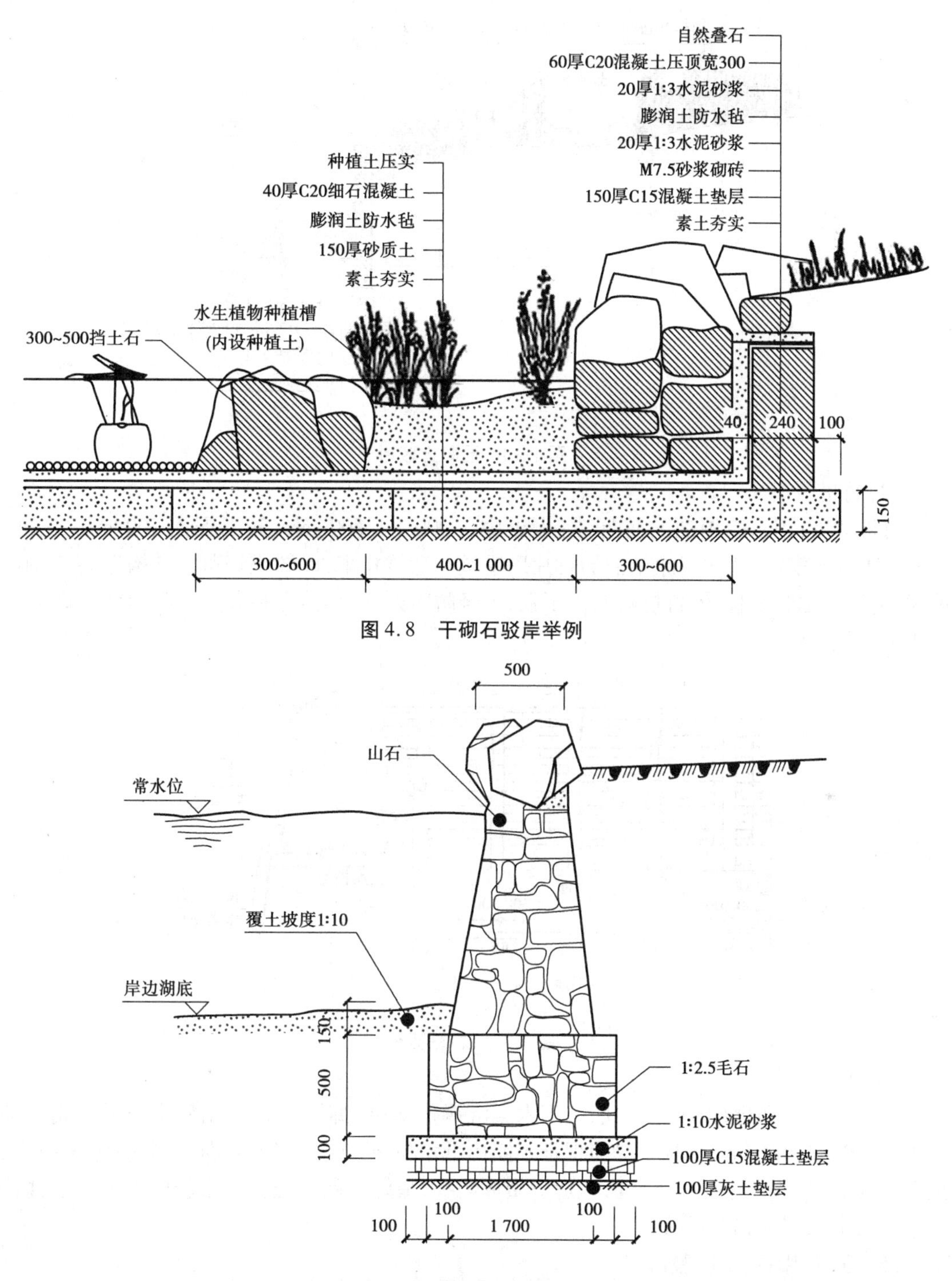

图 4.8　干砌石驳岸举例

图 4.9　浆砌石驳岸举例

(2)混凝土驳岸

混凝土驳岸一般设置在高差较大或表面要求光滑的水池壁处,或是不适宜浆砌块石驳岸处。河部沿岸可分段降坡,岸边根据河道信息(河道流速、河底流沙土质等),做桩打入河底。再选择合适护坡截面,钢筋混凝土一体现浇围岸,如图 4.10 所示。

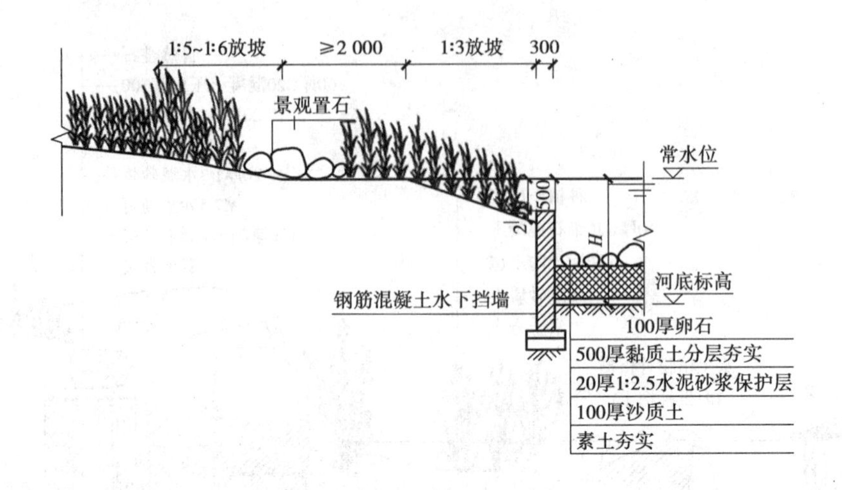

图 4.10　混凝土驳岸

(3)竹桩驳岸

竹桩驳岸:用下涂柏油的竹杆,打入土中 1 000 ~ 1 500 mm,露出泥面 500 mm,按间距 400 ~ 600 mm 安设,背面用涂柏油的竹片用铅丝与毛竹扎牢,以防土塌落。其构造简单,施工简便,适用于临时工程;但竹桩耐腐性不强,虽经防腐处理,仍然会在较短时间内就会烂掉,如图 4.11 所示。

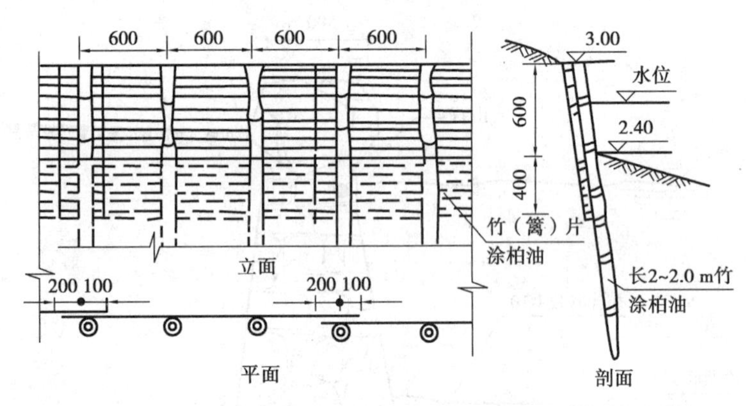

图 4.11　竹桩驳岸

(4)木桩驳岸

木桩驳岸:在护脚 2 m 左右处,可用木柴沉褥作垫层(即沉排),即用树木枝干编成排,桩入土 1 500 ~2 500 mm,桩顶上缘应保证不露出低水位,再于其上加盖砌石板条石等重物使之沉下。其适用于水流速度不大处,也适宜做成码头,最好加做一统长的系船横木于桩上,以缓冲游船撞击,如图 4.12 所示。

(5)石笼、片石、草坡驳岸

为使驳岸自然,多采用自然缓坡与水景植物结合,再设置驳岸保护护堤。网格规格多为 2 m×1 m×1 m,3 m×1 m×1 m,4 m×1 m×1 m,2 m×1 m×0.5 m,4 m×1 m×0.5 m,表面保护状态有热镀锌、热镀铝合金和涂 PVC 等,石笼底下应素土夯实或 100 mm 厚碎石垫层。片石和草坡驳岸根据水面高度进行 1:1.5 放坡,石笼高度要考虑常水位线,以免露出水面,其施工图设计如图 4.13 和图 4.14 所示。

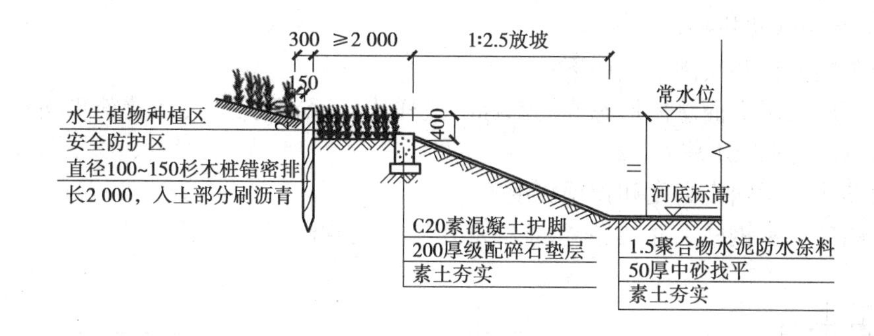

图 4.12 木桩驳岸

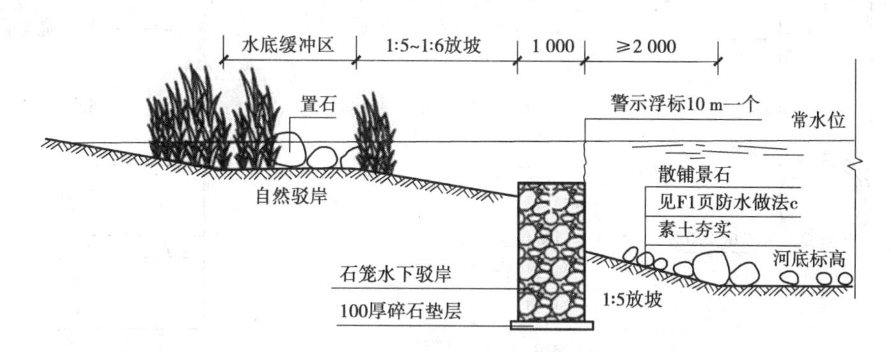

图 4.13 石笼驳岸

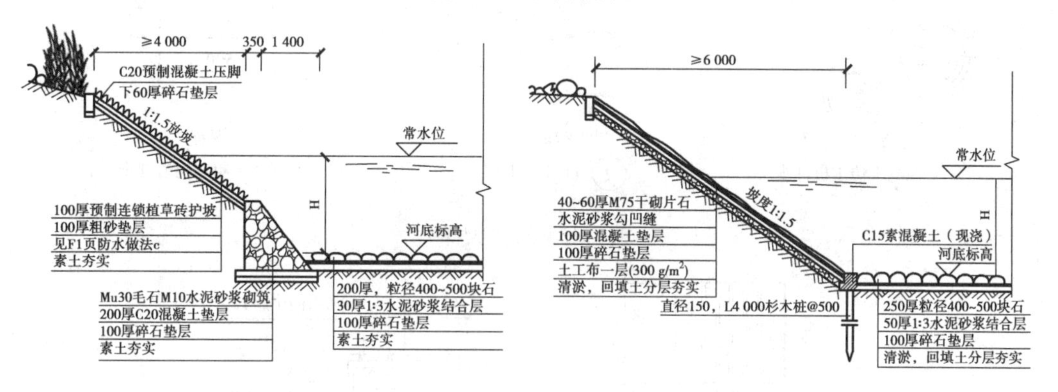

图 4.14 草坡、片石驳岸

4.5 汀步设计与表达

汀步是按一定间距设置在浅水中，微露水面，使人跨步而过水的一种步石类型。考虑人腿跨度以及心理感受，汀步横向宽度为 400 ~ 600 mm（圆形直径同放行），相邻两汀步之间的间隔为不大于 150 mm。汀步附近 2 m 范围内，水深不应大于 0.5 m（大于 0.5 m 时加防护），且汀步要求微高于常水位 150 mm。

汀步材质常采用混凝土桩基，外饰面面材做仿木、仿自然石材等效果，如图 4.15 所示。另一种常见形式为混凝土主体，但踏步面层材质为其他材质（如硬木贴面），如图 4.16 所示。其做法为：ϕ6 钢筋混凝土加固，面层 20 mm 厚硬木条板用建筑胶粘贴，两端钢钉固定，周边用

20 mm厚 1∶3水泥砂浆找平。

汀步施工图设计和绘制要点如下：

①平面图应表示平面总体形态或局部标准段样式，各踏面长宽尺寸及踏步间距尺寸及材质，剖切位置和详图索引等。

②立面图应表示踏步高度和预埋深度等。

③大样图应表示钢柱尺寸及径宽，各细部连接方式放样等。

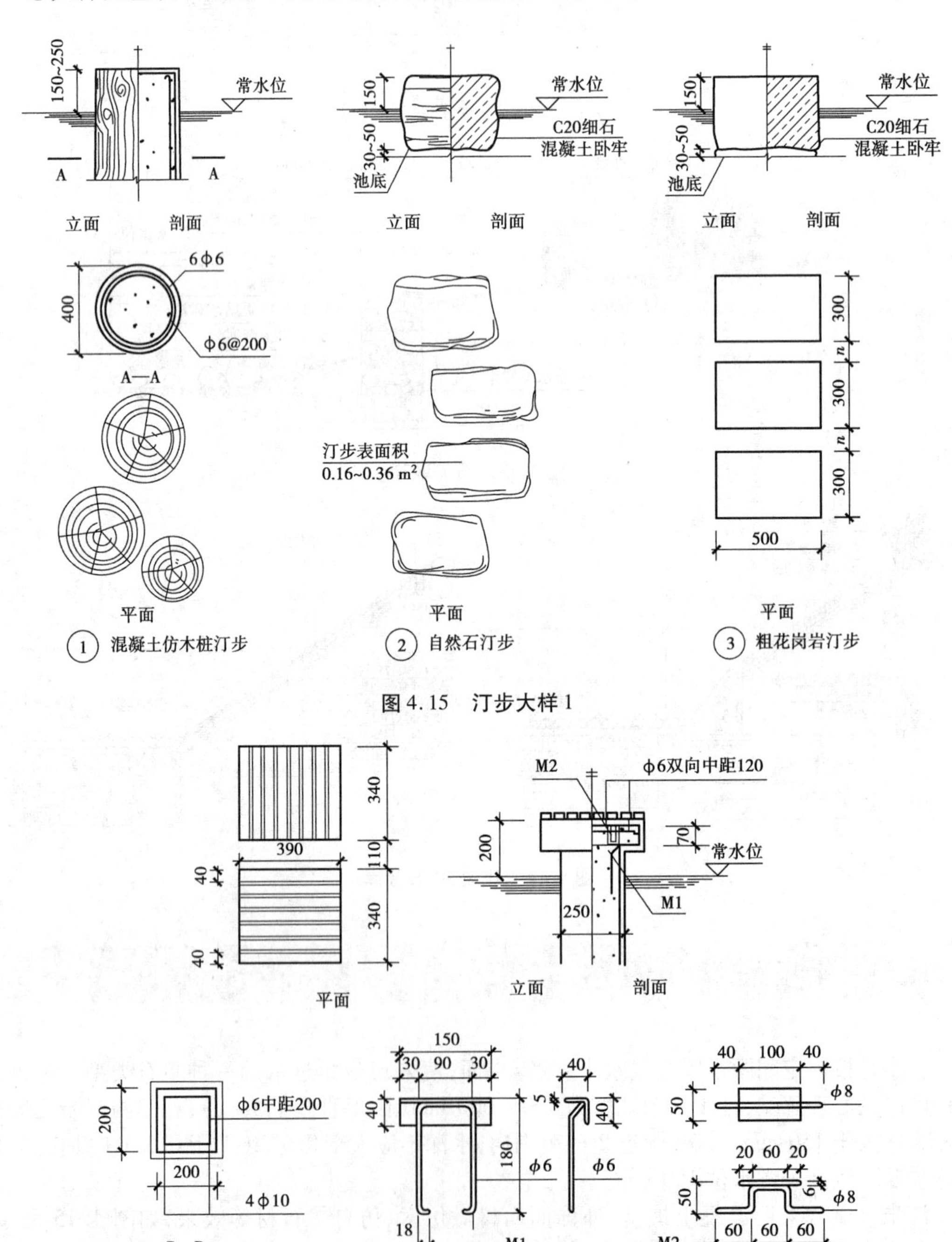

图 4.15　汀步大样 1

图 4.16　汀步施工大样图举例

4.6 滨水栈道设计与表达

滨水栈道是滨水而建的架高的通道,主要由走道、立柱、扶手和栏杆组成。木栈道采用防腐木材制作,要求含水率不大于12%。栈道的支撑立柱(或横梁)有方木、圆木两种形式。栈道表面距离池底500~1 000 mm,水深大于500 mm时,需设置栏杆(栏板)来保证安全,如图4.17所示。木栈道扶手高度一般设计为大于900 mm,竖向栏杆构件之间净空宽度不大于110 mm,栏杆(栏板)每隔1 100~1 500 mm应设置竖向立柱,起固定栏杆(栏板)的作用,如图4.18所示。滨水栈道的立柱、梁也可采用钢筋混凝土构件,一般由结构工程师设计。栈道面材和栏杆(栏板)扶手也可选用防腐木材。

滨水栈道施工图设计和绘制要点如下:

①铺装、梁架平面图应表示纵横宽度及截面各尺寸,结构用材;面材铺装材质及尺寸规格;剖切位置和详图索引等。

②立、剖面图应表示水面位置高度线;梁及骨架、扶手栏杆等的构造做法。

③大样图应表示细部固定放样图。

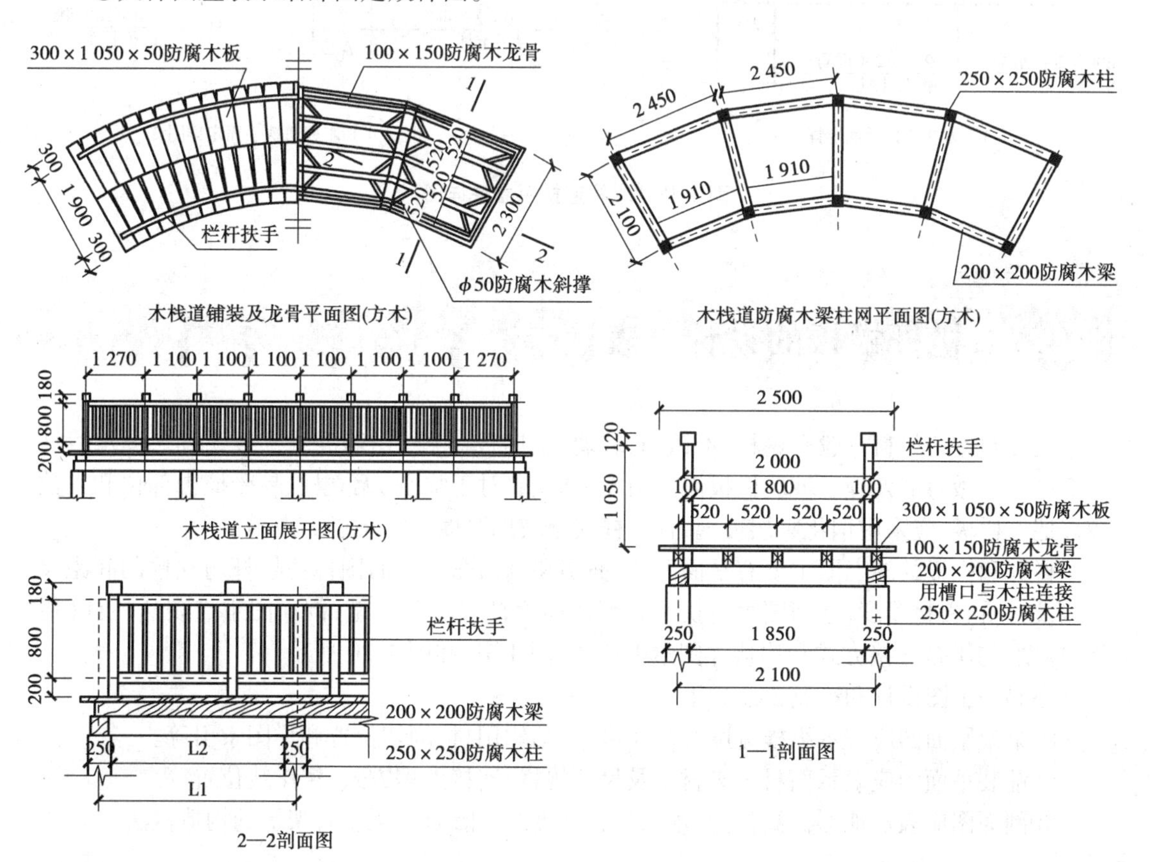

图4.17 滨水步道详图

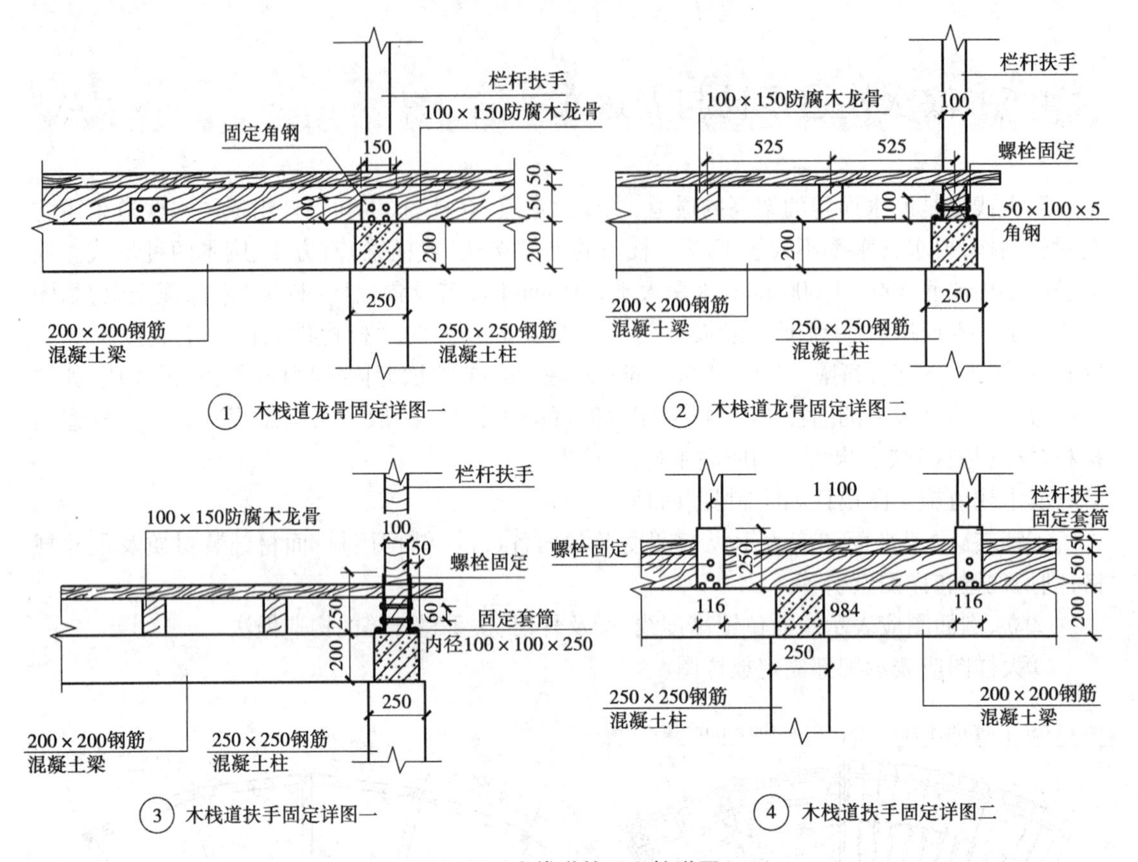

图4.18 木栈道扶手立柱详图

4.7 栏杆栏板的设计与表达

栏杆制作的材料一般有钢材、不锈钢、玻璃、金属板(网)、钢筋混凝土板5种。滨水栏杆下部材质应做防潮处理。玻璃栏板需采用安全玻璃,对于临空、无立柱、易受撞击部位和人数较多地方栏板,应采用钢化夹层玻璃,且栏杆安全玻璃厚度不得小于12 mm。

栏杆和栏板的施工图主要有平面图、立面图和剖面图。平面图标注栏杆与立柱的间距尺寸以及材质、板材厚度;立面图表达扶手高度横向栏杆间距及造型;剖面图重点表达栏杆(栏板)厚度、与平台连接方式和构造详图索引等,如图4.19和图4.20所示。

小码头工图设计和绘制要点如下:

①梁架平面图应表示纵横宽度及截面尺寸、结构用材、剖切位置和详图索引等。

②铺装平面图应表示面材铺装材质及尺寸规格;连接处理方式、河岸线位置等。

③剖面图应表示地形标高位置、水面位置高度线、船缆柱、梁及骨架等的构造做法。

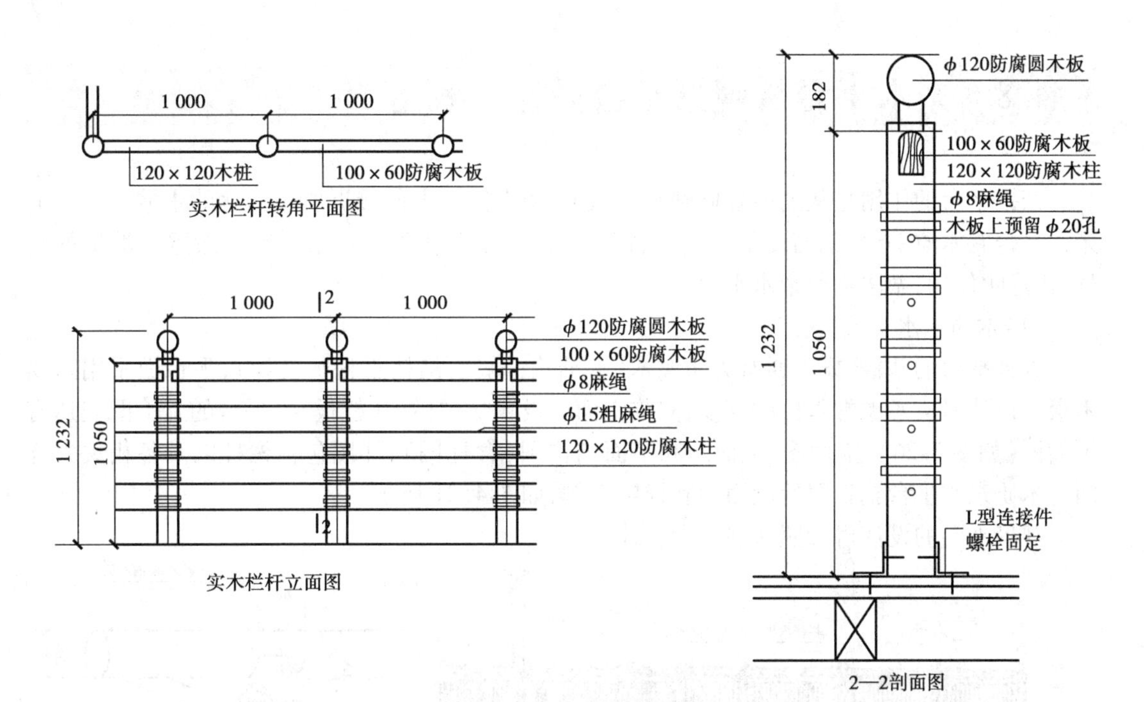

图 4.19　栏杆平、立、剖面图

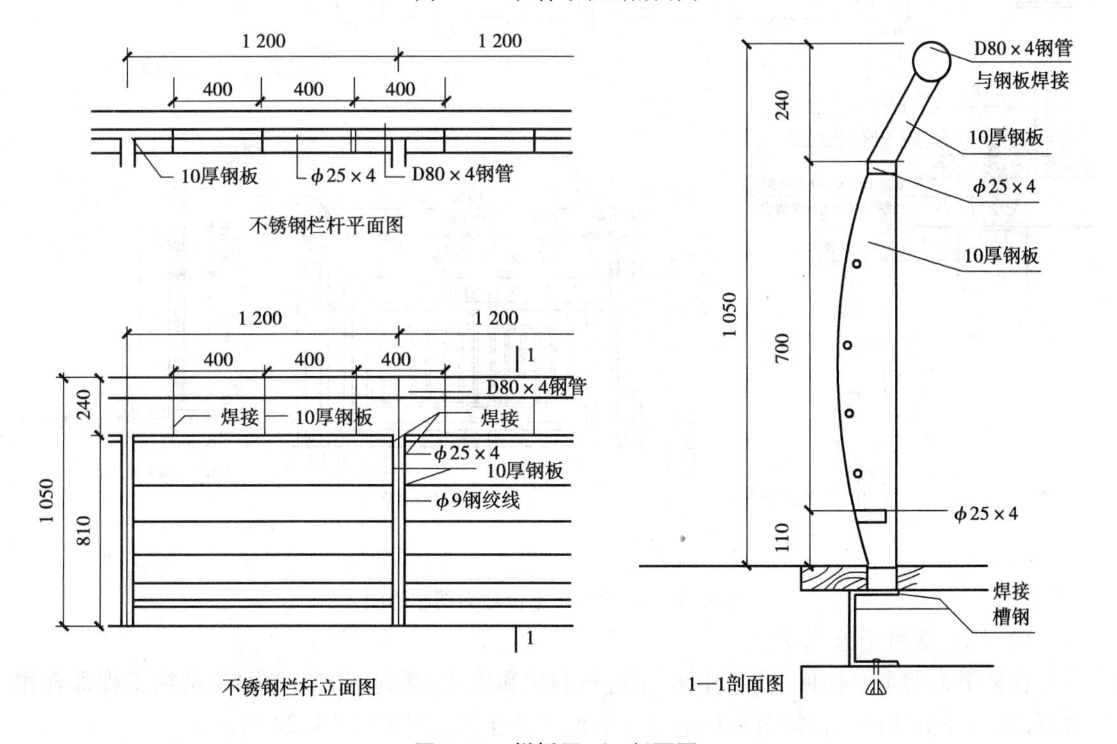

图 4.20　栏板平、立、剖面图

4.8　亲水平台及观景平台设计与表达

亲水平台的作用是从陆地延伸到水面以上,使人们能方便接近所想到达的水域。常见的亲水平台有木质平台、钢筋混凝土平台、钢结构木质平台3种。观景平台一般置于坡地的高处,供远眺使用,做法类似亲水平台。

(1)木质亲水平台

这种平台的基桩、梁为通常为防腐木(木结构一般由结构工程师设计),平台面采用防腐木板。设计时应考虑常水位的高度,其临空面应设置防护栏干(栏板)。平台的施工图表达有平面图(如图3.26)、立面图、剖面图和平面结构图(含柱网),详图包括栏杆以及各相关大样图。木质亲水平台施工图的剖面图和详图实例,如图4.21所示。

观景平台的设计可参照亲水平台设计。

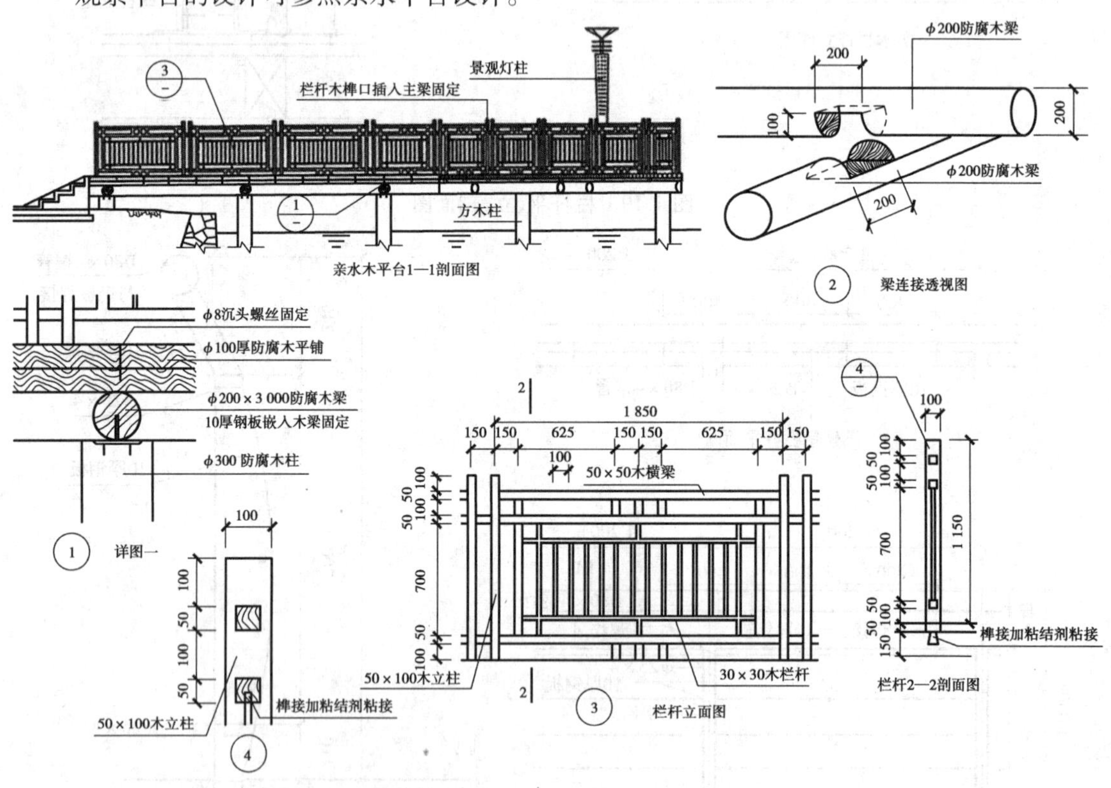

图4.21　木质亲水平台剖面图和详图

(2)钢筋混凝土亲水平台

这种平台的主要构件由钢筋混凝土材料制作和建造,其施工图一般要与结构工程师合作进行设计,并由结构工程师负责构造部分的设计和绘图,详图如图4.22所示。

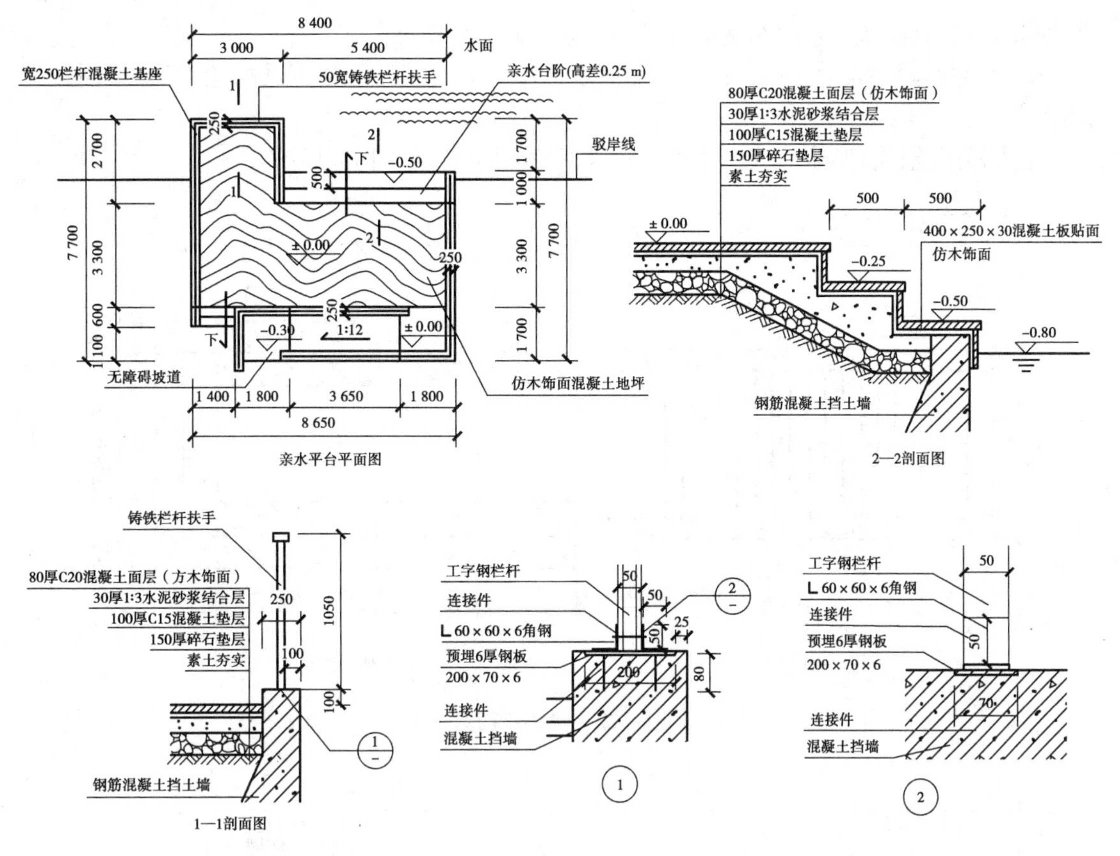

图 4.22　钢筋混凝土亲水平台详图

亲水平台施工图设计和绘制要点如下：

①梁架平面图应表示表达平台平面样式或局部标准段平面样式长宽尺寸和材质；面层铺装样式及细部尺寸；高差变化，有无台阶；剖切位置和详图索引等。

②立剖面图应表示面材铺装材质及尺寸规格；细部连接处理方式；与水岸关系连接方式等。

③大样图应表示踏面、扶手及各处结构连接方式详图；各处索引位置。

4.9　景观小桥施工图设计

景观小桥由两部分组成：上部结构是桥跨结构或桥孔结构，下部结构是墩、桥台 、墩台基础，由园林设计师选型并做构造设计，结构工程师设计柱、梁、板、墩、桥台和基础等结构部分。

拱桥的拱洞设计应考虑常水位所在高度，并考虑拱洞高度是否满足过船的要求。桥体长度应大于水面宽，能保证桥台基础落在岸坡上；拱桥桥面应考虑防滑措施；桥面与路面的连接处，对于留缝和填防水嵌缝材料等，设计应做好处理。拱桥施工图的平面、立面和构造大样举例，分别如图 4.23、图 4.24 和图 4.25 所示。

景观小桥施工图设计和绘制要点如下：

①平面图应表示桥选型样式即桥身宽度、长度等各尺寸；踏步、扶手立柱宽度间距等尺

寸;剖切位置和详图索引等(结构部分应注意索引制其他图纸)。

②立、剖面图应表示各尺寸;水位、地面水平位置线;桥身、基础等的构造做法、不同造型设计。

③大样图应包含踏步、立柱、桥身栏板、扶手等具体样式及构造详图。

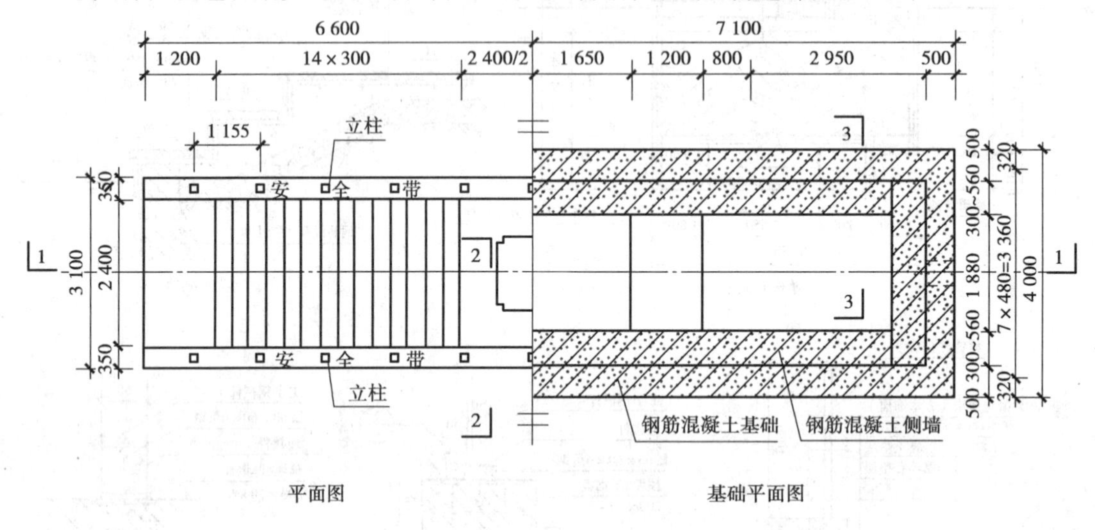

图4.23 拱桥平面图

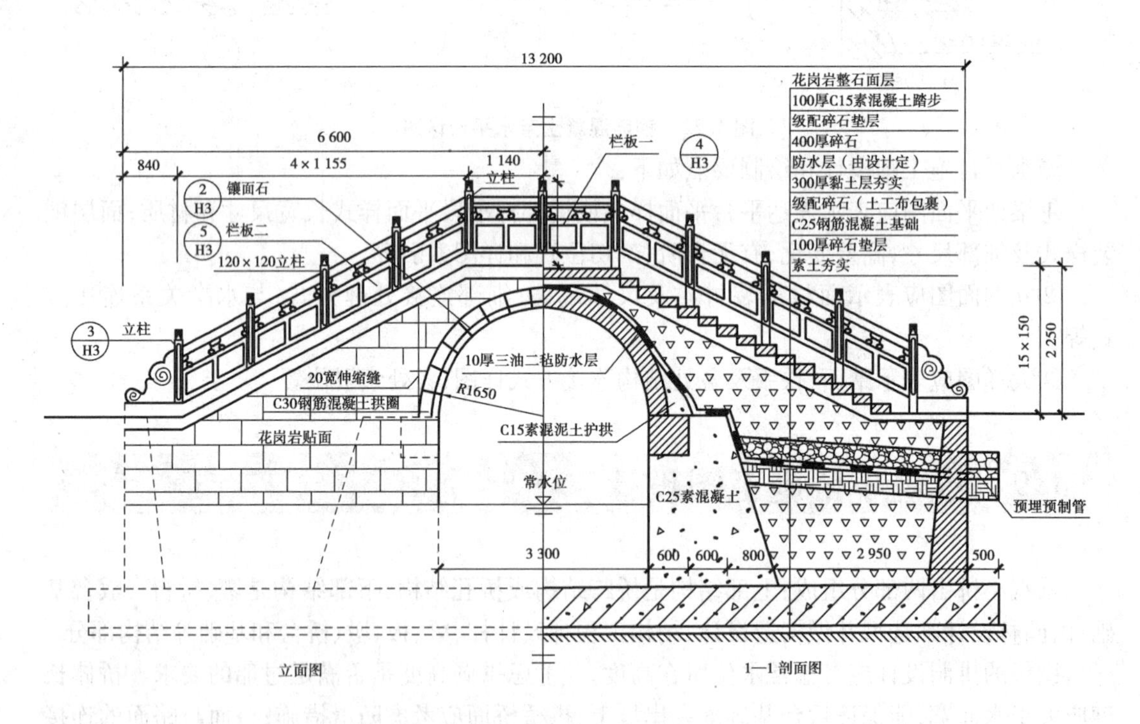

图4.24 拱桥立面图

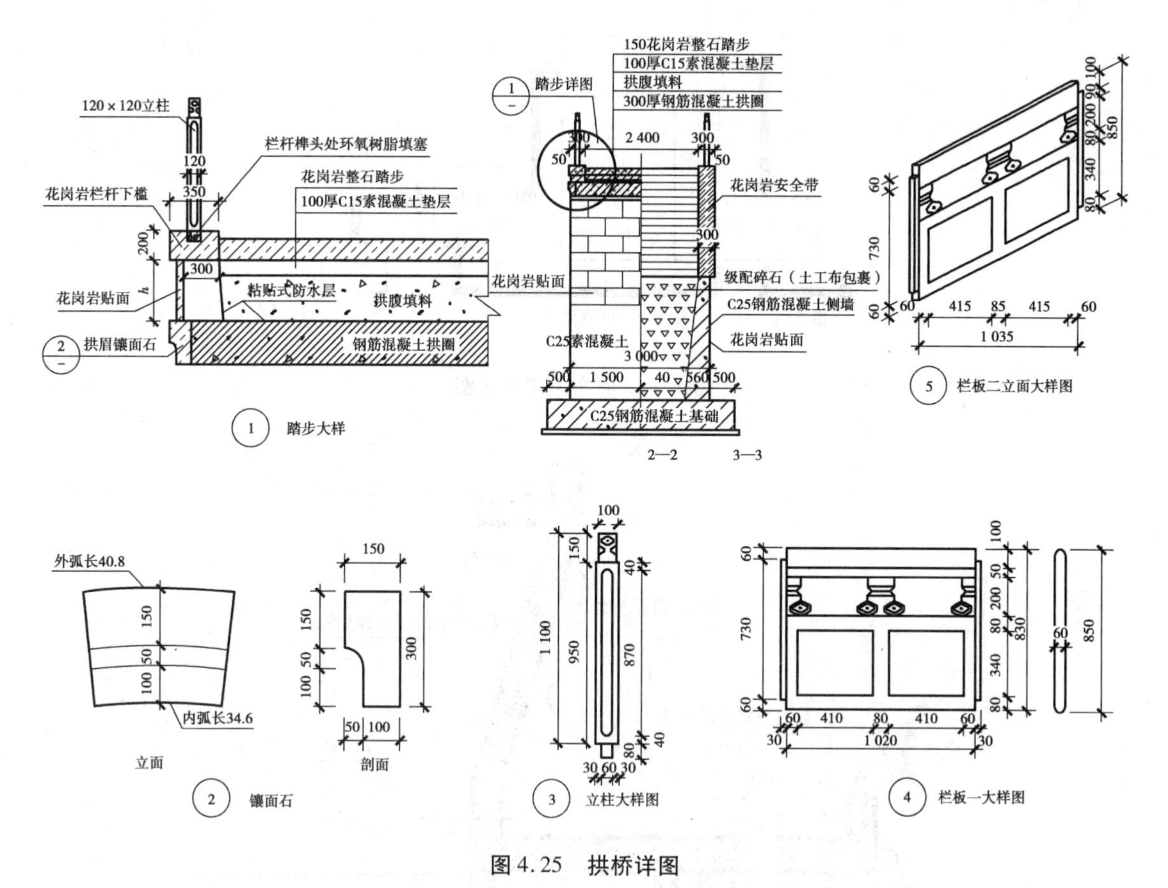

图 4.25　拱桥详图

另外，园林中的直桥，由于桥梁受垂直外力的作用，支点只产生竖直方向上的反作用力，因此适合用于水深小于等于 500 mm 的水中，桥面距离水池 500 ~ 1 000 mm。水深大于 500 mm时，需考虑安全护栏，栏杆形式由设计确定。

4.10　跌水及瀑布施工图设计

瀑布系统一般由水源（上流）、动力设备、瀑布口（落水口）、瀑布支座（瀑身）、承水池潭、排水设施（下流）等几部分组成，如图 4.26 和图 4.27 所示。跌水和瀑布在设计上有较多相似之处，它们往往与假山和叠石组合成景，且设计时一般都需要与给排水工程师合作（特别是需要利用循环水系时）。对于造型设计，有时还需要结构工程师负责结构部分的设计和绘图，而园林设计师负责构造部分的施工图。

（1）施工图设计与绘制要点

瀑布和跌水的施工图设计和绘制要点如下：

①平面图应表示形状、细部尺寸、落水位置、落水形式、水循环系统示意、剖切位置和详图索引等；

②立面图应表示形状、宽度、高度、水流界面细部纹样、落水细部、详图索引等；

③剖面图应表示跌水高度、级差，水流界面构造、材料、做法、详图索引等。

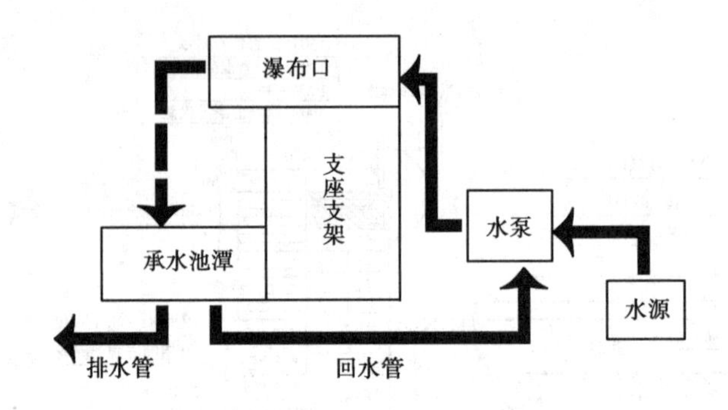

图4.26　瀑布系统构成图

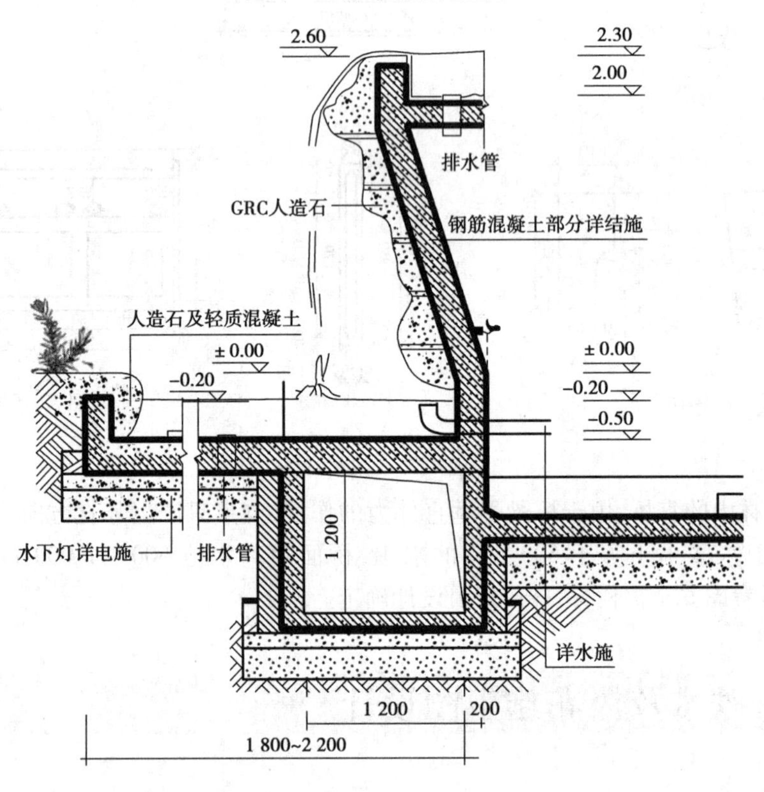

图4.27　常见人工瀑布构造实例

(2)瀑布各主要组成部分设计

①水源。出水口的上端应设计一个缓冲水池。

②动力设备。水泵是提升水流到瀑布口的基本动力设备,由给排水工程师设计。

③瀑布口。瀑布口直接决定瀑布出水形状,不同的造型又产生不同的落水形态。

④瀑布支座和瀑布口共同决定瀑身,瀑布支座形式最常见的有假山(石山)、承重墙体、金属杆件支架等。

⑤承水池潭。其设计与一般水池设计相同。如设计为自然式水池,池边置分水石、回水石、溅山石,水深不小于1.2 m。如为规则式水池,可用浅池,水深为600 mm以上。瀑布的落差越大,池水应越深;落差越小,池水则可越浅。受水池的宽度不小于瀑身高度的2/3,如图4.28所示。

(3)跌水设计

跌水最常见的形式有两种:一种是每层分别设水槽,水经堰口溢出,其跌水形式较柔和;另一种每层不设水槽,水从台阶顶部层叠滚落而下,其形式较活泼。常见人工跌水施工图实例如图 4.28 所示。

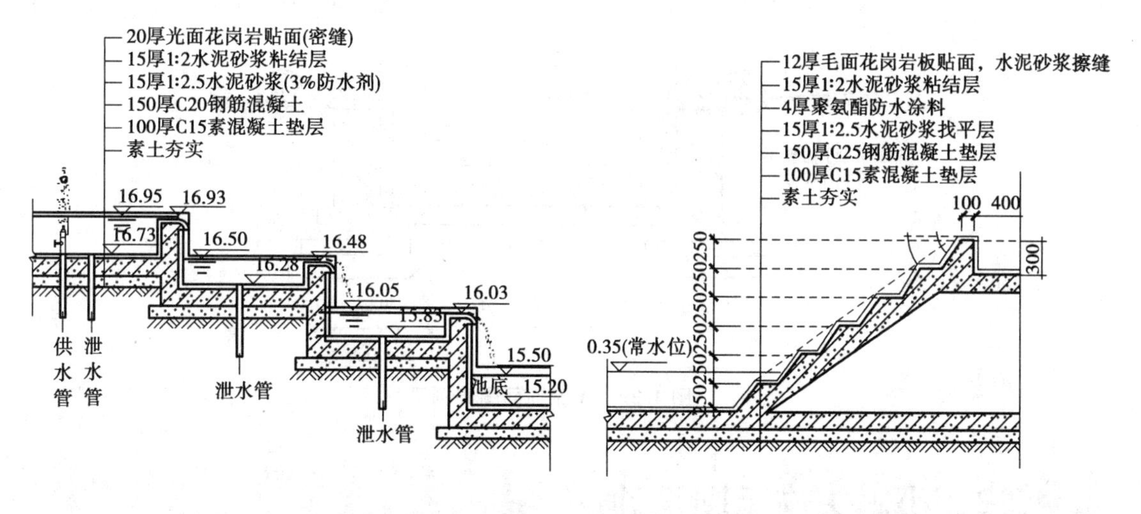

图 4.28　常见人工跌水施工图实例

4.11　溪流施工图设计

溪流的形态应曲折变化,水面宽窄形成对比,可设置汀步、小桥、点石等小品。溪流布置最好选择有一定坡度的基址,依流势而设,池底坡度以 1% ~2.5% 为宜,急流处 5% 左右,缓流处 0.5% ~1%。游人可涉入的溪流,水深应设计在 300 mm 以内,以防止儿童溺水,水底还应做防滑处理。用于儿童嬉水和游泳的溪流,应安装过滤装置(一般可将瀑布、溪流及水池的水循环和过滤装置集中设置),并保证水质达标。

人工开设溪流的溪底、溪壁宜采用钢筋混凝土结构,在碎石垫层上铺沙子(中砂或细沙),垫层厚 25 ~50 mm,盖上防水材料,然后现浇混凝土(厚度 100 ~150 mm)。其上抹水泥砂浆(约 30 mm 厚),再铺素水泥浆(20 mm 厚),最后放入卵石。池底可选用大卵石、砾石、水洗砾石、瓷砖、石料等铺砌处理。水底应设计防水层以防渗漏,如图 4.29 所示。

溪流施工图设计和绘制要点如下:

①平面图应表示水源的源、尾,网格尺寸和定位尺寸,溪流的不同宽度,水的流向,剖切位置和详图索引等。

②剖面图应表示溪流坡向、坡度、沟底、沟壁等的构造做法及不同设计高程。

如果小溪较小,水较浅,而且溪底土质良好,可直接在夯实的溪道上铺设一层 25 ~50 mm 厚沙子,再将衬垫薄膜盖上,形成柔性结构溪水。衬垫薄膜纵向的搭接长度不得小于300 mm,留于溪岸的宽度不得小于 200 mm,并用砖、石等重物压紧,最后用水泥砂浆把石块直接粘在衬垫薄膜上。

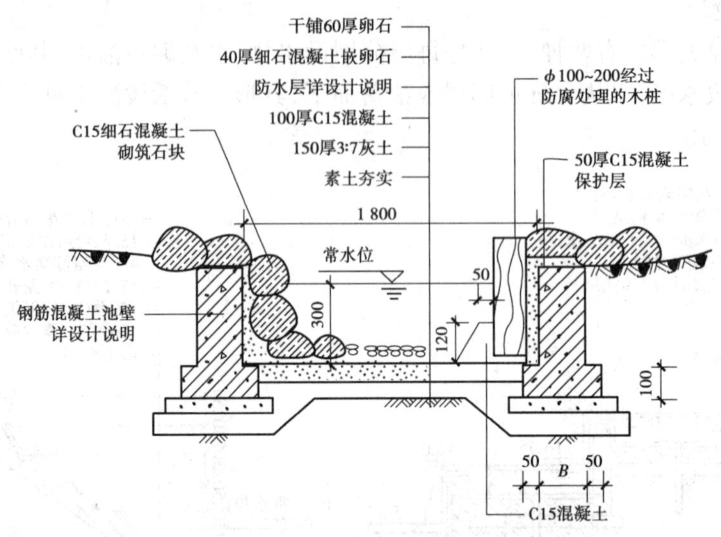

图 4.29　溪流剖面图实例

4.12　小码头施工图设计

小码头设计与亲水平台的设计类似，都需景观设计工程师与结构工程师合作完成。结构由基础梁、柱（包含船缆柱）、踏面构成。小码头适宜建设在水深不超过 700 mm 的地方，平台至水面高度不超过 500 mm，可采用钢筋混凝土梁柱井字排列，上做防腐木龙骨铺设的木板台面。栏杆形式、高度及安全度由具体设计人员按设计情况确定，如图 4.30 所示。

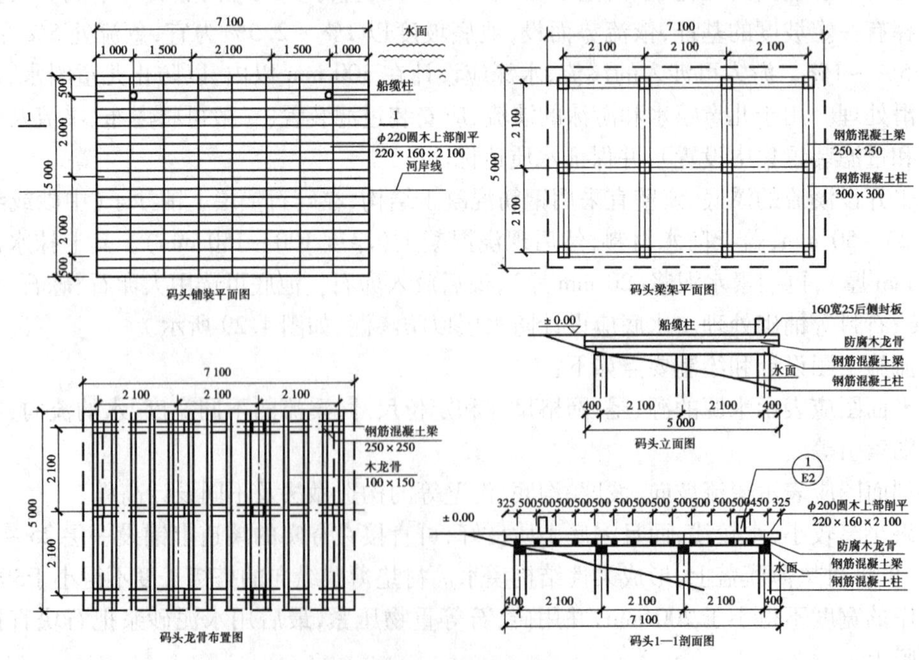

图 4.30　小码头施工图设计实例

小码头施工图设计和绘制要点如下：

①梁架平面图应表示纵横宽度及截面尺寸，结构用材；剖切位置和详图索引等；

②铺装平面图应表示面材铺装材质及尺寸规格；细部连接处理方式；河岸线位置等；

③剖面图应表示地形标高位置，水面位置高度线；船缆柱、梁及骨架等的构造做法。

思考题

1. 园林工程中哪些属于水景工程，其中水景工程应有哪些设计图纸？各图纸重点应交代哪些内容？

2. 水池的常见形式有哪几种，其各自的设置是什么？

3. 请简述排水坑、排水口、进水口、变形缝、箅子的构造。

4. 驳岸常见类型有哪些？在基本材质及构造上各自有什么特点？

5. 滨水栈道的设计由哪几部分组成？其细节尺寸应如何考虑？

6. 栏杆的制作材料有哪几种？在设计平、立、剖时应重点表达哪些内容？

7. 请简述跌水及瀑布施工图设计中的绘制要点。

5

景观小品工程施工图设计

本章导读

通过本章的学习,应了解景观小品工程施工图设计的相关原理,了解景观小品施工图设计的规范;掌握景观小品工程施工图设计要点,熟悉其构造;了解现代景观小品的发展趋势。

5.1 概述

本章主要介绍的小品工程包括假山、花池及花坛、挡土墙及护坡、排水沟、景墙及围墙、户外家具、树坑、花架、标识牌等。

5.1.1 小品施工图设计内容

①总平面布置,包括小品图谱、大样编号及索引符号。

②小品的位置、设计或测量坐标(或与建筑物等参照物的距离尺寸)、设计标高。

③小品的平、立、剖面图。

④施工详图。

⑤相应的设计说明。

以上设计内容应满足第1.6.2节所述的深度要求。

5.1.2 制图要点

①图中编号与大样图是否相符。

②平、立、剖面图是否一致。

③构筑物的墙、梁、柱的材料、厚度及对应关系，是否与结构设计图一致。

④种植池、护坡、挡土墙等构筑物的顶部和底部的设计标高是否与场地标高一致。

⑤小品的尺寸、标高、用料与做法说明是否齐全。

5.2　假山与置石工程施工图

假山是以土、石、人造材料塑性的人工山水景物。置石是以天然或人造石材布置成的仿自然景观，其设计和建造与假山相似。

假山设计一般应当注意以下几点：

①造假山应先根据需要，配合环境，决定假山的位置、形状与大小高低。

②假山设计忌最高点正对房屋明间，更忌在其上建亭。

③假山设计要错落有致。假山总体的垂直方向和水平方向都要有所错落，但不宜过于零碎，最好是大伸大缩，注意其总体效果。安石错落得宜，不仅美观，而且由于石块之间搭拉咬茬，还能提高山体稳定程度。

④别墅园林设计中假山一般建于池侧，其高度不应只根据池面宽窄来决定，还要考虑池水最高水位和对岸地平线的高度。

⑤如果是较小的庭院因面积有限，一般将假山设为房屋的主要对景，同时可栽植花木，以增加生气和弥补没有水池的缺点。要注意花木的大小、高低宜有层次。

⑥假山的体量需与空间相称，形状宜前低后高，轮廓应有变化。

⑦假山设计要有虚有实。山是实体而谷是虚体，形成了虚实对比，使假山形态趋于灵活。

⑧“山无草不活”，堆砌假山时要按照整体造型要求在适当地方留置种植穴，种植花草和树木，使整座假山显得生机勃勃，达到以假乱真的效果。

⑨可多用衬托手法。可用侧峰来烘托主峰，通过位置、形体高低、大小的对比和互相衬托，产生虚实对比，增加山形的变化与立体感。

a. 体形较小的假山，可以将主峰置于前部，利用左右峡谷、桥和较低的峰峦作陪衬，也能使主峰显得相当雄伟。但不论采用何种方式，主峰位置宜稍偏，假山山形较长者尤需如此。

b. 体形较大的假山，可将主峰置于后侧，其前以盘曲的蹬道，错综的台、谷、涧，瀑布、绝壁等，自下而上构成层层叠叠的复杂形体，使主峰显得高峻。

⑩假山设计要注意山水结合，相映成趣。假山建成后，可在假山前面或左右在挖土筑池。例如，以精巧细腻的艺术手法理好水景，用太湖石和黄石驳岸，把假山上的流水引入池中，使水得山而活，山得水而媚。

5.2.1 假山施工图要点

假山施工图应当在其假山方案设计图基础上进一步深化,具体要点主要包括:

①假山尺寸定位图主要定位假山平面位置及尺寸;山峰、制高点、山谷、山洞的平面位置、尺寸及各处高程;假山附近地形及构筑物、假山山石的距离尺寸;植物、水体及其他设施的位置,尺寸;图的比例尺一般为1∶20~1∶50(也可根据实际情况调整比例尺),当平面图内容较繁杂时,可分解为几个平面绘制,分别表示不同内容。

②假山网格定位图:假山施工图中,假山的平面和立面图,由于假山素材形态奇特,因此,不可能也没有必要将各部尺寸一一标注,宜采用坐标方格网来表示。

③假山剖面索引图主要指明剖面图的剖切位置。

④假山竖向图主要指明场地地形及假山的竖向变化。

⑤假山立面图主要说明假山层次;配置形式;假山大小与形状;与植物及其他设备的关系。为了完整地表现山体各面形态,便于施工,一般应绘出多个各方向的假山立面图。

⑥假山剖面图主要指明假山各山峰的控制高程;假山内部构造及结构形式、断面形状、材料和构造做法、大样索引;植物种植池及水池的做法、尺寸和位置。

⑦构造大样图。

⑧基础设计图应表示:小型基础的平面位置及形状、基础的详图索引等。大型基础应注明由结构工程师设计。

⑨如果假山造型高大,内部有支撑体系甚至有较大空间,结构部分应由结构工程师设计;如果有给排水系统如喷泉等,应与给排水工程师合作设计。

⑩做法说明主要阐述堆石手法,接缝处理,假山形状选择的原则,石量控制,以及根据项目实际情况所需的相关要求及规范。

⑪预算(如有要求)。

⑫作图要求及规范可参考前文。

5.2.2 假山施工图设计实例

假山施工图实例1如图5.1所示,本案例节选于海南某公园项目中假山施工图设计。本次施工图设计主要通过钢筋、水泥等材料的灵活运用,仿造表现天然石材所具有的风格,塑造较理想的艺术形象——雄伟、磅礴富有力感的假山景,施工灵活方便,不受地形、地物限制,并结合水景打造跌水景观,丰富假山造型。

本案例施工图图纸部分包括假山尺寸定位图、假山剖面索引图、假山竖向图、网格定位图、假山跌水剖面图一、假山跌水剖面图二。

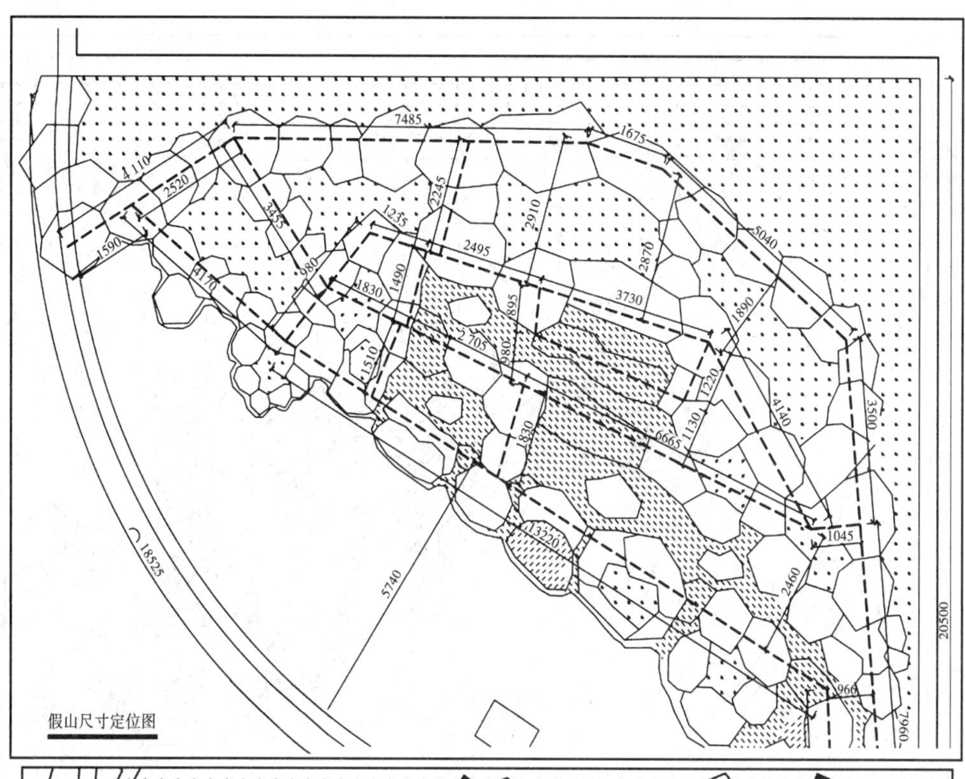

假山尺寸定位图

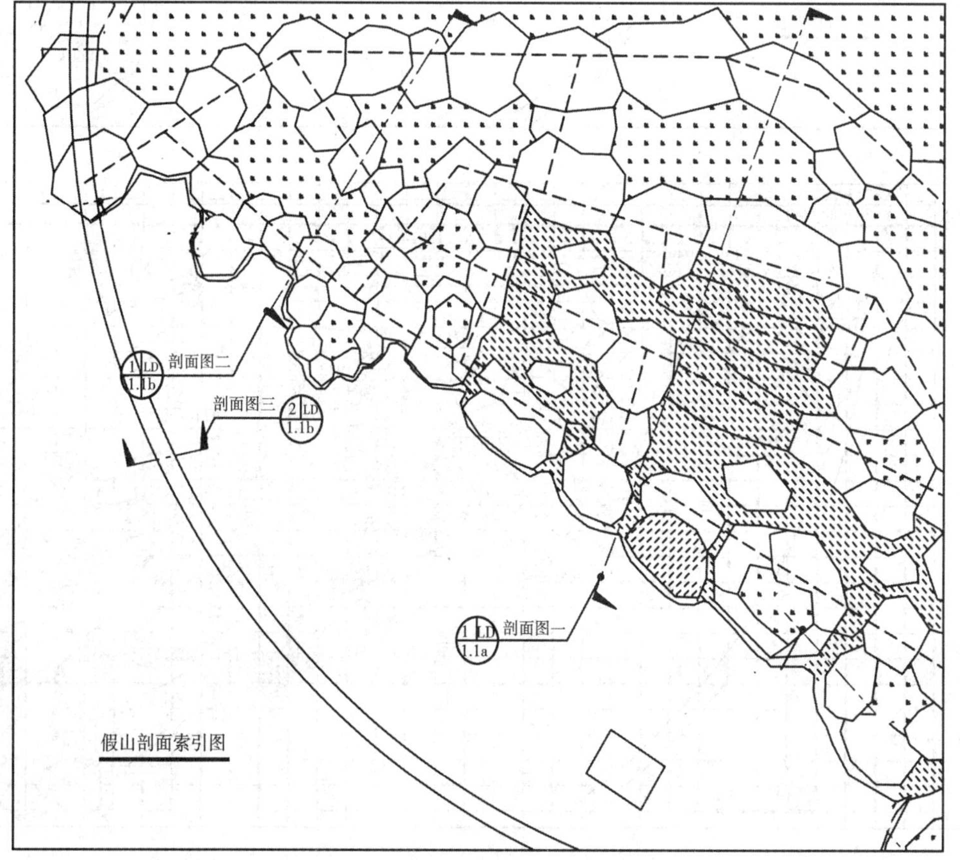

假山剖面索引图

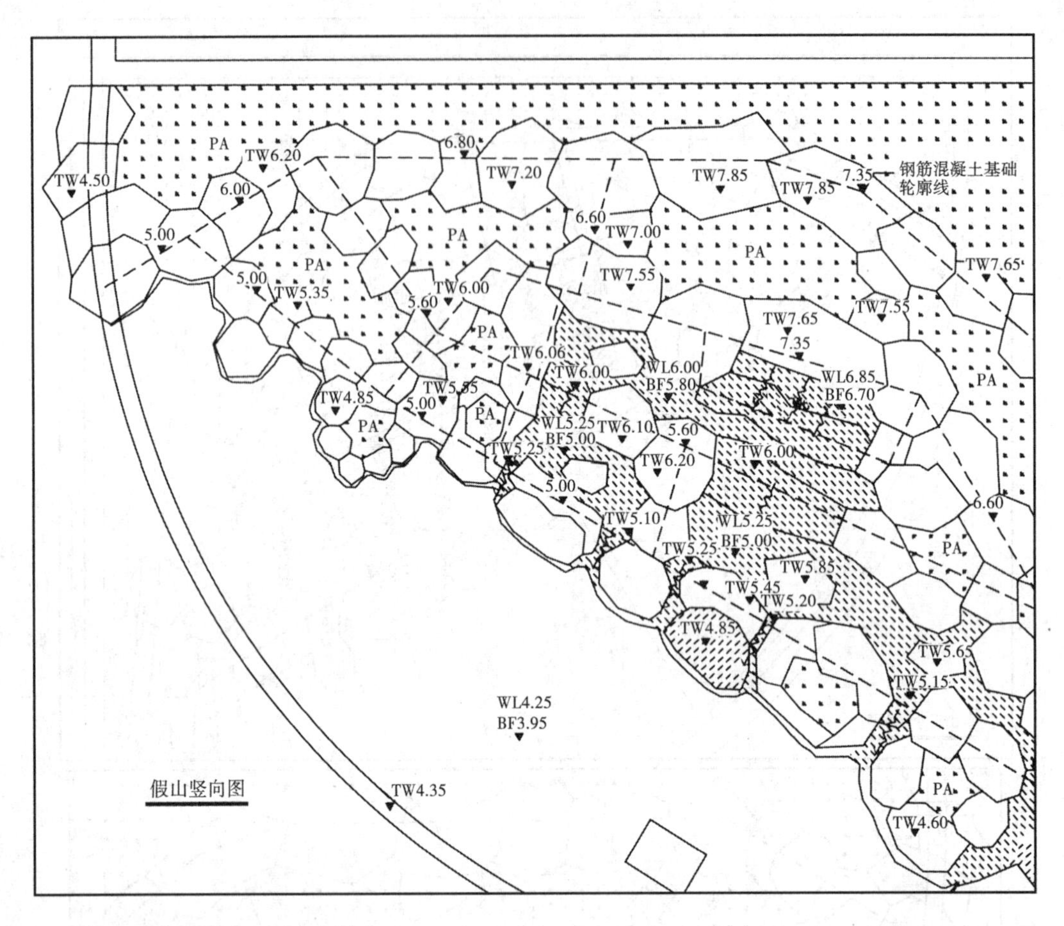
PA
TW6.20
6.80
TW4.50
6.00
TW7.20
TW7.85
TW7.85
7.35
钢筋混凝土基础
轮廓线
5.00
6.60
TW7.00
PA
PA
PA
5.00
TW5.35
TW6.00
TW7.55
TW7.65
5.60
TW7.65
TW7.55
PA
7.35
TW6.06
WL6.00
WL6.85
TW6.00
BF5.80
BF6.70
TW4.85
5.00
TW5.55
PA
PA
WL5.25
TW6.10
BF5.00
5.60
TW5.25
TW6.20
TW6.00
5.00
6.60
TW5.10
WL5.25
BF5.00
TW5.25
PA
TW5.85
TW5.45
TW5.20
TW4.85
TW5.65
TW5.15
WL4.25
BF3.95
PA
TW4.35
TW4.60

假山竖向图

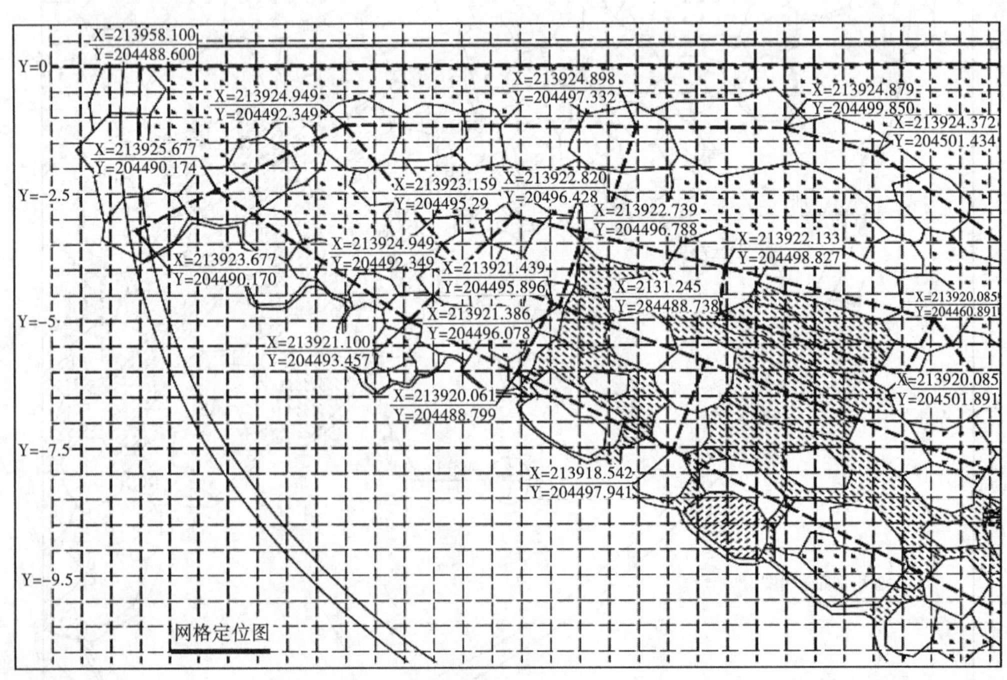
X=213958.100
Y=204488.600
Y=0
X=213924.898
Y=204497.332
X=213924.949
Y=204492.349
X=213924.879
Y=204499.850
X=213924.372
Y=204501.434
X=213925.677
Y=204490.174
X=213923.159
Y=204495.29
X=213922.820
Y=20496.428
Y=-2.5
X=213922.739
Y=204496.788
X=213924.949
Y=204492.349
X=213922.133
Y=204498.827
X=213923.677
Y=204490.170
X=213921.439
Y=204495.896
X=2131.245
Y=284488.738
Y=-5
X=213921.386
Y=204496.078
X=213921.100
Y=204493.457
X=213920.085
Y=204501.891
X=213920.061
Y=204488.799
Y=-7.5
X=213918.542
Y=204497.941
Y=-9.5

网格定位图

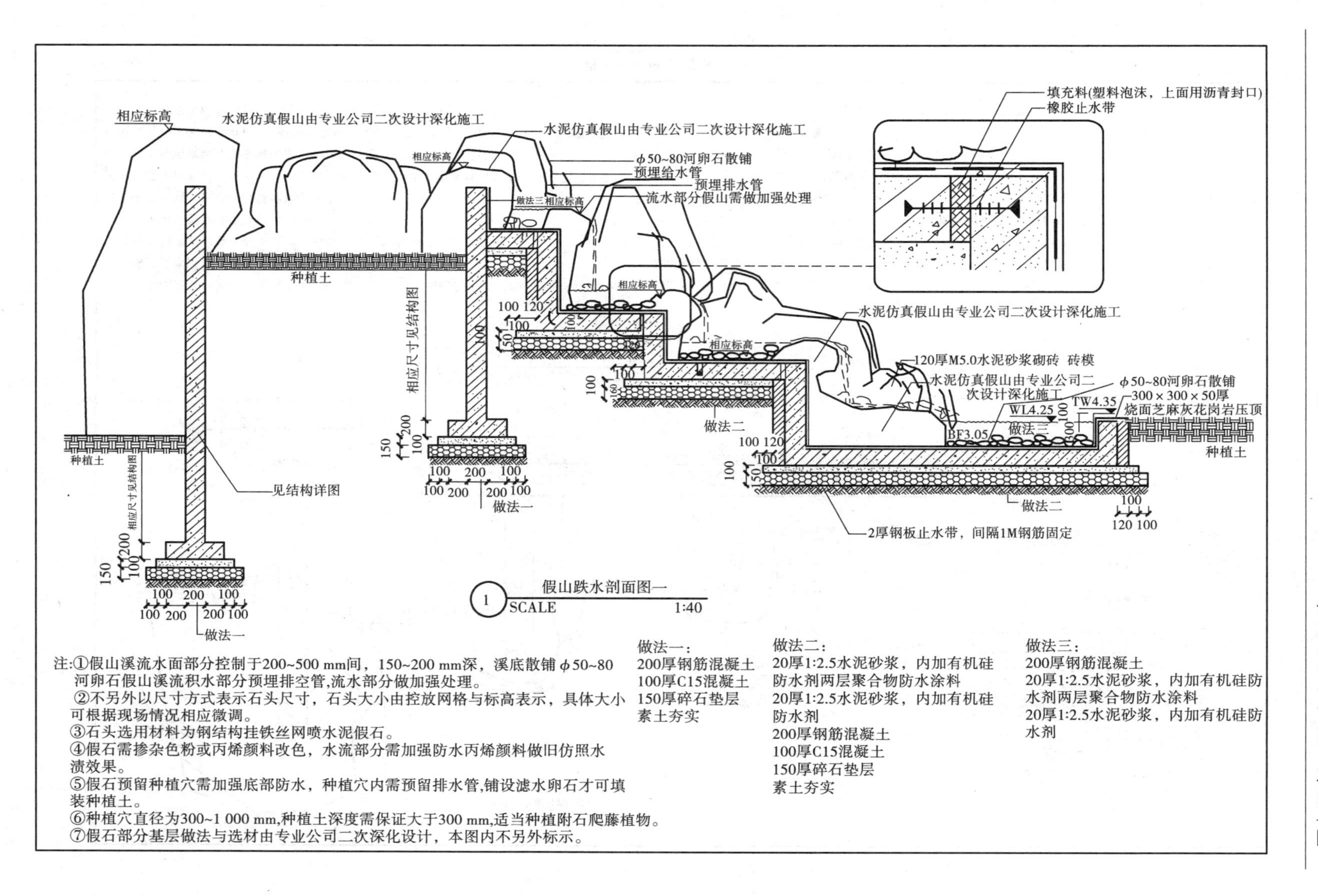

1 假山跌水剖面图一
SCALE 1:40

注:①假山溪流水面部分控制于200~500 mm间，150~200 mm深，溪底散铺ϕ50~80河卵石假山溪流积水部分预埋排空管,流水部分做加强处理。
②不另外以尺寸方式表示石头尺寸，石头大小由控放网格与标高表示，具体大小可根据现场情况相应微调。
③石头选用材料为钢结构挂铁丝网喷水泥假石。
④假石需掺杂色粉或丙烯颜料改色，水流部分需加强防水丙烯颜料做旧仿照水渍效果。
⑤假石预留种植穴需加强底部防水，种植穴内需预留排水管,铺设滤水卵石才可填装种植土。
⑥种植穴直径为300~1 000 mm,种植土深度需保证大于300 mm,适当种植附石爬藤植物。
⑦假石部分基层做法与选材由专业公司二次深化设计，本图内不另外标示。

做法一：
200厚钢筋混凝土
100厚C15混凝土
150厚碎石垫层
素土夯实

做法二：
20厚1:2.5水泥砂浆，内加有机硅防水剂两层聚合物防水涂料
20厚1:2.5水泥砂浆，内加有机硅防水剂
200厚钢筋混凝土
100厚C15混凝土
150厚碎石垫层
素土夯实

做法三：
200厚钢筋混凝土
20厚1:2.5水泥砂浆，内加有机硅防水剂两层聚合物防水涂料
20厚1:2.5水泥砂浆，内加有机硅防水剂

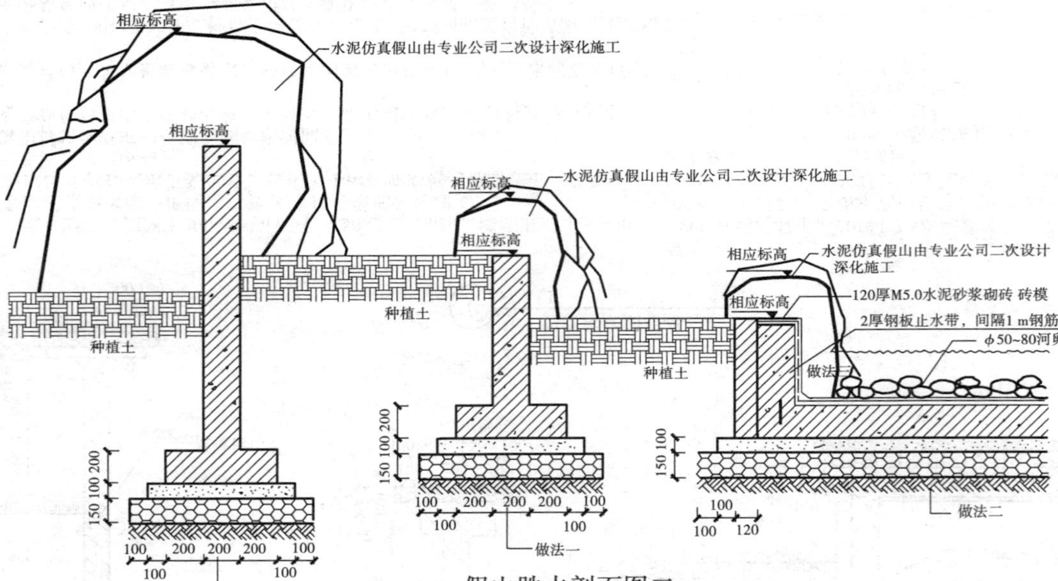

相应标高
水泥仿真假山由专业公司二次设计深化施工
种植土
做法一
做法二
做法三
120厚M5.0水泥砂浆砌砖 砖模
2厚钢板止水带，间隔1 m钢筋固定
ϕ50~80河卵石散铺
300白×300×50厚烧百芝麻灰花岗岩压顶
TW4.35

① 假山跌水剖面图二 SCALE 1:25

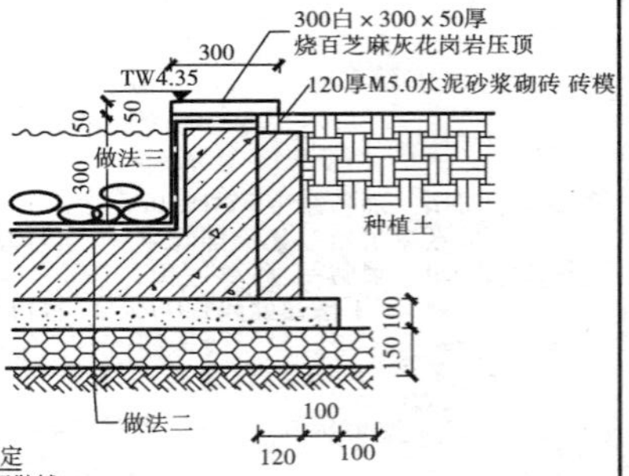

② 假山跌水剖面图三 SCALE 1:20

注：假山溪流水面部分控制于200~500 mm，150~200 mm深，溪底散铺ϕ50~80河卵石
假山溪流积水部分预埋排空管，流水部分做加强处理。
不另外以尺寸方式表示石头尺寸，石头大小由控放网格与标高表示
具体大小可根据现场情况相应微调。
石头选用材料为钢结构挂铁丝网喷水泥假石。
假石需掺杂色粉或丙烯颜料改色，水流部分需加强防水丙烯颜料做旧仿照水渍效果。
假石预留种值穴需加强底部防水，种植穴内需预留排水管，铺设滤水卵石才可填装种植土。
种植穴直径3 00~1 000 mm，种植土深度需保证大于300 mm，适当种植附石爬藤植物。
假石部分基层做法与选材由专业公司二次深化设计，本图内不另外标示。

做法一：
200厚钢筋混凝土
100厚C15混凝土
150厚碎石垫层
素土夯实

做法二：
20厚1:2.5水泥砂浆，内加有机硅防水剂
两层聚合物防水涂料
20厚1:2.5水泥砂浆，内加有机硅防水剂
200厚钢筋混凝土
100厚C15混凝土
150厚碎石垫层
素土夯实

做法三：
200厚钢筋混凝土
20厚1:2.5水泥砂浆，内加有机硅防水剂
两层聚合物防水涂料
20厚1:2.5水泥砂浆，内加有机硅防水剂

图5.1　假山实例（一）

假山施工图实例(二)如图5.2所示,本案例选自海南某居住区假山施工图设计。本项目通过钢骨架山体成型,铺设钢丝网后按照相应强度的混凝土进行挂浆即可快速成型。施工完成后的假山无论是从造型、质感、颜色上,都能达到以假乱真的效果,同时还可以结合水景,进一步丰富景观效果。

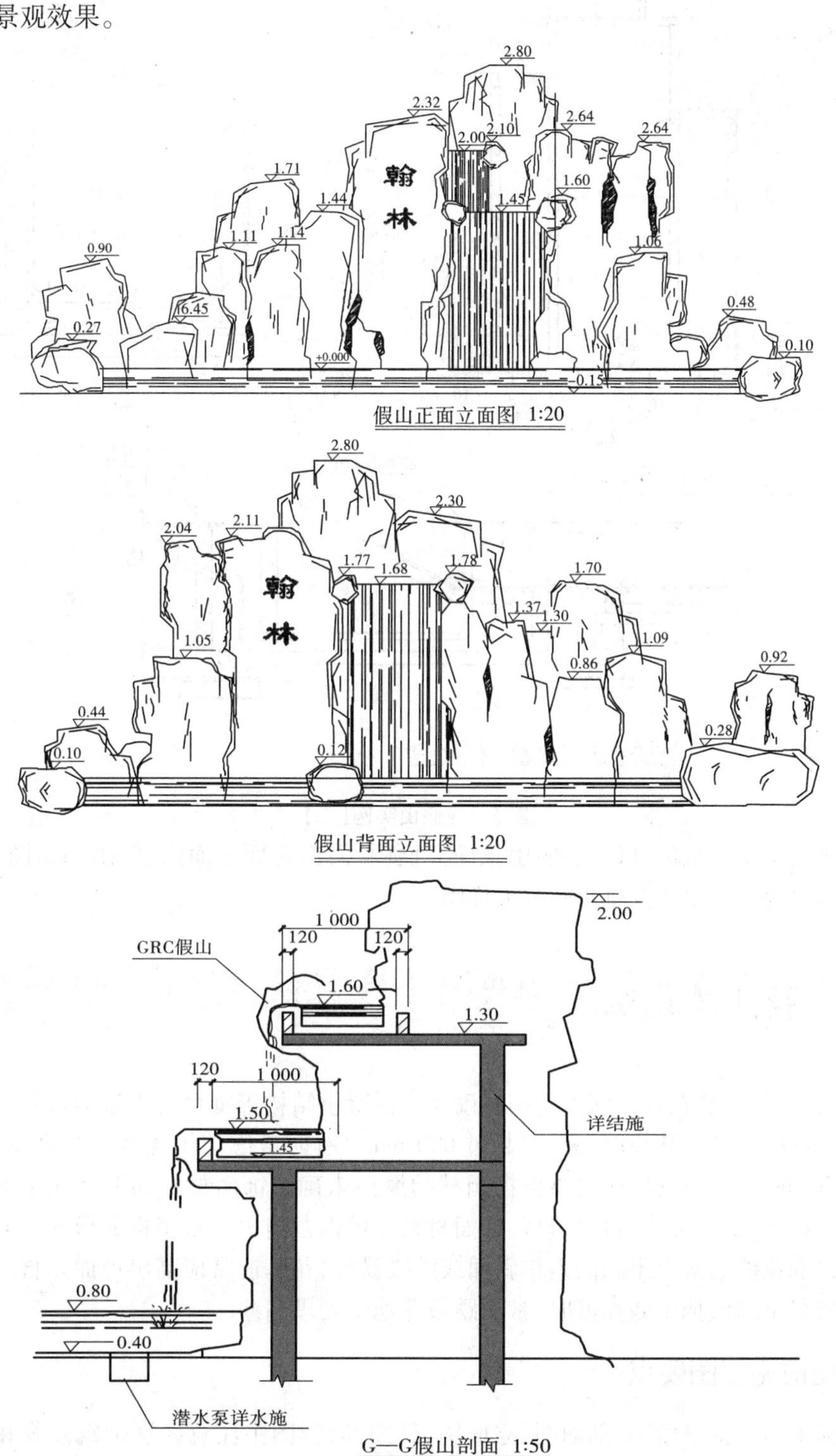

假山正面立面图 1:20

假山背面立面图 1:20

G—G假山剖面 1:50

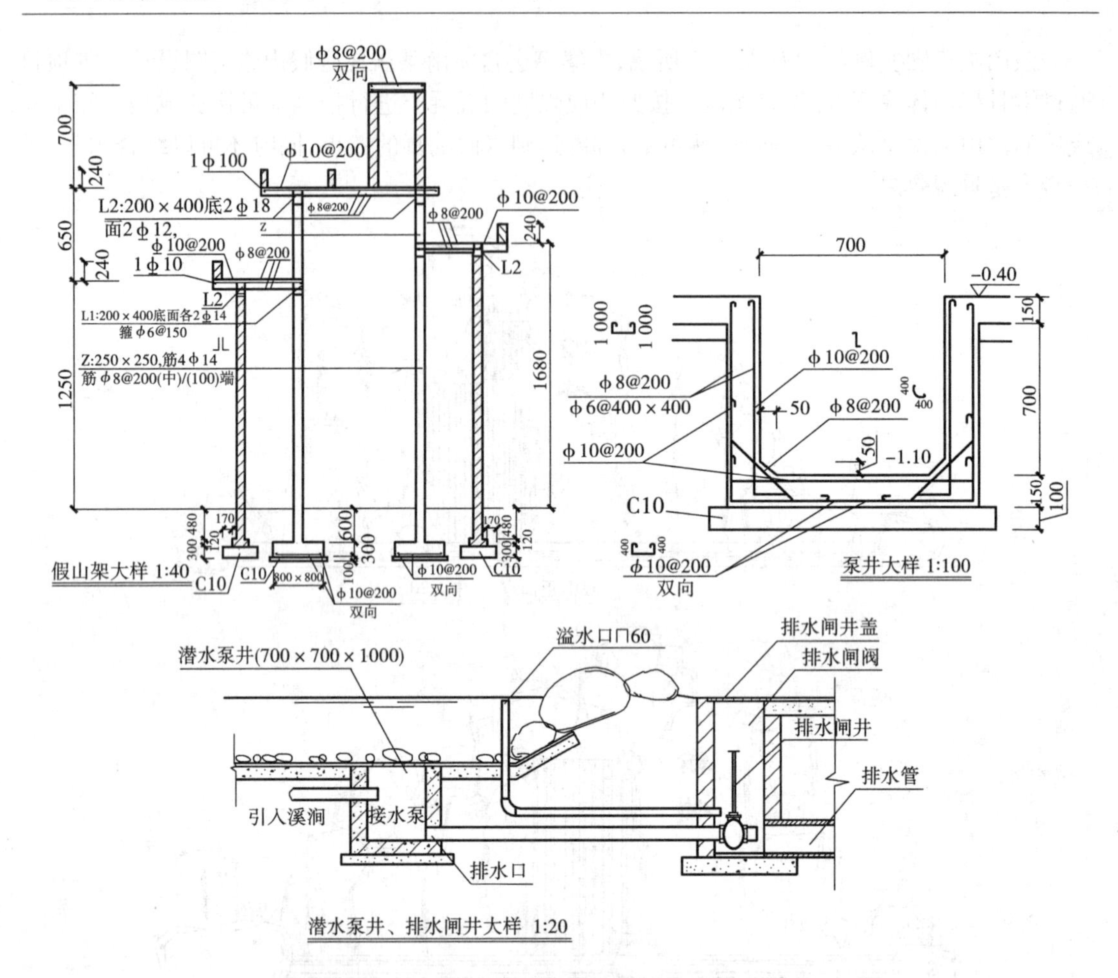

图5.2 假山实例(二)

本案例施工图图纸部分包括:假山正面立面图、假山背面立面图、假山剖面图、假山架大样图、泵井大样图、潜水井及排水闸井大样图。

5.3 花池及花坛

花池、花坛是种植花卉或灌木的用砖砌体或混凝土结构等围合的小型构造物。池内填种植土,设排水孔和滤层,其高度一般不超过600 mm。有时考虑与休息坐凳结合设计,则高度在400~450 mm。花池设计往往要根据园林的风格来确定饰面材料和造型线条的样式。花池结合地形高差、平面形状、自身造型、饰面材料等可以营造出丰富多样的形式。较长的台阶或坡道旁边的花池通常应跟随高差作斜面或跌级设计,花基通常应高出地面。自然放坡距离不足又希望尽量降低挡土墙高度时,常用跌级花池来处理高差。

5.3.1 花池施工图要点

花池施工图包括平面图、剖面图、立面图、详图等,详图中注意区别砌筑砂浆和抹灰砂浆在表达上的差异,砌筑砂浆应注明标号,抹灰砂浆应注明水灰比。

5.3.2 花池施工图设计实例

花池施工图案例较多,本章节案例主要选自标准图集《环境景观—室外工程细部构造》(03J012—1),如图5.3和图5.4所示。下面以天然材料塑造的花池(毛石花池、清水砖砌花池)、人工饰面花池(青石片饰面花池、面砖饰面花池)为例来进行说明。

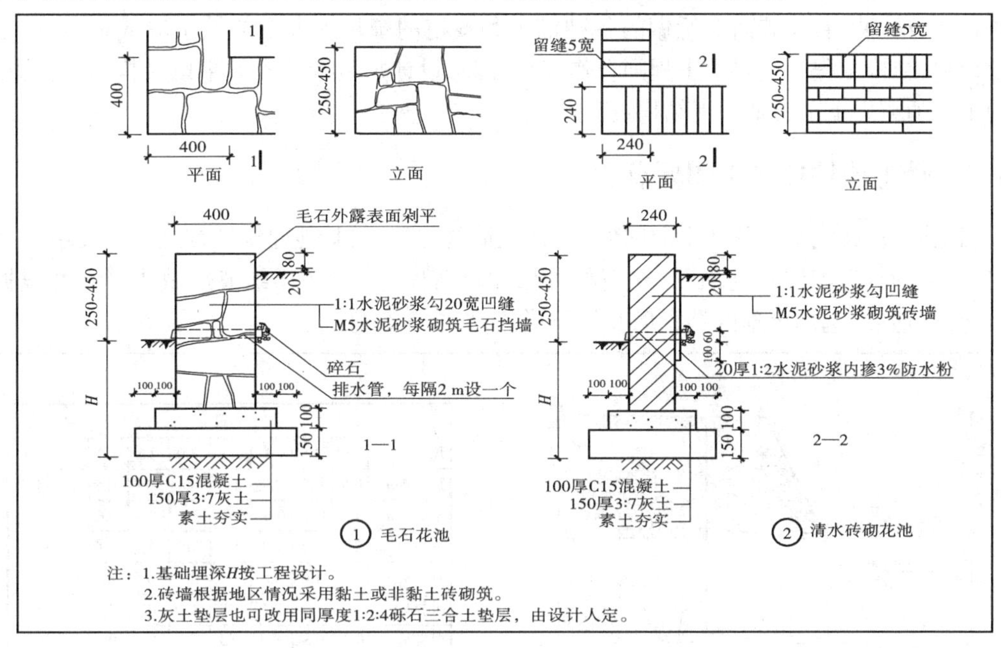

图5.3 毛石、清水砖花池

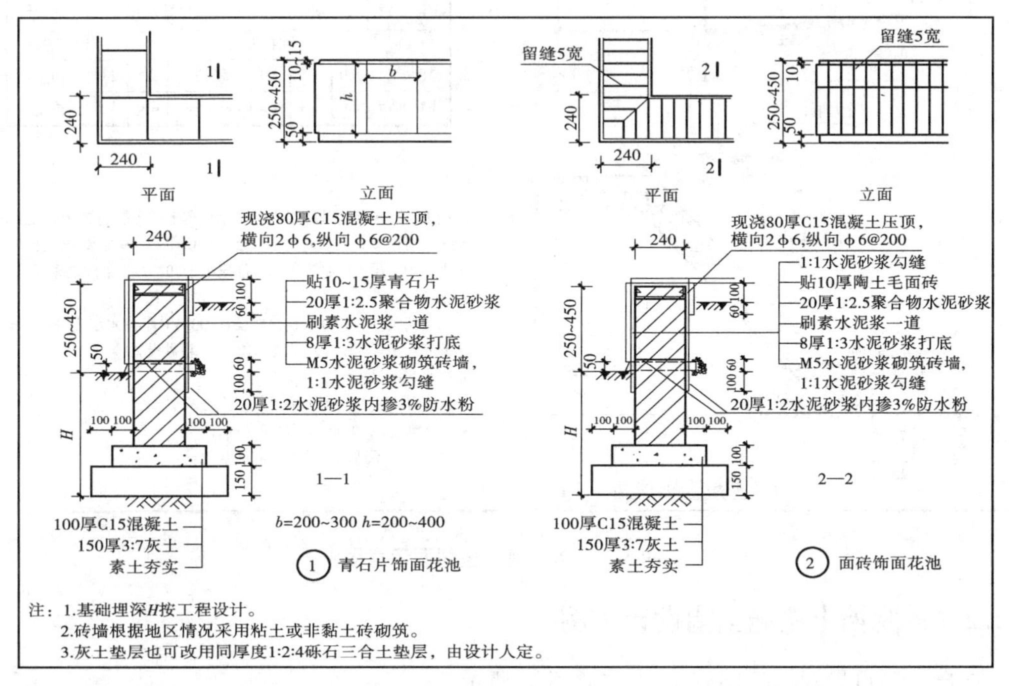

图5.4 饰面花池

5.4 挡土墙及护坡

挡土墙是指支承路基填土或山坡土体、防止填土或土体变形失稳的构造物。护坡指的是为防止边坡受冲刷,在坡面上所做的各种铺砌和栽植的统称。大型的挡土墙或护坡,应由园林设计师、结构工程师或岩土工程师合作设计,园林设计师负责艺术效果以及构造设计方面,结构工程师或岩土工程师负责结构设计。

5.4.1 挡土墙护坡施工图要点

挡土墙、护坡施工图包括平面图(表明挡土墙的位置,与其他建筑结构之间的关系)、剖面图(挡土墙的构造做法)、立面图(立面相关尺寸及高程)、详图(详细节点做法)等,并根据项目实际(如地质)选用合理的挡土墙及护坡形式,如图5.5所示。

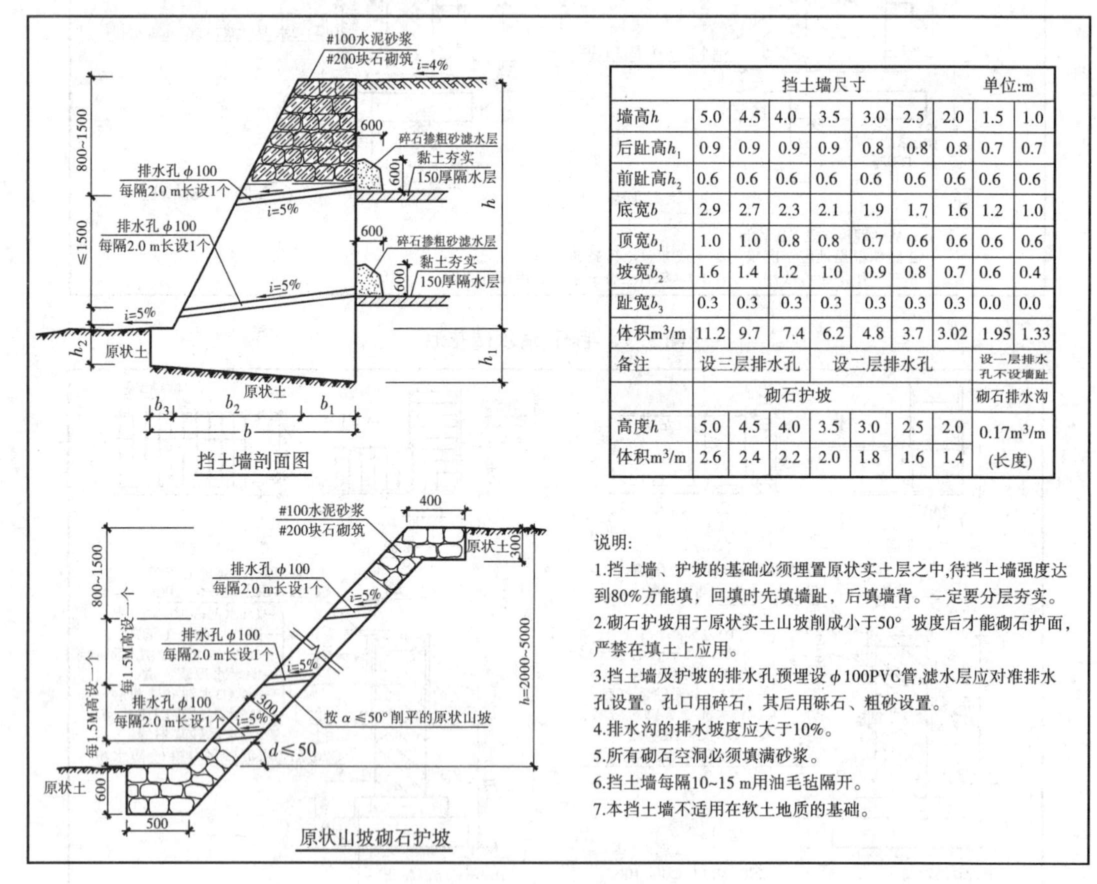

挡土墙尺寸								单位:m	
墙高h	5.0	4.5	4.0	3.5	3.0	2.5	2.0	1.5	1.0
后趾高h_1	0.9	0.9	0.9	0.9	0.8	0.8	0.8	0.7	0.7
前趾高h_2	0.6	0.6	0.6	0.6	0.6	0.6	0.6	0.6	0.6
底宽b	2.9	2.7	2.3	2.1	1.9	1.7	1.6	1.2	1.0
顶宽b_1	1.0	1.0	0.8	0.8	0.7	0.6	0.6	0.6	0.6
坡宽b_2	1.6	1.4	1.2	1.0	0.9	0.8	0.7	0.6	0.4
趾宽b_3	0.3	0.3	0.3	0.3	0.3	0.3	0.3	0.0	0.0
体积m^3/m	11.2	9.7	7.4	6.2	4.8	3.7	3.02	1.95	1.33
备注	设三层排水孔			设二层排水孔				设一层排水孔不设墙趾	
	砌石护坡							砌石排水沟	
高度h	5.0	4.5	4.0	3.5	3.0	2.5	2.0	0.17m^3/m(长度)	
体积m^3/m	2.6	2.4	2.2	2.0	1.8	1.6	1.4		

图5.5 挡土墙护坡剖面示意图

5.4.2 景观挡土墙施工图设计实例

选自某项目景观挡土墙施工图,如图5.6所示。

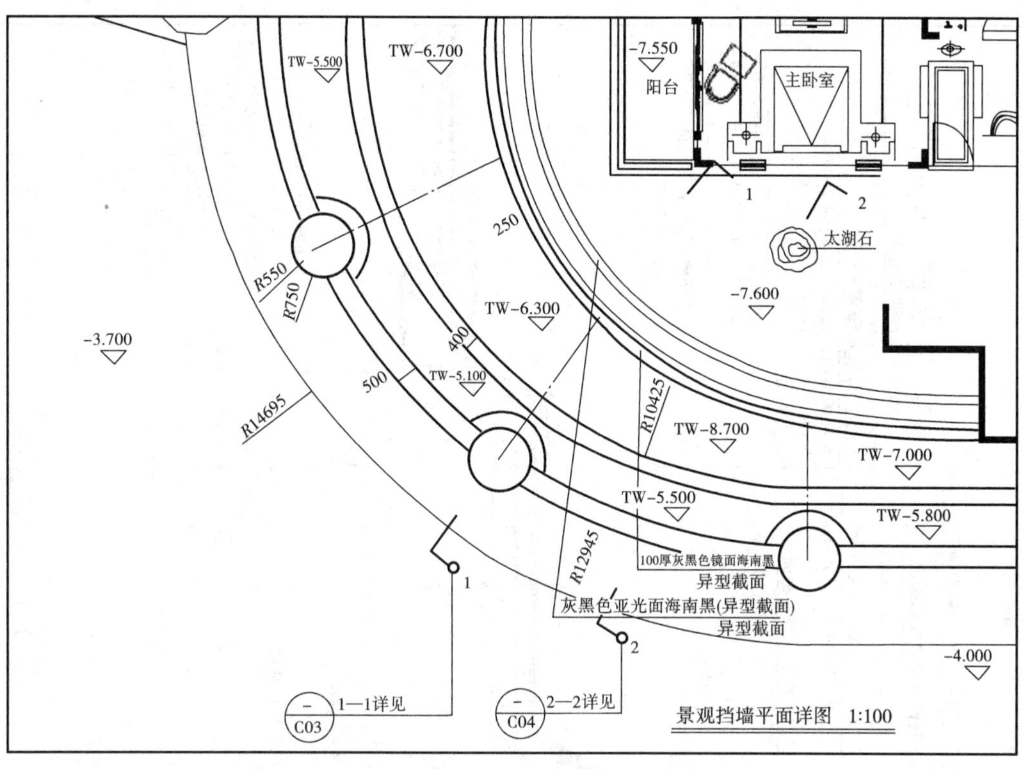

景观挡墙平面详图 1:100

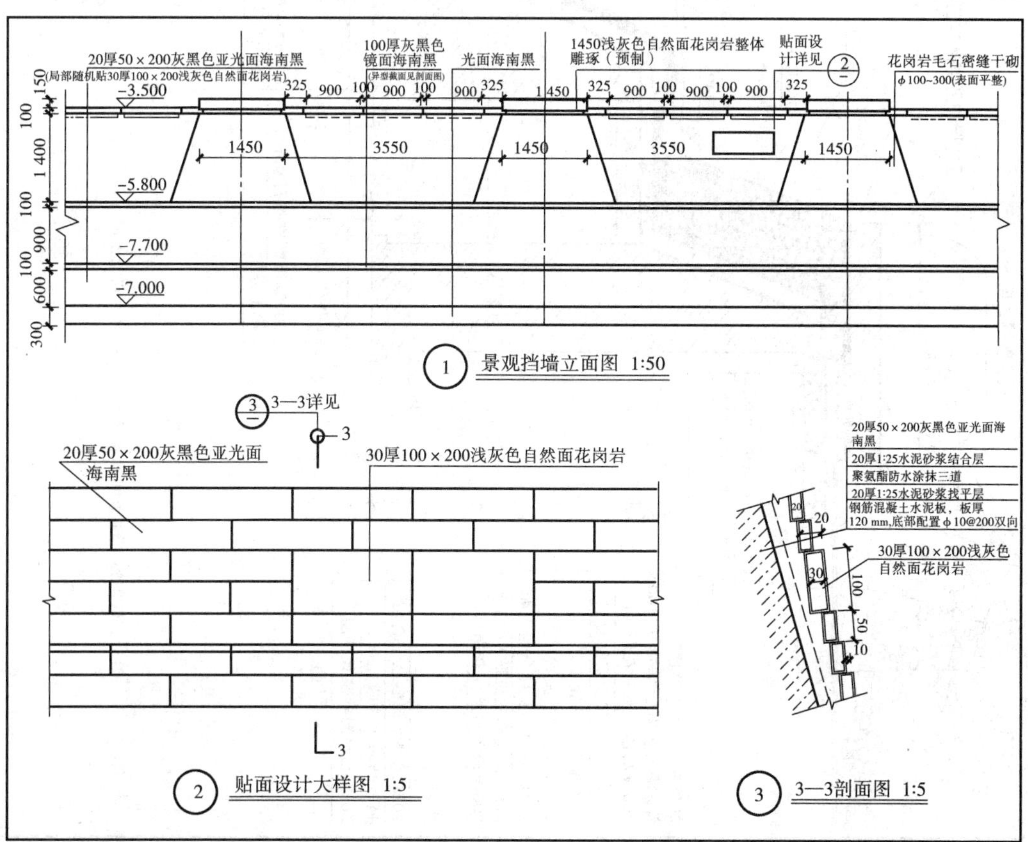

① 景观挡墙立面图 1:50

② 贴面设计大样图 1:5

③ 3—3剖面图 1:5

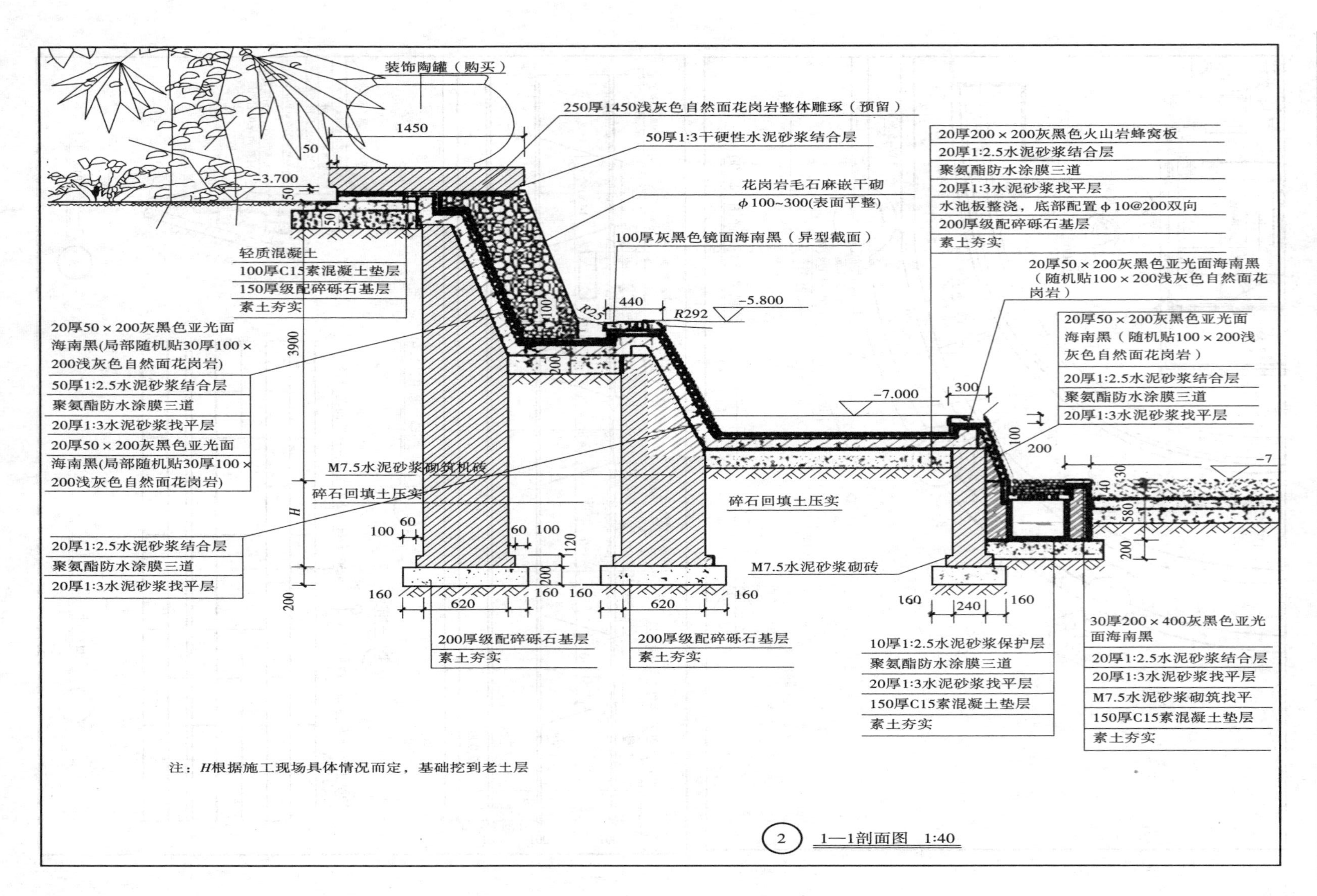

注：H根据施工现场具体情况而定，基础挖到老土层

② 1—1剖面图 1:40

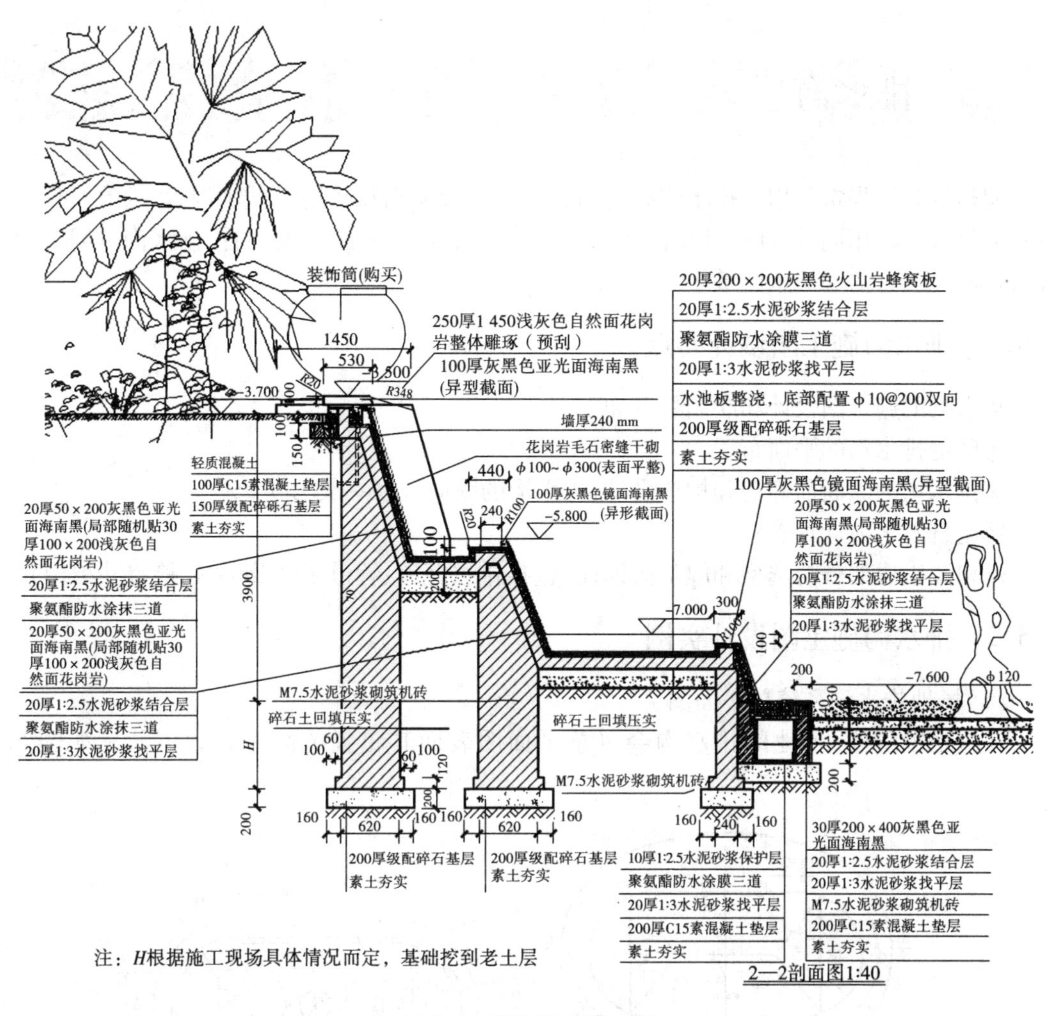

图 5.6 景观挡土墙实例

护坡施工图举例,如图 5.7 所示。

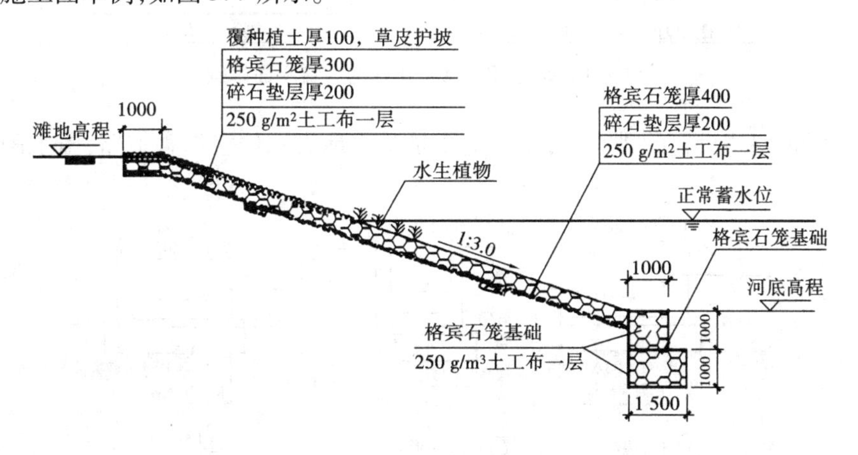

图 5.7 护坡施工图举例

5.5 排水沟

园林景观工程常采用的排水沟有边沟、排水沟(分明沟和暗沟)、截水沟、盲沟等。作用和设置的位置各不相同,设计尺寸也因排水量的不同而各异,从断面大小看,排水沟一般断面最大,盲沟其次,边沟和截水沟最小。

5.5.1 排水沟施工图设计要点

排水沟的施工图设计和绘制要点如下:

①确定排水沟的平面布置。

②排水沟的纵断面确定和构造设计,排水沟的纵向坡度一般为0.5%。

③流量及水力计算。

④相关组成部分的选型和施工图设计(包括排水管道、管道基础及接口、检查井结构)。

5.5.2 排水沟施工图设计实例

(1)场地排水沟系统总平面图

在施工图阶段,场地的排水沟会以总平面图表面其布置范围和布置方式。如图5.8所示。

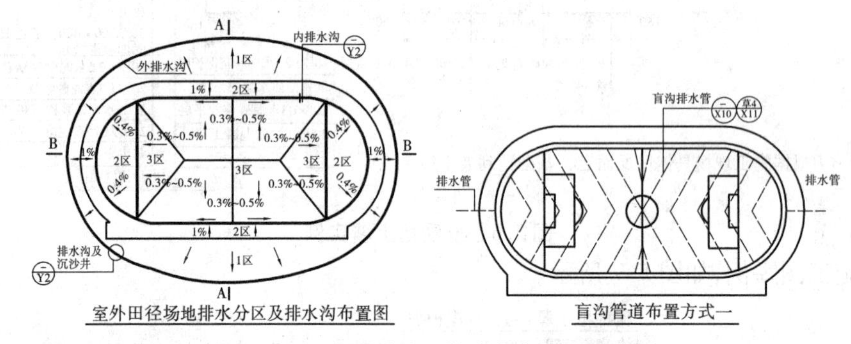

图5.8 场地(田径场)排水沟布置平面举例

(2)边沟

边沟是沿道路边设置的排水沟,作用主要是防止地表水侵害损害道路,施工图实例详见图5.9。

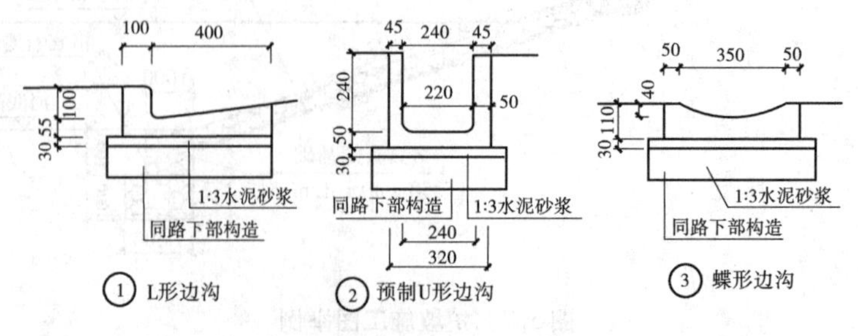

图5.9 边沟施工图详图实例

(3)截水沟

截水沟是场地周边设置的明沟,防止外围的地表水进入场地,施工图实例详见图5.10。

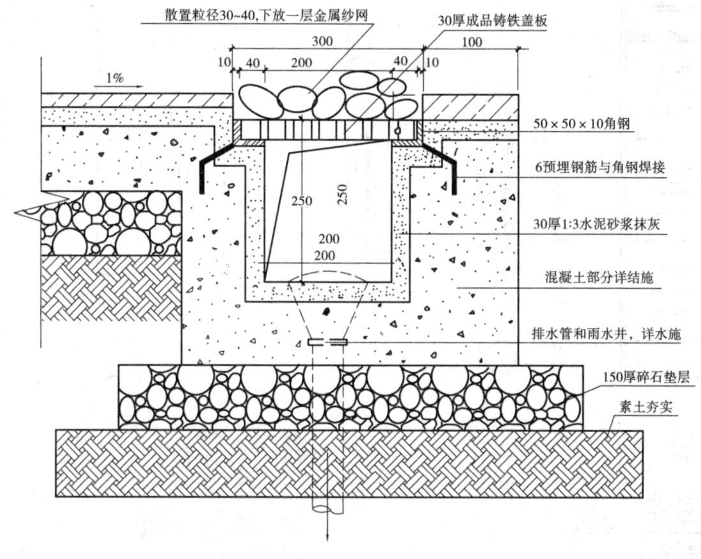

图5.10 截水沟施工图实例

(4)盲沟

盲沟主要用于排除地下水,常用于运动场所,其施工图实例详见图5.11。

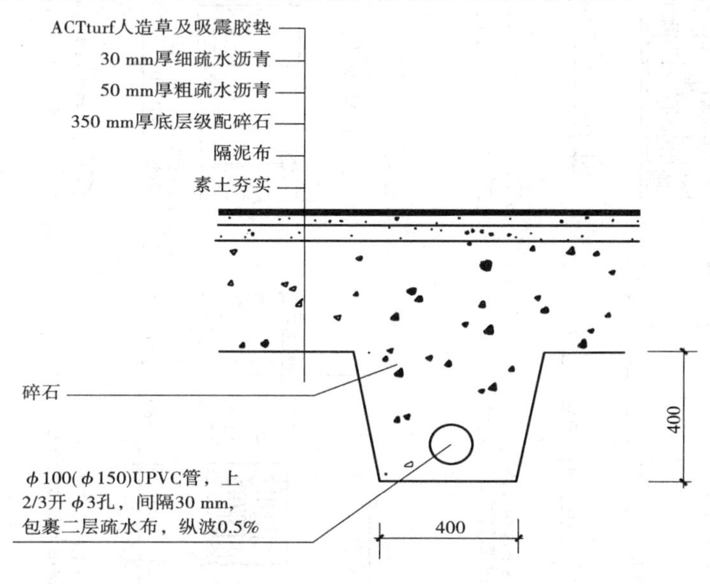

图5.11 盲沟施工图实例

(5)排水明沟和暗沟

排水沟在景观工程中采用最广,主要用于将地表水汇集后排至场地的水系或市政管网,有明沟与暗沟之分。明沟即暴露于地面的没有盖板的排水沟,暗沟是在排水沟之上加设了由石材、钢筋混凝土或铸铁等材料制作的沟盖板,设计时应予以同时考虑并出图。排水明沟及暗沟的施工图设计实例分别详图5.12至图5.15。

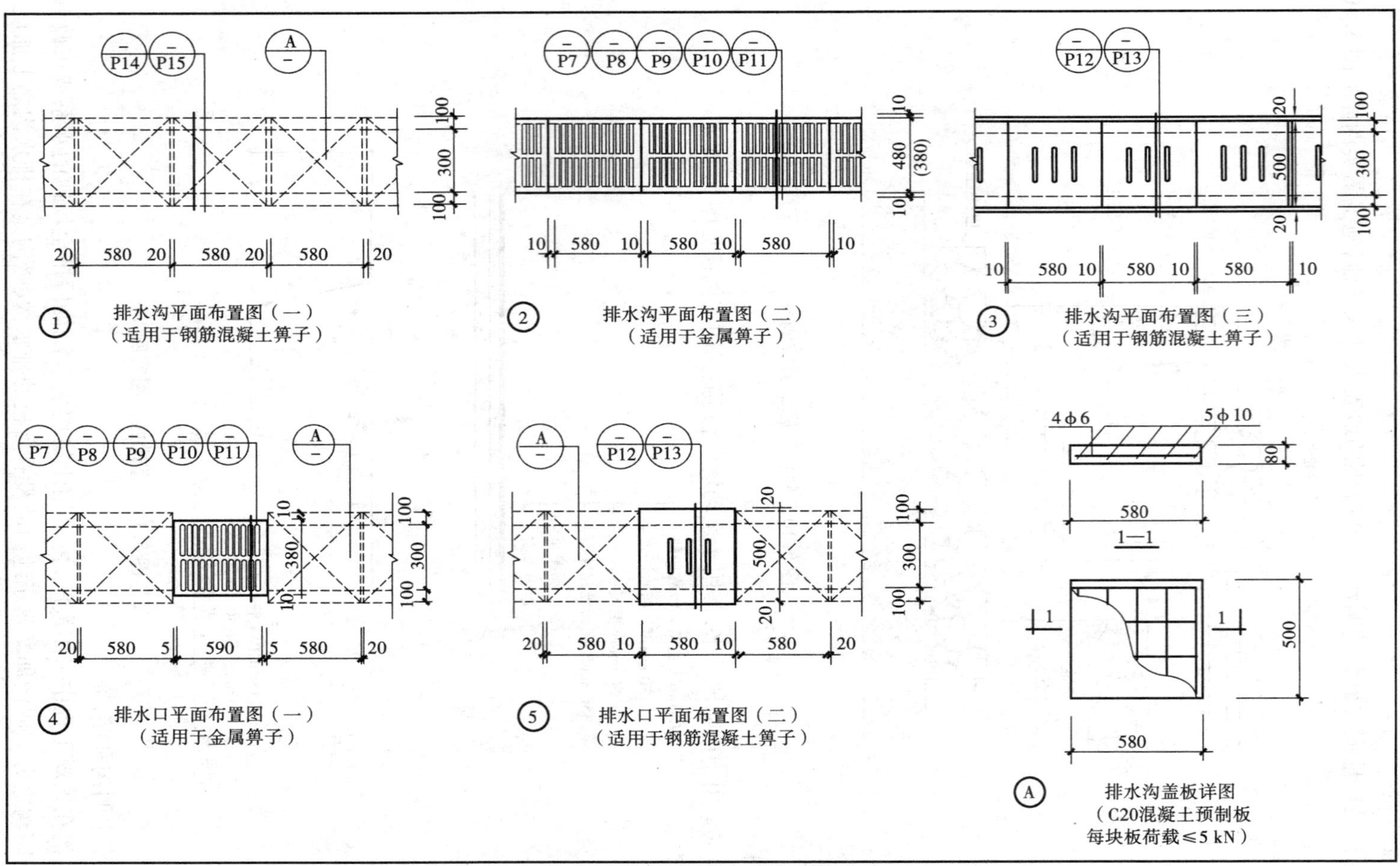

图5.12 排水沟平面及沟盖板施工图举例

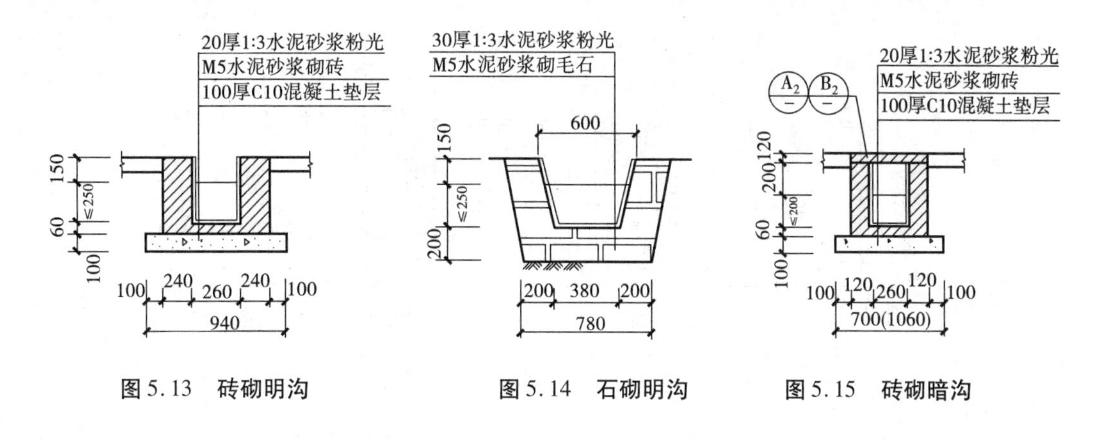

图 5.13　砖砌明沟　　图 5.14　石砌明沟　　图 5.15　砖砌暗沟

5.6　景墙及围墙

景墙是园内划分空间、组织景色、安排导游而布置的围墙，具有文化艺术性，主要起美化和阻隔的作用。景墙是景观设计中常见的小品，其形式不拘一格，功能因需而设，材料也丰富多样，形成了景观丰富的小环境。景墙主要通过墙体饰面材料本身及其变化来营造观赏面；围墙则主要用来围合、分割或保护某一区域。

5.6.1　围墙和景墙施工图要点

景墙、围墙施工图包括平面图（表明景墙的位置，与其他建筑结构之间的关系、铺装材料等）、剖面图（景墙的构造做法）、立面图（立面造型及相关尺寸及高程）、详图（详细节点做法）等。

景墙常用砖、砌块和石块砌筑，墙体高度超过 1 m 时，宜与结构工程师配合，共同进行设计。设计时还需注意按要求设置变形缝、排水孔等。围墙和景墙为保持稳定，应设置柱墩或者钢筋混凝土构造柱。为增强耐久性，应设置压顶或采取措施加固墙体的顶部。围墙和景墙高度不大且地质条件较好时，基础的施工图可由园林设计师负责，否则应由结构工程师设计。

5.6.2　景墙和围墙施工图设计实例

（1）景墙设计实例

设计实例 1 和设计实例 2（包括景墙正立面图及其剖面图），如图 5.16、图 5.17、图 5.18、图 5.19 所示，应满足 1.6.2 所述的深度要求。

（2）围墙设计实例

如图 5.20 所示，应满足第 1.6.2 节所述的深度要求。

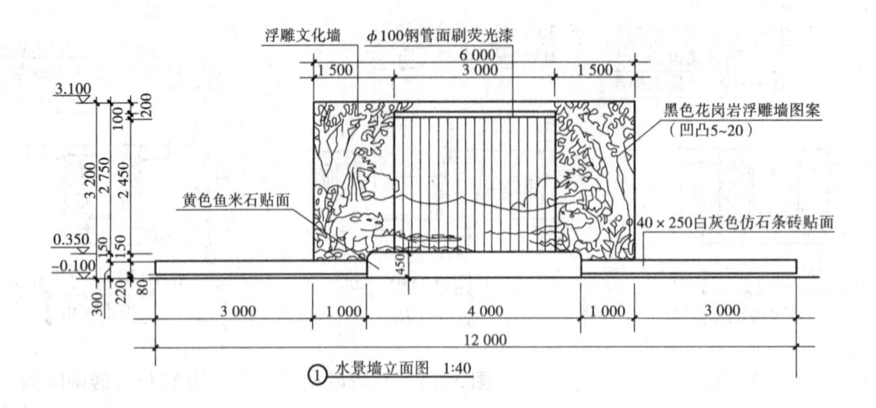

图 5.16 景墙施工图实例 1 的立面

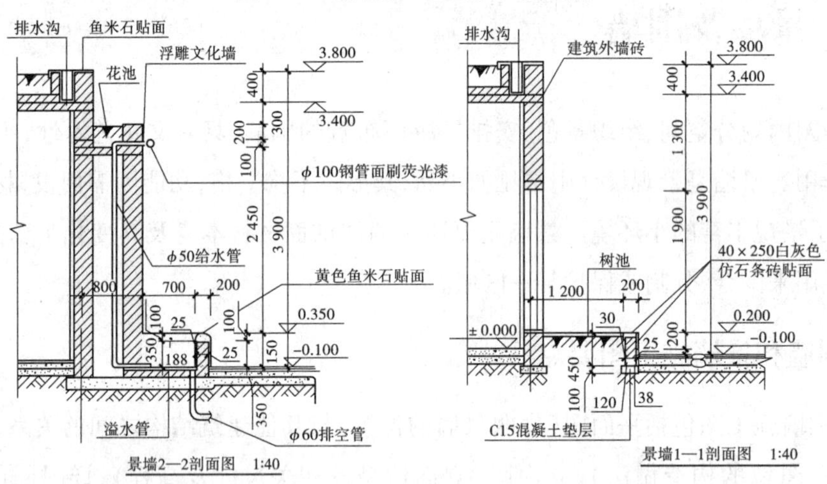

图 5.17 景墙施工图实例 1 的剖面

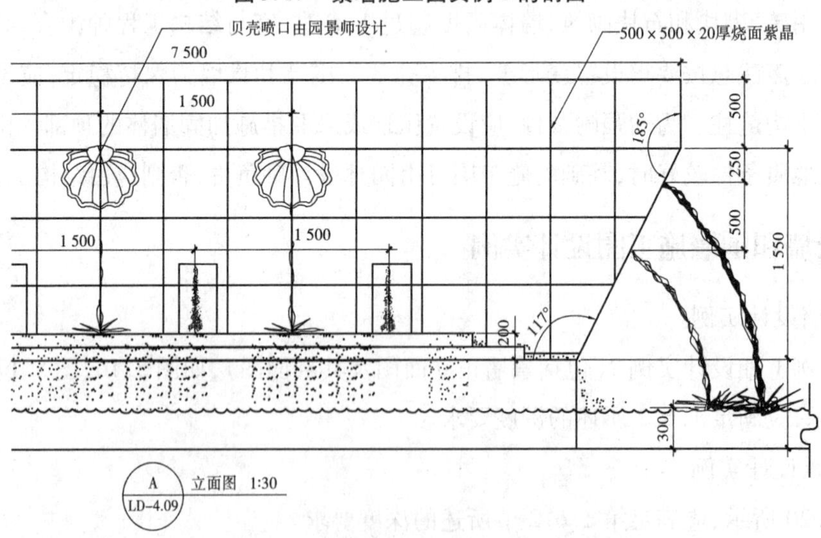

图 5.18 景墙施工图实例 2 的立面

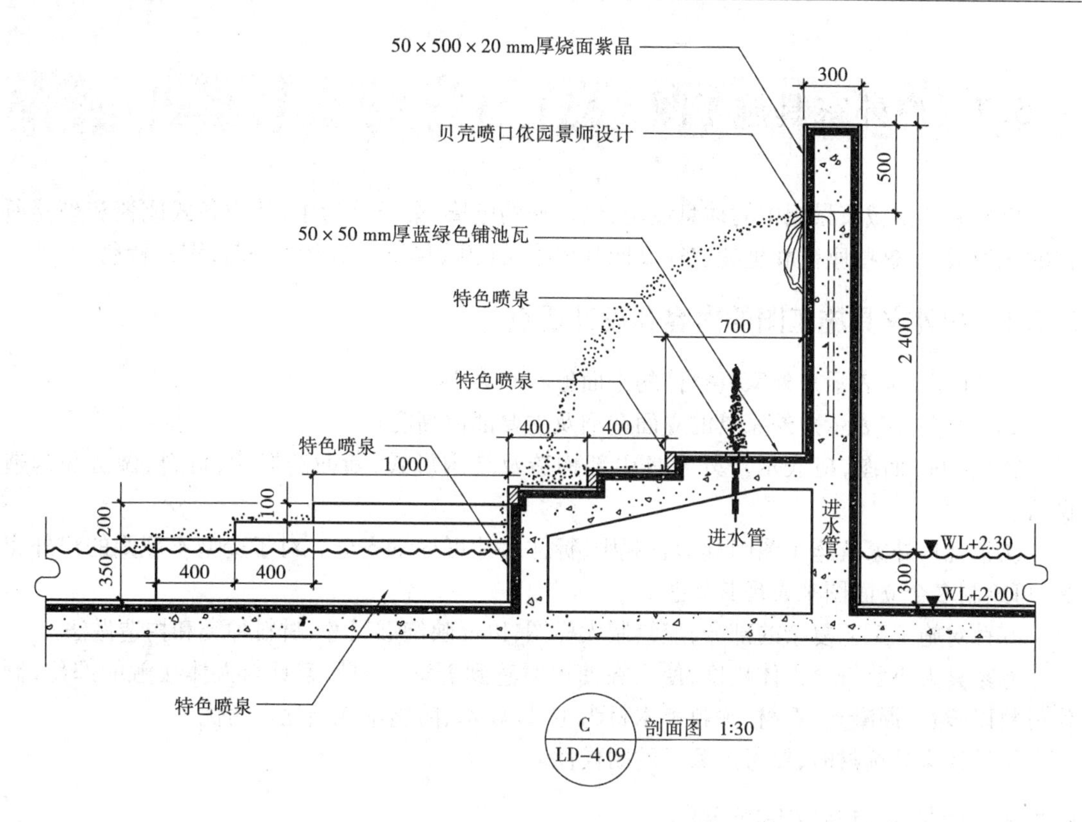

图5.19　景墙施工图实例2的剖面

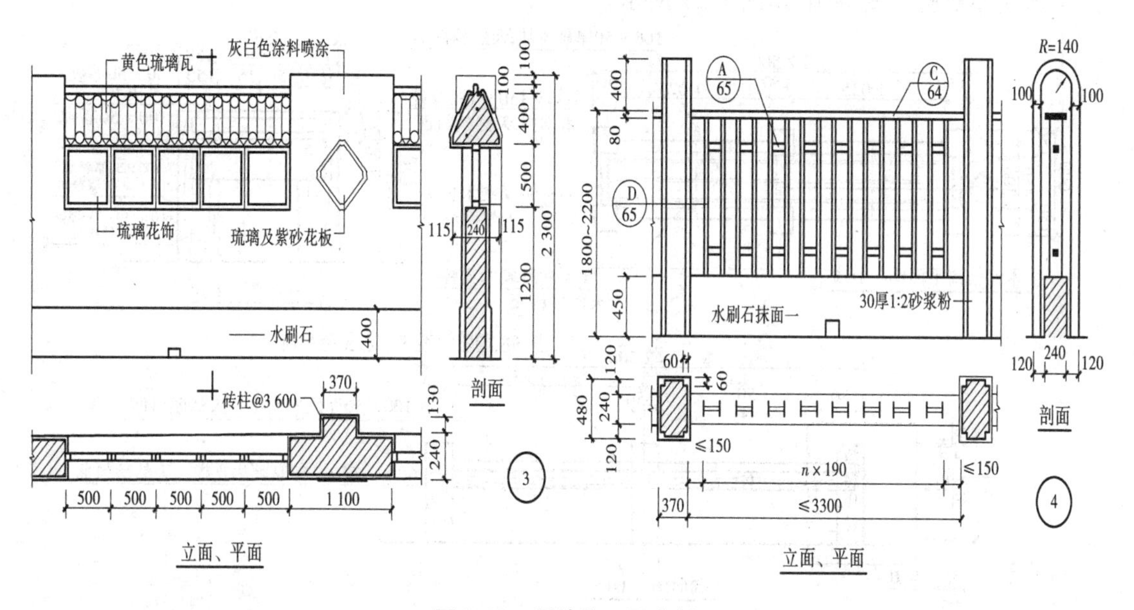

图5.20　围墙施工图实例

5.7 户外家具施工图

户外家具指城市景观中的休息设施,以户外的座椅、桌子等为主,其中各式座椅和坐凳所占的比例最大,这些座椅和坐凳往往又同其他小品(例如花池)结合在一起,别具特色。

5.7.1 户外家具施工图的内容和设计要点

①平面图,应表示户外家具整体的平面形状和大小。

②立面图,应表示户外家具的立面造型及主要部位高度。

③剖(断)面图,应表示户外家具内部构造及结构形式,断面的形状、材料、做法和构造做法。

④常规户外家具施工图因其形态规则,标注尺寸可尽量齐全。对于造型不规则的户外家具,可绘制多个立面图来表现其状态。

⑤针对施工工艺复杂的部分,应绘制大样图,以反映细部尺寸、材料种类和构造做法。

⑥家具大小要符合人体尺度,使人在使用时感到舒适。例如家具与人体接触的部位,制作材料以砖石、混凝土、石材、塑料和木材为主,以硬木、防腐木或碳化木为优。

⑦设计家具选材时,要考虑家具的耐候性。

5.7.2 户外家具施工图实例

木质座椅施工图举例,如图5.21所示。

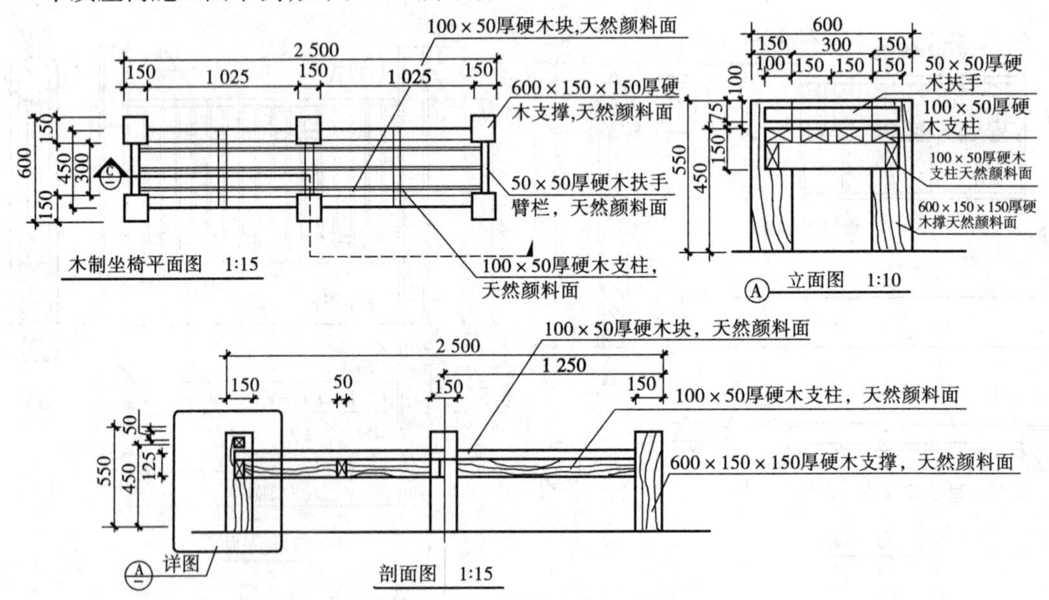

图5.21 木制座椅施工图

户外成套花岗岩石板饰面的桌椅施工图举例,如图5.22所示。

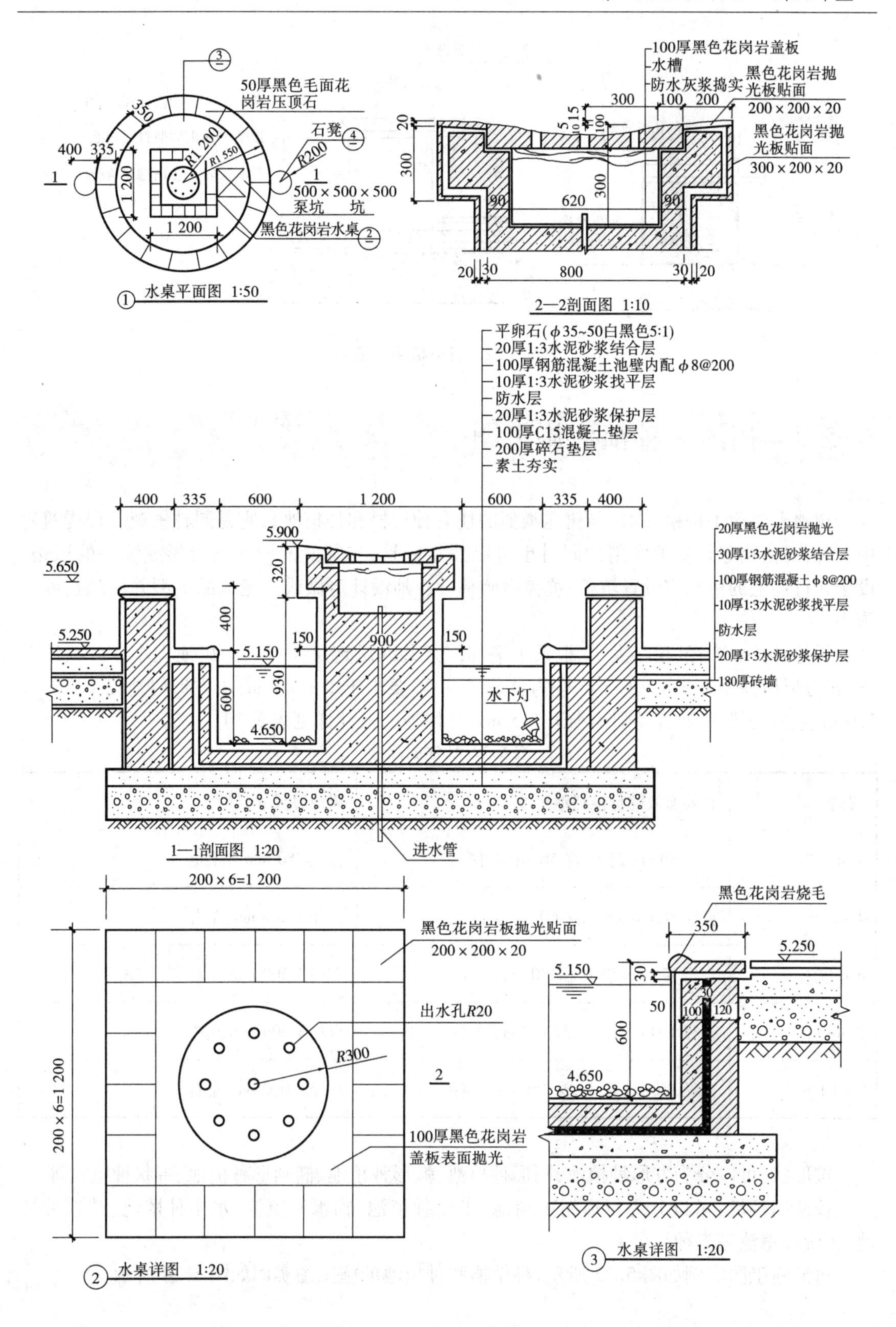

50厚黑色毛面花岗岩压顶石
石凳
R200
R1 200
R1 550
500×500×500
泵坑 坑
黑色花岗岩水桌
1 200
400 335
水桌平面图 1:50
100厚黑色花岗岩盖板
水槽
防水灰浆捣实
黑色花岗岩抛光板贴面
200×200×20
黑色花岗岩抛光板贴面
300×200×20
300 100 200
620
800
2—2剖面图 1:10
平卵石(φ35~50白黑色5:1)
20厚1:3水泥砂浆结合层
100厚钢筋混凝土池壁内配φ8@200
10厚1:3水泥砂浆找平层
防水层
20厚1:3水泥砂浆保护层
100厚C15混凝土垫层
200厚碎石垫层
素土夯实
400 335 600 1 200 600 335 400
5.900
5.650
5.250
5.150
4.650
900
水下灯
20厚黑色花岗岩抛光
30厚1:3水泥砂浆结合层
100厚钢筋混凝土φ8@200
10厚1:3水泥砂浆找平层
防水层
20厚1:3水泥砂浆保护层
180厚砖墙
进水管
1—1剖面图 1:20
200×6=1 200
黑色花岗岩板抛光贴面
200×200×20
出水孔R20
R300
100厚黑色花岗岩盖板表面抛光
水桌详图 1:20
黑色花岗岩烧毛
350
5.250
5.150
4.650
水桌详图 1:20

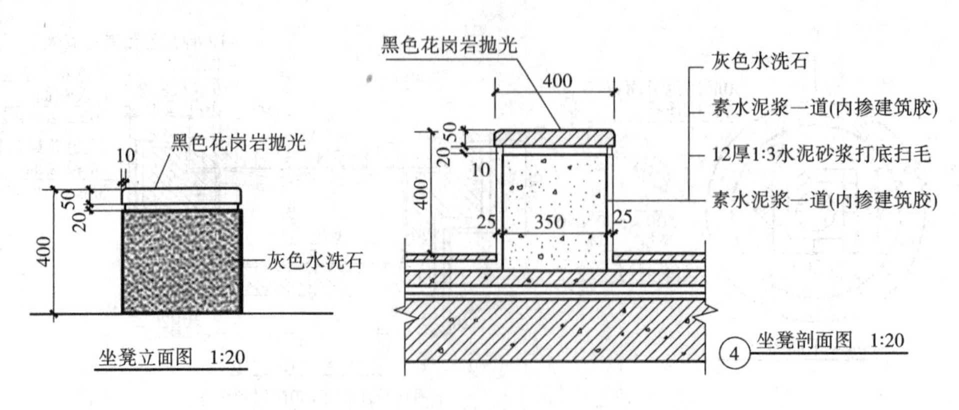

图 5.22 石桌椅施工图

5.8 树池与种植池施工图

树池主要用于种植乔木(与树池类似的还有种植槽和种植池),它是园林景观工程构筑物中一种,对植物起到保护作用的同时也可以独立造景,与其他的硬化铺装形成统一的风格。设于人行道上的树池宜设置坑盖,坑盖由园林设计师设计定做或选定成品类型并反映在施工图中。

树池:树高、胸径、根茎大小、根系水平等因素共同决定所需有效的树池大小。一般情况下,正方形树池以 1.5 m×1.5 m 较为合适,最小不要小于 1 m×1 m;长方形树池以 1.2 m×2.0 m 为宜,圆形树池直径则不小于 1.5 m 。(树池的尺寸详见表 5.1)

表 5.1 树池的尺寸

树高	必要有效的标准树池尺寸	树池箅尺寸
3 m 左右	直径 60 cm 以上,深 50 cm 左右	直径 750 mm 左右
4～5 m	直径 80 cm 以上,深 60 cm 左右	直径 1 200 mm 左右
6 m 左右	直径 120 cm 以上,深 90 cm 左右	直径 1 500 mm 左右
7 m 左右	直径 150 cm 以上,深 100 cm 左右	直径 1 800 mm 左右
8～10 m	直径 150 cm 以上,深 150 cm 左右	直径 2 000 mm 左右

按形状:可以分为方形种植池、圆形种植池、弧形种植池、椭圆形种植池、带状种植池等。

按使用环境:可以分为行道树种植池、坐凳种植池、临水种植池、水中种植池、跌水种植池、参阶种植池等多种。

树池施工图实例如图 5.23 所示,种植槽和种植池的施工图实例如图 5.24 所示。

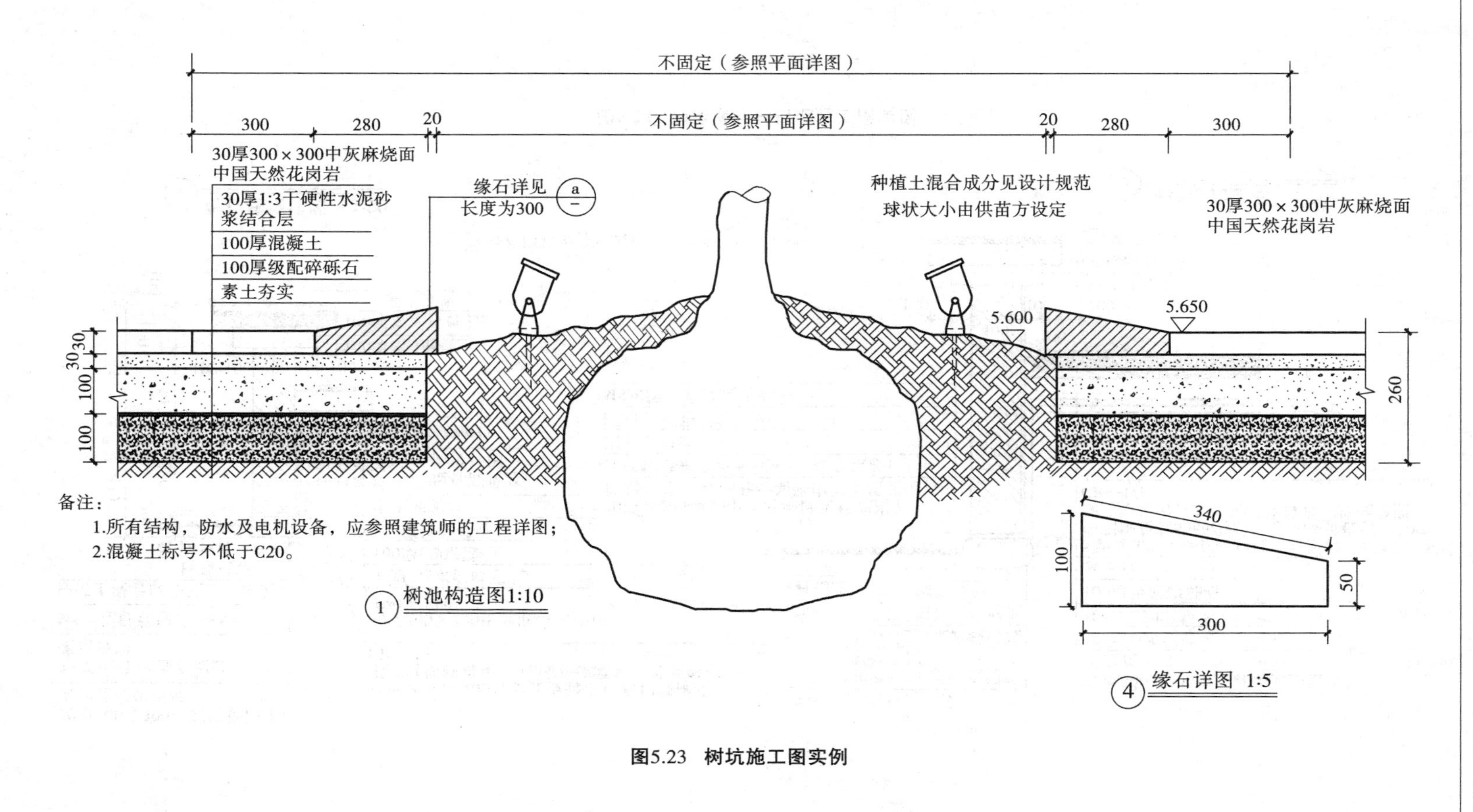

图5.23　树坑施工图实例

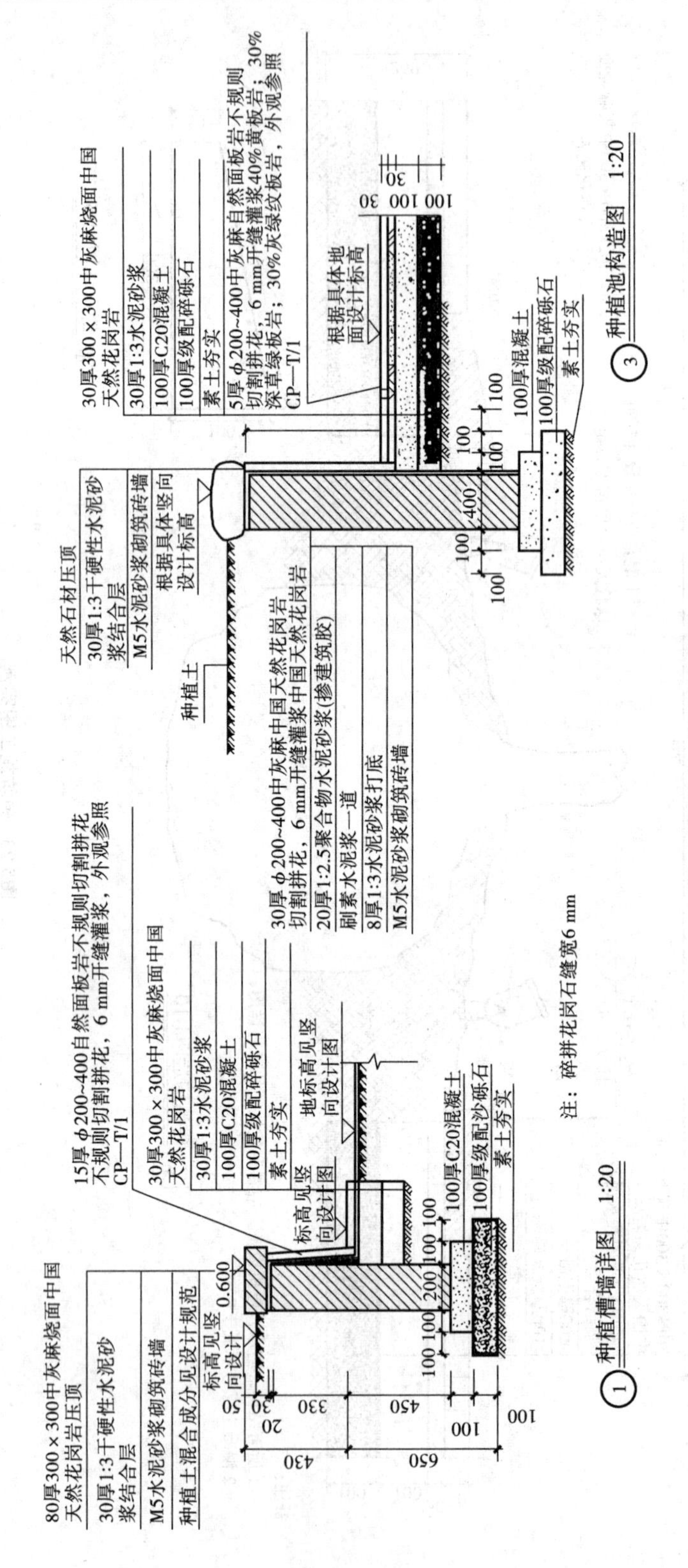

图5.24 种植槽和种植池施工图实例

5.9　花架施工图

花架又称为绿廊、花廊、凉棚、蔓棚等，是一种由立柱和顶部为格子条的构筑物形式构成的、能使藤蔓类植物攀缘并覆盖的小品设施。在各类园林绿地中，花架以其活泼的造型、色彩和植物表现，共同营造了集使用功能和景物观赏等为一体的景观空间。

花架的形式有：

①廊式花架。最常见的形式，片版支承于左右梁柱上，游人可入内休息。

②片式花架。片版嵌固于单向梁柱上，两边或一面悬挑，形体轻盈活泼。

③独立式花架。以各种材料作空格，构成墙垣、花瓶、伞亭等形状，用藤本植物缠绕成型，供观赏用。

(1) 花架施工图要点

花架施工图包括平面图、剖面图、立面图、详图等。尺寸较大的或负荷较重的花架，宜采用钢筋混凝土结构主体，设计时需与结构工程师合作。

(2) 花架施工图实例

花架施工图示例选自标准图集《环境景观—亭、廊、架之一》(04J012-3)，如图5.25—图5.28所示。

5.10　标志牌施工图

标志牌是通过用符号、图形和文字传递特定信息的实体标志。由于公共空间中包含的信息量较大，标志牌所处位置较为重要，因此它在结构、颜色、材质等方面不仅要与环境统一，还应凸显出其本身的特性。

标志牌施工图包括：

①总平面图，表示标志牌所在的平面位置及整体的平面形状，如图5.29所示。

②透视图，表示标志牌的整体造型、材质组成及工艺手法，如图5.30所示。

③立面图，表示标志牌的立面造型及整体高度，如图5.31所示。

④剖(断)面图，表示标志牌内部构造及结构形式、断面的形状、材料、做法和施工要求。

⑤针对施工工艺复杂的部分，可补充详图解说。

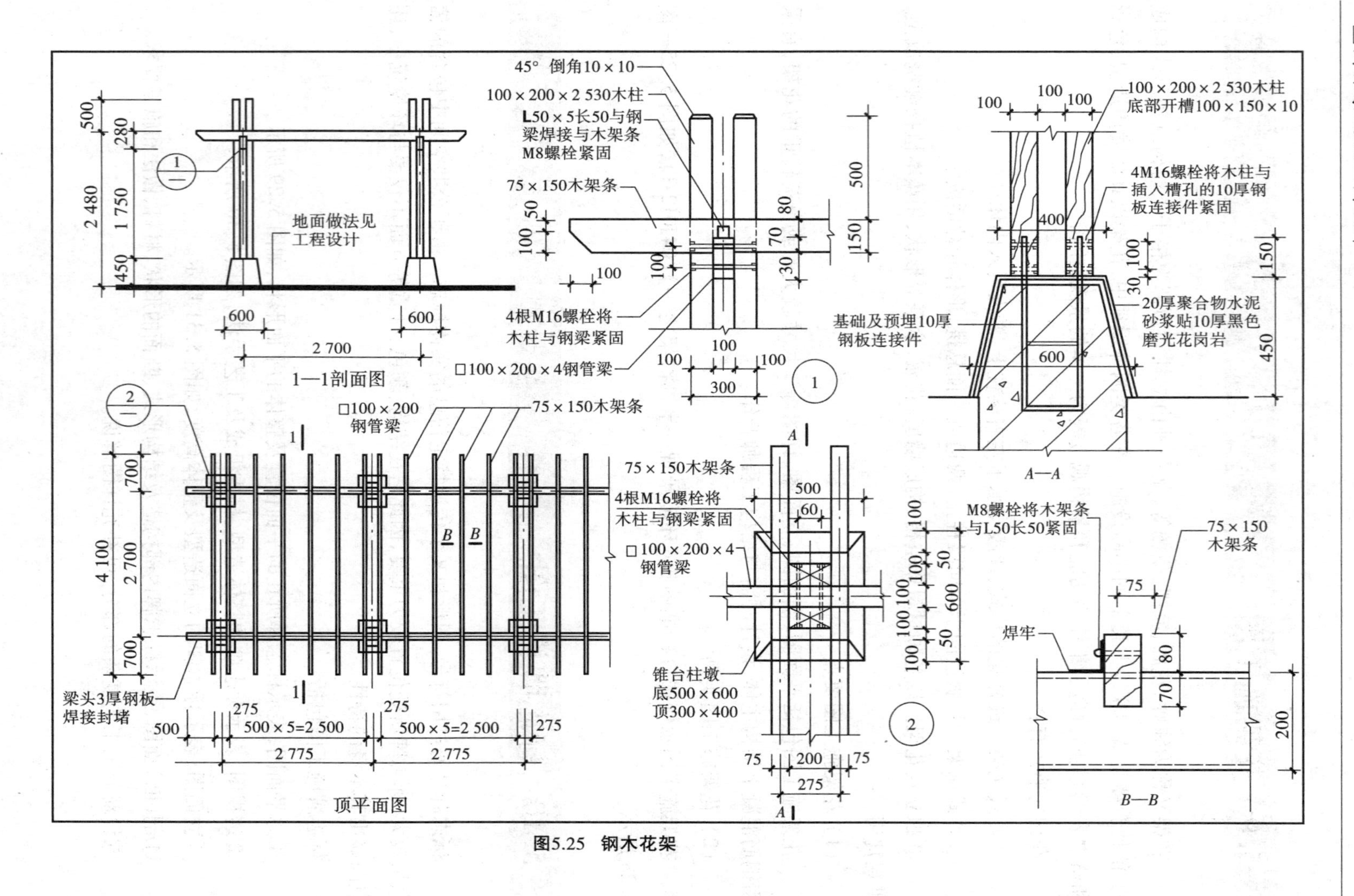
地面做法见
工程设计
1—1剖面图
45° 倒角10×10
100×200×2 530木柱
L50×5长50与钢
梁焊接与木架条
M8螺栓紧固
75×150木架条
4根M16螺栓将
木柱与钢梁紧固
□100×200×4钢管梁
100×200×2 530木柱
底部开槽100×150×10
4M16螺栓将木柱与
插入槽孔的10厚钢
板连接件紧固
基础及预埋10厚
钢板连接件
20厚聚合物水泥
砂浆贴10厚黑色
磨光花岗岩
A—A
□100×200
钢管梁
75×150木架条
梁头3厚钢板
焊接封堵
顶平面图
75×150木架条
4根M16螺栓将
木柱与钢梁紧固
□100×200×4
钢管梁
锥台柱墩
底500×600
顶300×400
M8螺栓将木架条
与L50长50紧固
75×150
木架条
焊牢
B—B
图5.25 钢木花架

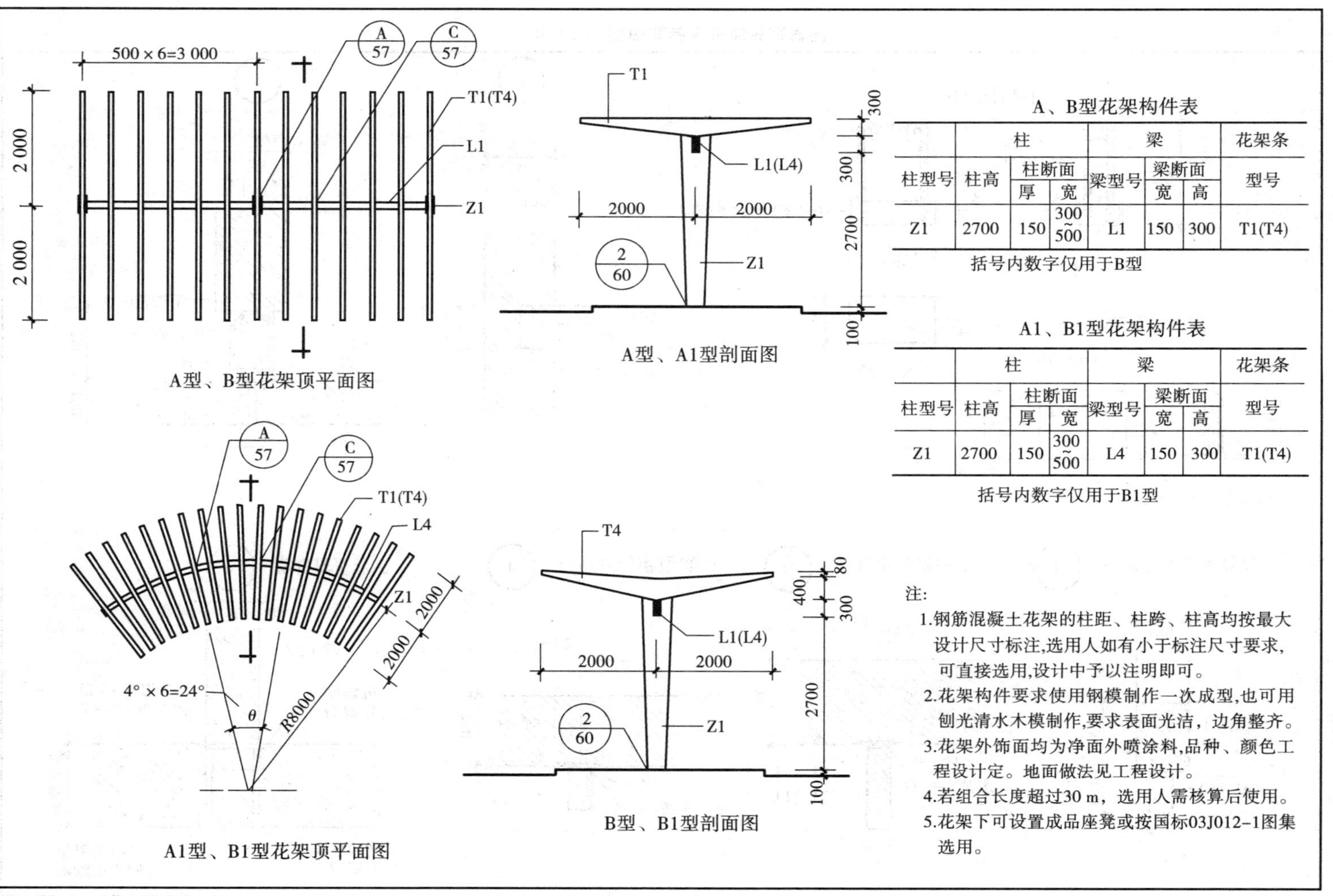

A、B型花架构件表

柱型号	柱			梁			花架条
	柱高	柱断面		梁型号	梁断面		型号
		厚	宽		宽	高	
Z1	2700	150	300~500	L1	150	300	T1(T4)

括号内数字仅用于B型

A1、B1型花架构件表

柱型号	柱			梁			花架条
	柱高	柱断面		梁型号	梁断面		型号
		厚	宽		宽	高	
Z1	2700	150	300~500	L4	150	300	T1(T4)

括号内数字仅用于B1型

注:

1.钢筋混凝土花架的柱距、柱跨、柱高均按最大设计尺寸标注,选用人如有小于标注尺寸要求,可直接选用,设计中予以注明即可。
2.花架构件要求使用钢模制作一次成型,也可用刨光清水木模制作,要求表面光洁，边角整齐。
3.花架外饰面均为净面外喷涂料,品种、颜色工程设计定。地面做法见工程设计。
4.若组合长度超过30 m，选用人需核算后使用。
5.花架下可设置成品座凳或按国标03J012–1图集选用。

图5.26　钢筋混凝土花架

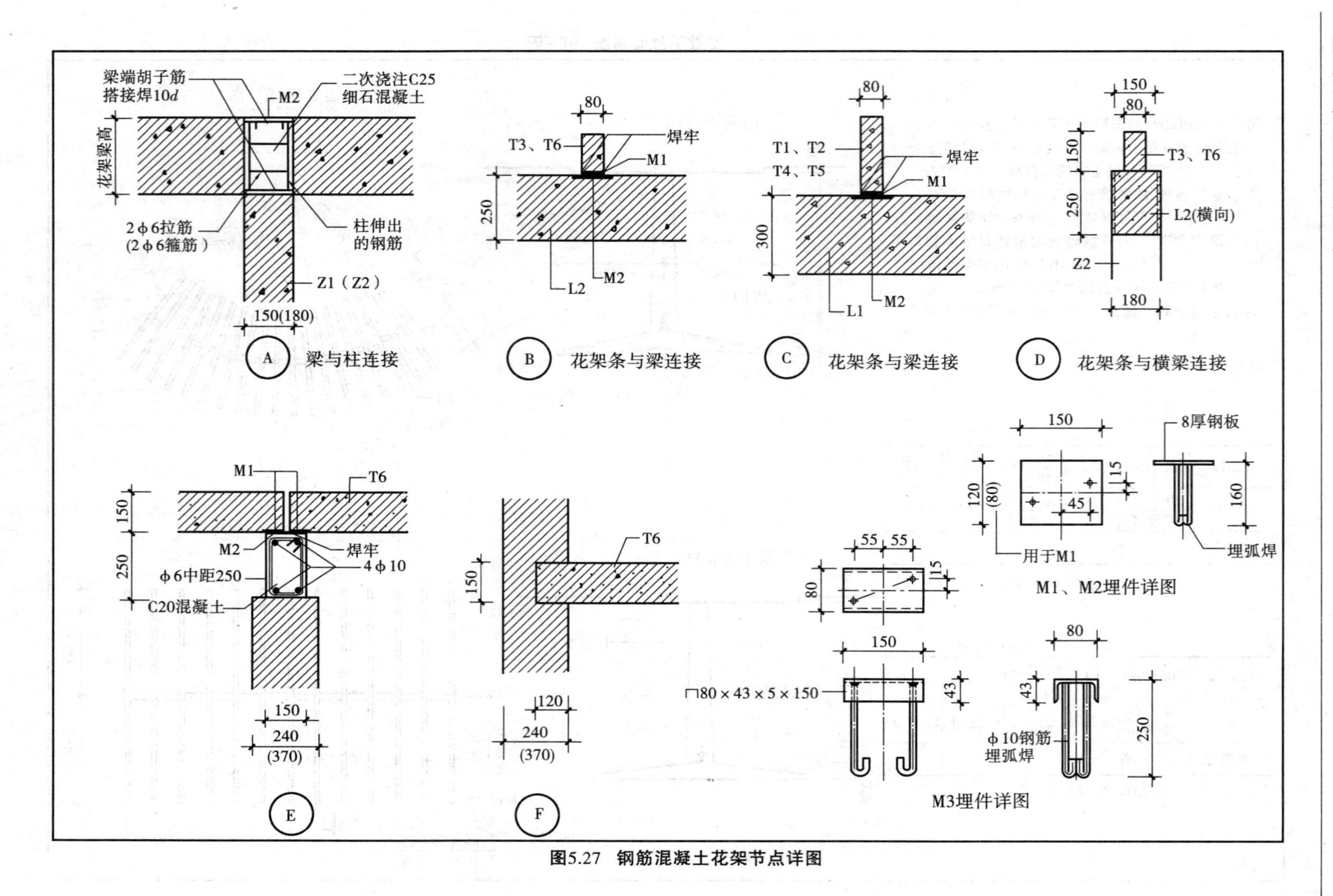

图5.27 钢筋混凝土花架节点详图

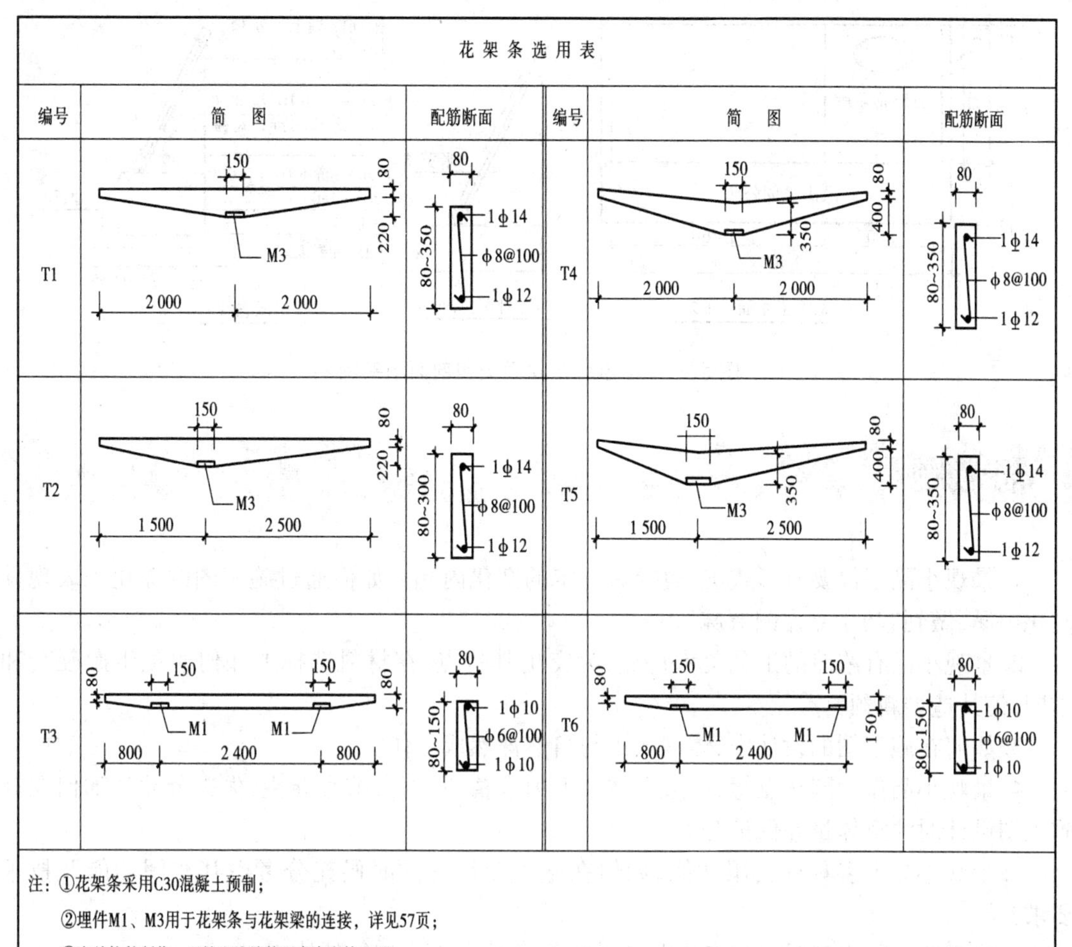

花架条选用表

编号	简图	配筋断面	编号	简图	配筋断面
T1	150；80；220；M3；2 000；2 000	80；80~350；1ϕ14；ϕ8@100；1ϕ12	T4	150；80；400；350；M3；2 000；2 000	80；80~350；1ϕ14；ϕ8@100；1ϕ12
T2	150；80；220；M3；1 500；2 500	80；80~300；1ϕ14；ϕ8@100；1ϕ12	T5	150；80；400；350；M3；1 500；2 500	80；80~350；1ϕ14；ϕ8@100；1ϕ12
T3	80；150；150；80；M1；M1；800；2 400；800	80；80~150；1ϕ10；ϕ6@100；1ϕ10	T6	80；150；150；150；M1；M1；800；2 400	80；80~150；1ϕ10；ϕ6@100；1ϕ10

注：①花架条采用C30混凝土预制；

②埋件M1、M3用于花架条与花架梁的连接，详见57页；

③有关构件制作、运输和堆放等要求参考第38页。

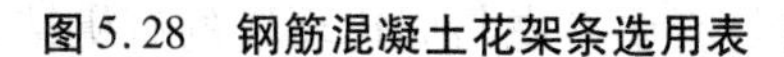

图5.28　钢筋混凝土花架条选用表

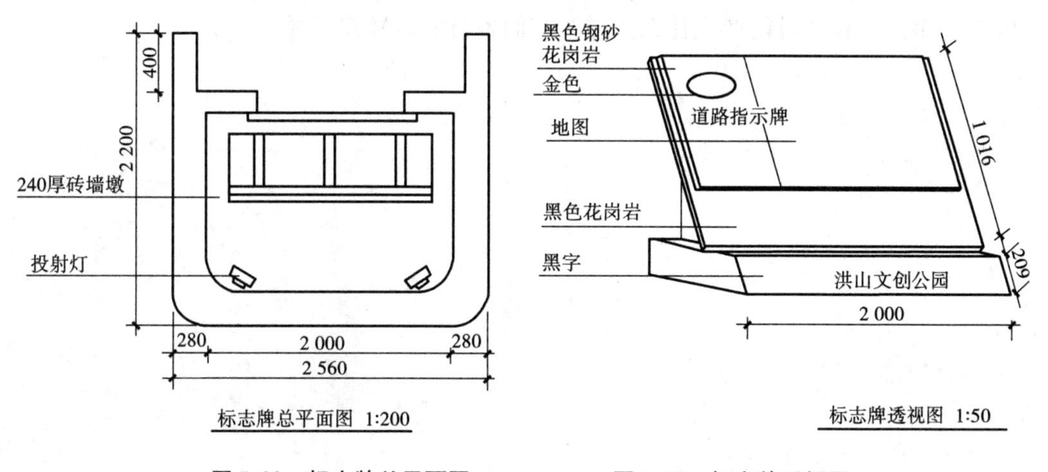

图5.29　标志牌总平面图

图5.30　标志牌透视图

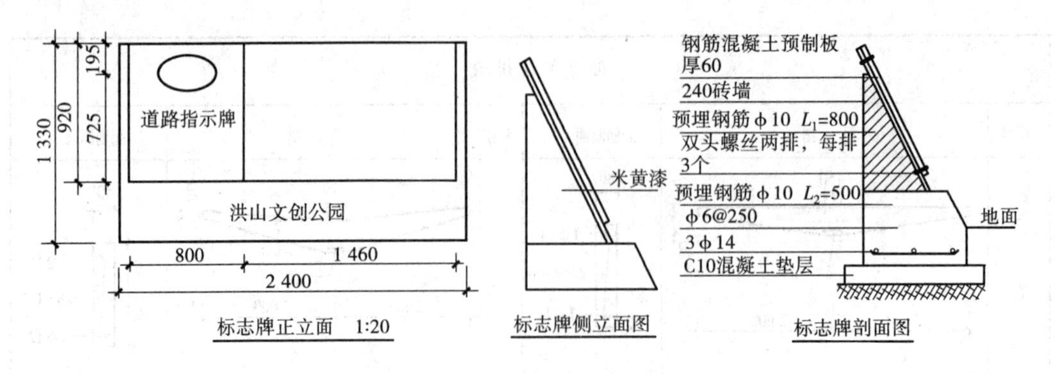

图 5.31 标志牌正立面图和剖面图实例

思考题

1. 景观小品不仅要有形式美,更要有一定的文化内涵。如何通过施工图的深化来表现其文化内涵,做到“巧于立意耐寻味”?

2. 景观小品有浓厚的工艺美术特点,为突出其特点,在材料选择上如何避免生搬硬套和雷同,使其造型新颖?

3. 如何在施工图的设计中,体现人工与自然浑然成一体?

4. 景观小品作为园林点缀,一般在体量上力求精巧,不可喧宾夺主,失去分寸。如何在其施工图设计时注意体量并保证分寸?

5. 景观小品大多具有实用功能,如何在施工图设计的时候充分考虑其实用功能及技术要求?

6. 景观施工图设计时如何考虑其地域特征及社会文化特征的体现?

7. 景观小品施工图深化时是否要考虑人的行为习惯及心理需求? 为什么?

8. 景观小品施工图深化时是否要考虑与周边环境的有机结合? 为什么?

9. 构造节点大样还可能产生什么大样? 它们各自的编号如何区分?

6 园林建筑施工图设计

本章导读

本章详细介绍了全套园林建筑物施工图的组成、设计和绘制的特点和要求，分别介绍了建施图的总平面图、基本图（平面、立面和剖面图）和大样图的类别，及其各自的绘图要点。另外，本章列举了各种园林建施图的工程实例，使读者能够直观地了解各种图纸的绘制特点和应绘制的内容。与其他施工图一样，建施图的全套文件以及个别图样，都必须交代清楚“九定”的问题，才算绘制完成。

6.1 概述

园林建筑是指建造在公园、风景区和城市绿化地段内，供人们游憩或观赏用的建筑物，如亭、台、楼、榭、廊、阁、轩、舫、厅堂等，也包括文化性和艺术性较高的构筑物（如景墙、图腾柱等没有内部空间的建筑）。园林建筑规模一般较小，但建筑的艺术性要求较高，主要用于园林造景和为游览者提供观景的视点及场所，提供休憩及活动的空间。园林建筑的施工图设计阶段，一般有园林设计师、建筑师、结构工程师、给排水工程师、电气照明工程师等专业人员共同参与，其中建筑师或园林设计师负责建筑构造部分的设计。

6.2 建筑施工图设计

6.2.1 建施图的说明编写

建施图的说明,主要由以下部分构成:

(1)工程概况

内容包括施工程项目的基本情况。如工程名称、工程规模、建设范围、性质、用途、地理位置、工程自然条件情况(地形地貌、水文条件、工程地质等)、建设资金来源、投资额、开竣工日期、建设单位、工程总造价、施工条件、建筑面积、结构形式、承包合同等。

(2)设计依据

①经业主及政府主管部门批准的设计方案或初步设计、批准文号等。

②设计合同。

③业主提供的资料(地形测绘图、水文地质资料、市政有关资料等)。

④采用的规范、标准、规定。

(3)总平面图有关说明

(4)墙体构造

包括对主要及辅助材料的规定(如标号、类型、规格等),对施工工艺、施工工序、构造做法及质量要求等。

(5)楼地面构造

包括对主要及辅助材料的规定(如标号、类型、规格等),对施工工艺、工序及构造做法及质量的要求等。

(6)屋面构造

包括对排水及找坡、对屋面保温隔热的要求,对主要及辅助材料的规定(如标号、类型、规格等),对施工工艺、工序及构造做法及质量的要求等。

(7)门窗

包括对对主要及辅助材料的规定(如标号、类型、规格等),对施工工艺、工序及构造做法及质量的要求、油漆及五金的要求等。

(8)其他

前面没有涉及的其他所有内容。

6.2.2 总平面图绘制

园林建筑的施工总平面图,一般可由园林景观工程的总平面图代替,许多设计参数可由这个总平面图来注明。单独修建的园林建筑,在专门设计并绘制建施图时,必须绘制园林建筑的施工图总平面。

1)总平面图包含的内容

在建施图的总平面图中,应绘制以下重要内容:

①应有原始地形测绘图,能够反映建设内容与原有地形的关系。原始地形的测绘图都有

测量坐标，在 CAD 中使用电子测绘图的时候，绝不能够使用“移动”“缩放”或“旋转”一类的命令，这会导致地形图的坐标全部乱套，致使在此之上绘制的总平面图不能使用。测绘图的识别参照《国家基本比例尺地图图式　第 1 部分 1∶500 1∶1 000 1∶2 000 地形图图式》(GB 20257.1—2017)。

②应有各种建筑(包括原有的、拟建的、规划的、待拆除的)，以及配套的建筑物(如自行车棚等)，并标注建筑的名称或编号、层数、定位(坐标或相互关系尺寸)。而且这些建筑应采用规范的表示方法加以区别，如图 6.1 所示。

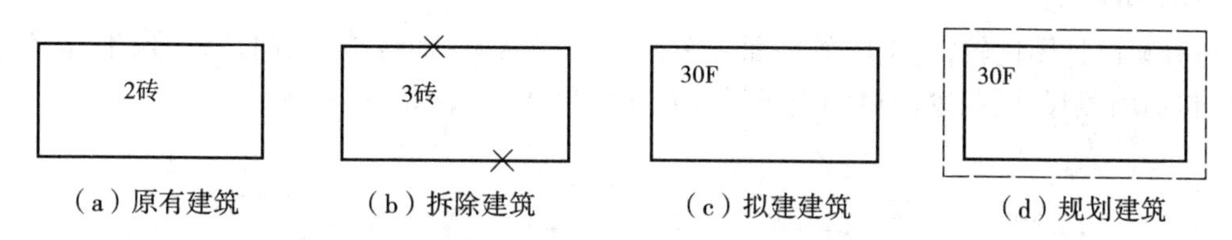

图 6.1　总平面图中不同的建筑图例

③应有施工建造后的场地面貌，包括广场、停车场、运动场地、道路、围墙、无障碍设施、排水沟、挡土墙、护坡等的定位(坐标或相互关系尺寸)。如有消防车道和扑救场地，也需注明。

④应有相关的图例，以表示不同的内容，如构筑物、植物。

⑤应有图名、比例、指北针或风玫瑰等。

⑥应有各种数据，包括各种设计尺寸、室内外的设计标高(绝对标高即海拔高度)、建筑与场地关键点的测量坐标、建筑的楼层数及总高度、道路宽度及缘石半径、道路坡度、泊车位、运动场地等。

⑦应有建筑红线，例如规划红线、建筑后退线、用地红线等建筑从地下至空中都不能超越的控制线。

⑧应有相关的说明文字、设计依据的表述。

⑨应有场地范围的测量坐标(或定位尺寸)，道路红线、建筑控制线、用地红线等的位置。

⑩应有场地四邻原有及规划的道路、绿化带等的位置(主要坐标或定位尺寸)，周边场地用地性质以及主要建筑物、构筑物、地下建筑物等的位置、名称、性质、层数。

⑪注明尺寸单位、比例、建筑正负零的绝对标高、坐标及高程系统(如为场地建筑坐标网时，应注明与测量坐标网的相互关系)、补充图例等。

2)总平面图相关数据的标注

①数据单位。总平面图里的数据，单位都采用“米”，包括长度和高度的数据。

②高程或设计标高。在总平面图里，建筑的室内外设计高程应采用绝对标高(即海拔高度)，或者直接标注，或者注明相对标高的 0 点对应的海拔高度。

③比例：单体建筑总平面的比例，一般采用 1∶500，建筑较多项目的总平面图(如楼盘的总平面图、一些事业单位的总平面图等)，可以采用 1∶1 000，但前提是能够交代清楚应由总平面图反映的问题。

④坐标。建筑在场地内的位置，一般采用测量坐标标注不少于 3 个的建筑转角处。较为简单的项目，可以借助参照物(如现有的建筑物)来定位，在纵横方向标注建筑与参照物的距离，前提是建筑的朝向清楚。场地内的各个关键点，例如道路的起始点、交叉点、变坡点，还有围墙的转折点等，最好用坐标标注，缺乏电子地形图时，采用参照物进行标注。标注坐标的同

时,还应注明相关的各种大小和距离等尺寸。

⑤圆弧和圆形。圆弧和圆形应注明半径及圆心位置,便于施工放线。

⑥标注道路的宽度、坡度、缘石半径、关键点(转折点、交汇点、变坡点等)之间的水平投影距离。

6.2.3 建施图的平面图绘制

1)绘制深度

与方案设计图比较,施工图的平面图多出了大样索引、轴线编号、门窗编号、细部尺寸等内容(包括墙段尺寸、门窗洞口的大小尺寸及定位尺寸等),如图 6.2 所示。

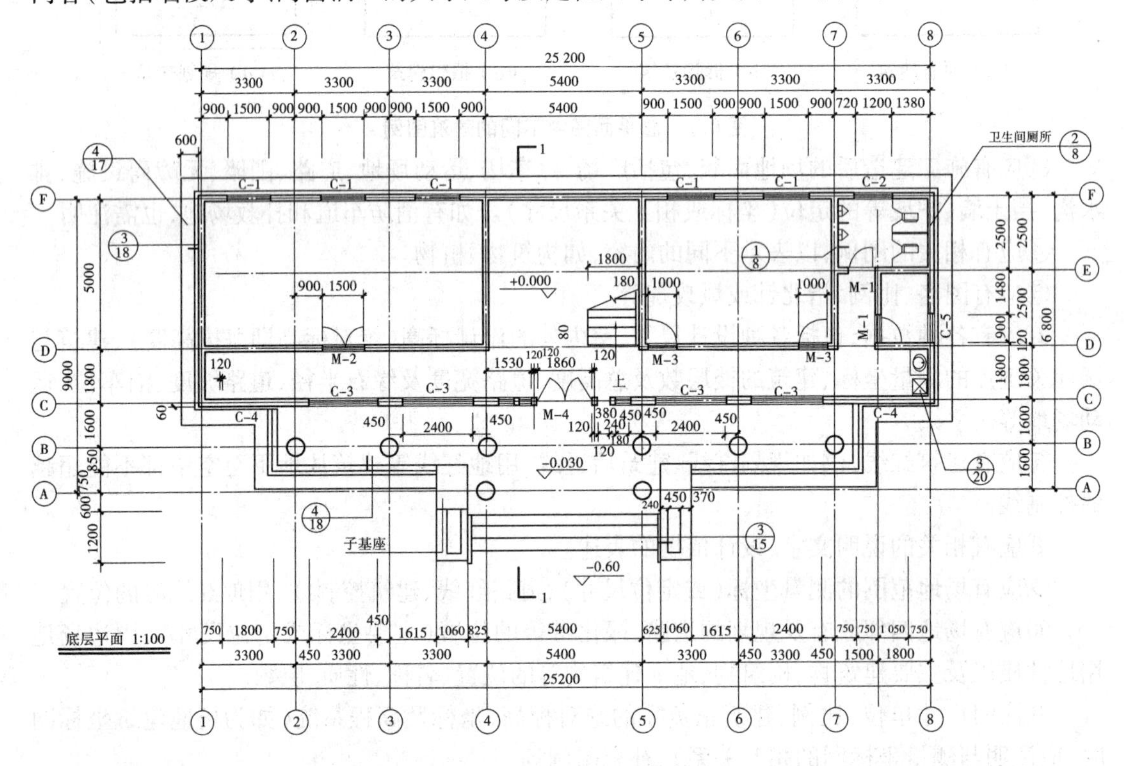

图 6.2 建筑施工图的平面图

2)设计参数

平面图必须标明以下参数:

①外墙的三道尺寸,即总长(宽)尺寸、轴线尺寸、墙体分段尺寸(墙段尺寸和洞口尺寸)。

②定量尺寸,即内部的洞口宽,梯段宽,各种造型的长、宽、高尺寸。

③定位尺寸,包括各种造型与参照物的距离或设计标高。

④各主要设计标高,包括室内外设计标高(一般为相对标高)和各楼层的设计标高。

⑤屋面较低点的设计标高。

3)其他信息

①楼层名称(图名)及绘图比例,有时以设计标高命名平面。

②房间名称,有时附带室内使用面积。

③门窗编号。

④详图索引编号。

⑤各个轴线(包括分轴线)编号。

⑥各种图式,如地坑符号、烟囱符号,卫生洁具符号等。

⑦屋面的排水方式、坡向和坡度等,如图6.3所示。

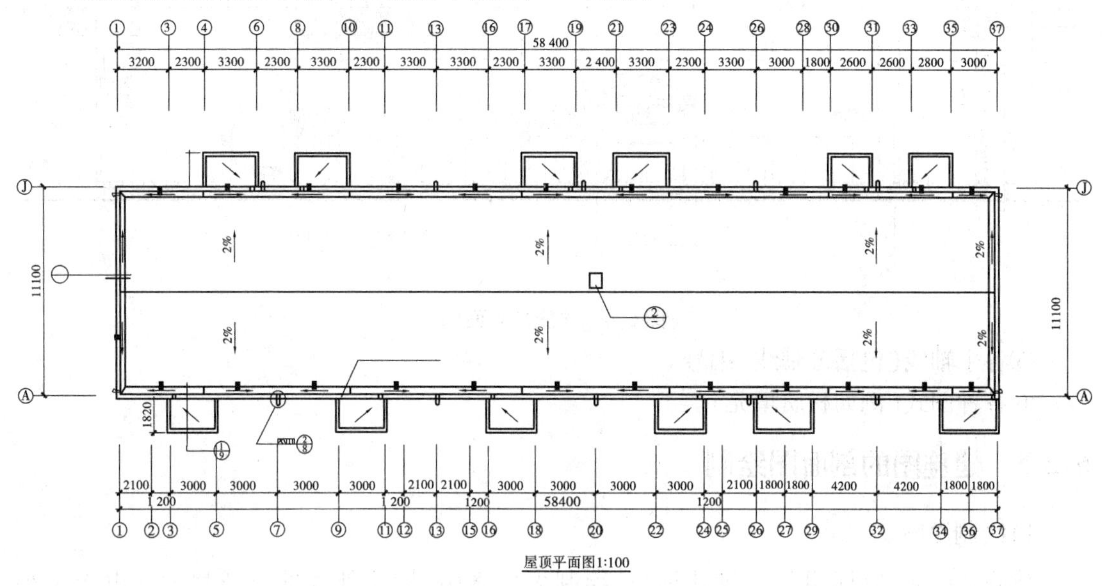

图6.3 建筑施工图的屋面图

6.2.4 建施图的立面图绘制

1)绘制深度

建施图立面,应全部绘制需要施工的内容的所有投影(包括相邻相接的附属物如花台等),并借此表明外墙主要材料。一些大样索引也须借助立面图标明其所在部位,如图6.4所示。

2)设计参数

立面图的尺寸以垂直方向的尺寸为主,必须标明以下参数:

①外墙垂直方向的三道尺寸,即总高(宽)尺寸、层高尺寸、垂直方向墙体分段尺寸(墙段尺寸和洞口尺寸)。

②定量尺寸,一些造型的长、宽、高尺寸。

③定位尺寸,各种造型与参照物的距离或设计标高。

④各主要部位的设计标高,如各个楼层或一些重要建筑构件的设计标高。

3)其他信息

①图纸名称,有时以轴线命名立面图,例如①~⑩轴立面。

②外墙主要材料及采用部位、外墙分格效果。

③绘图比例。

④详图索引及编号。

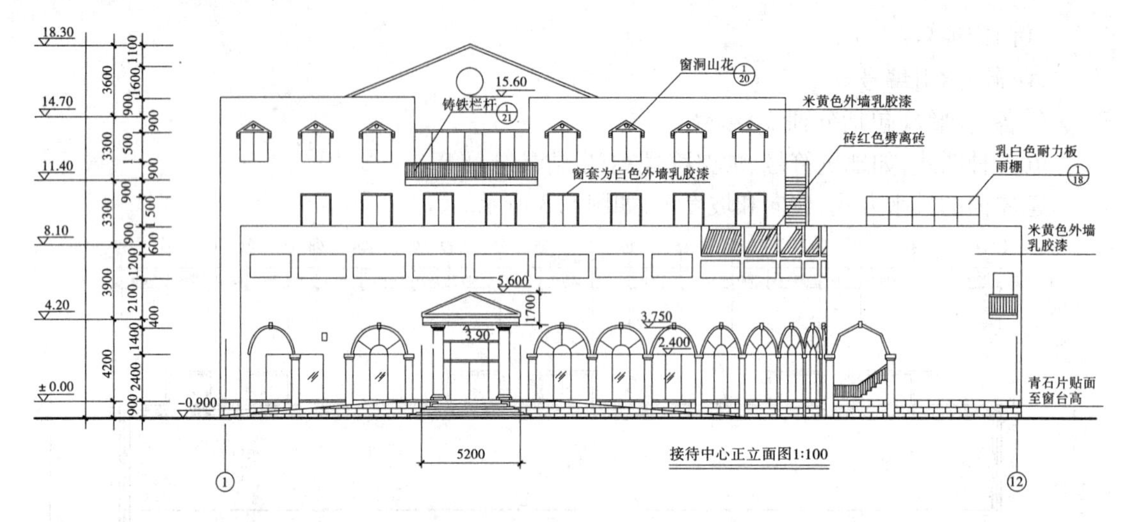

图 6.4 建施的立面图

⑤各个轴线(包括分轴线)编号。

⑥各种图式(例如材质填充)。

6.2.5 建施图的剖面图绘制

1)绘制深度

建施图剖面,应标明各处设计标高,绘制大样索引,标注外墙的三道尺寸。由于图小(1∶50 ~1∶100),通常不做各处的材质填充,如图 6.5 所示。

2)设计参数

剖面图的尺寸以垂直方向的为主,必须标明以下参数:

①三道尺寸,即总高(宽)尺寸、层高尺寸、垂直方向墙体分段尺寸(墙段尺寸和洞口尺寸)。

②定量尺寸,即内部的洞口宽、高等。

③定位尺寸,各种造型与参照物的距离或设计标高。

④各主要部位的设计标高。

3)其他信息

①图纸名称和绘图比例。

②详图索引及编号。

③各个轴线(包括分轴线)编号。

④各种图式(如壁龛或洞口符号、材质符号)。

6.2.6 建施图的大样图绘制

建施大样图主要有局部大样、构造节点大样和构件大样、配件大样几种类型。

1)局部大样(例如宾馆客房大样)

局部大样是建筑中一个完整的局部如入口雨篷、楼梯间、卫生间、宾馆客房等的放大图,

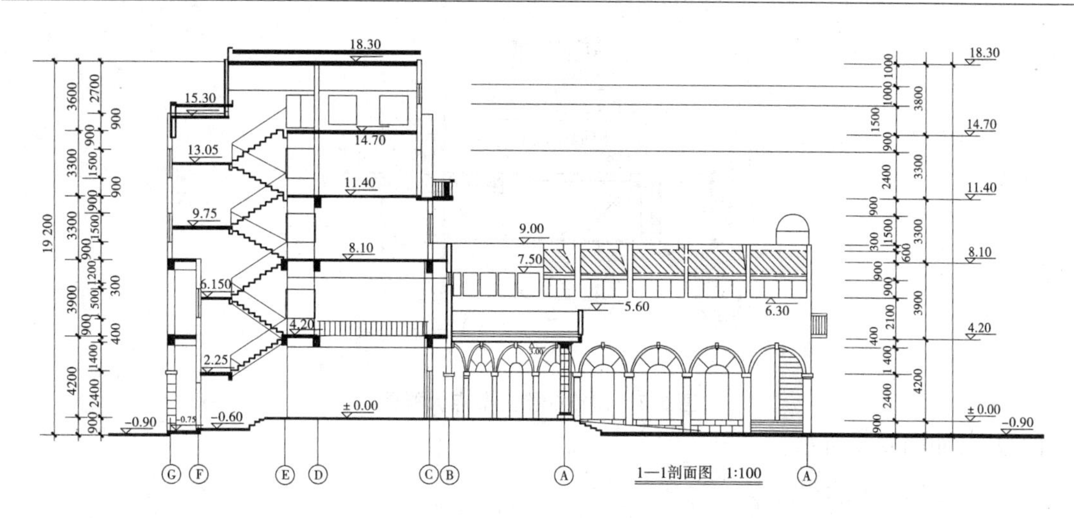

图 6.5　建施的剖面图

一般采用 1∶50 比例绘制，借以标明众多的细部尺寸。在此基础上，还可能产生构造节点大样。局部大样一般要绘制建筑轴线及编号，以表明这个局部大样在建筑平面中的具体位置，如图 6.6 所示。

2）构造节点大样

构造节点大样是指一些关键部位的大样，这些部位集中了较多的细部尺寸、材料和构造做法，一般采用 1∶10 至 1∶20 的比例绘制，如图 6.7 所示。在此基础上，还可能产生配件大样图（如图中的大样 A、B、C 索引）。

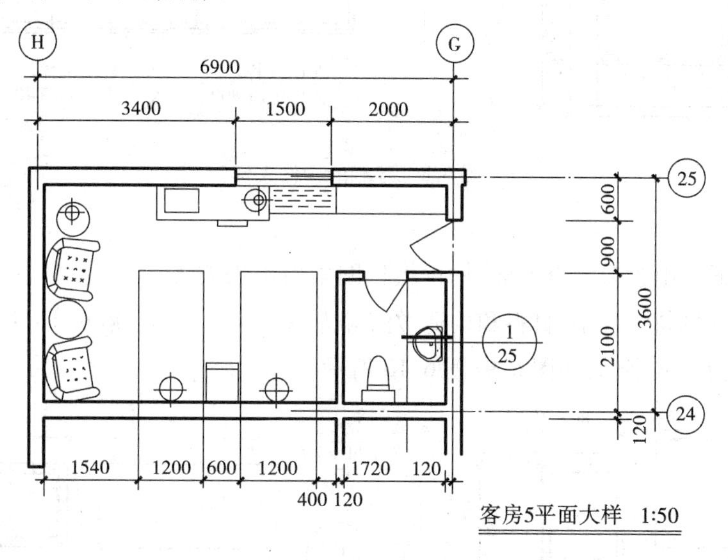

图 6.6　建施的局部大样图

3）构件大样

构件大样通常由平面、立面或剖面图索引出来放大，交代一个完整建筑构件的详细信息，以形状、大小、材料和构造做法等为主。绘图比例一般选 1∶10～1∶20，索引及大样编号为阿

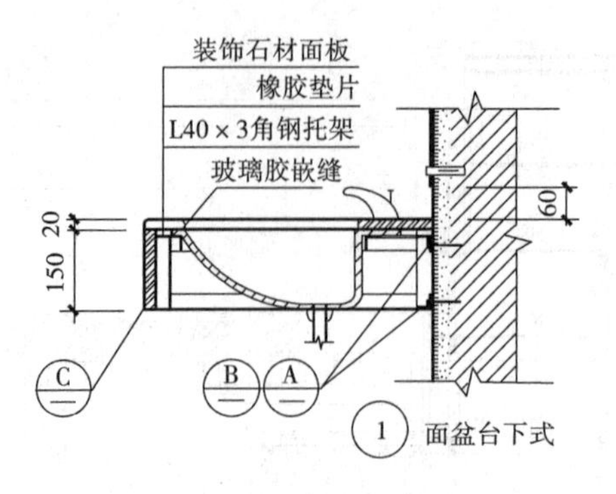

图 6.7　建施的构造节点大样图

拉伯数字,如图 6.8 所示。

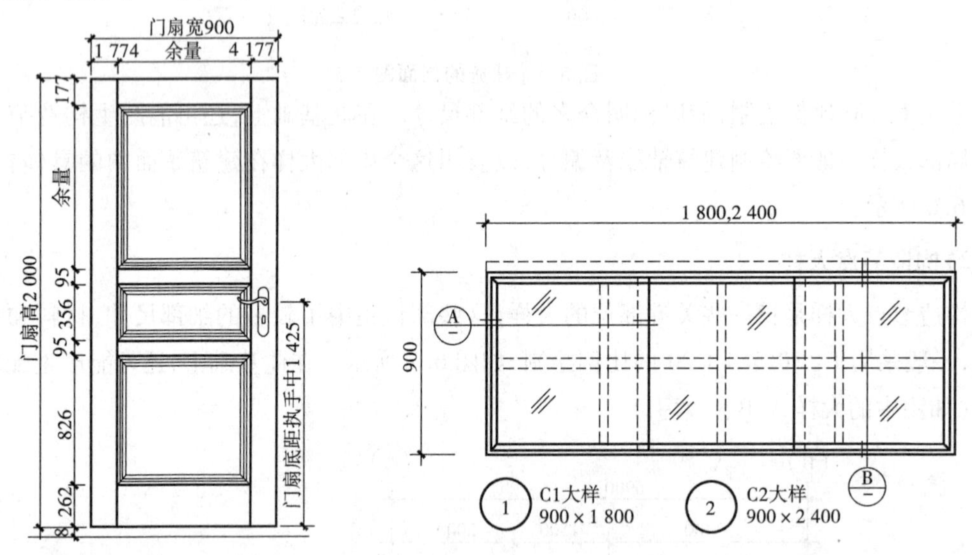

图 6.8　建施的构件大样

4)配件大样

配件大样通常由构造节点大样、构件大样图索引出来放大,交代一个小型配件或装饰构件的详细信息,以形状、大小、材料和构造做法等为主。绘图比例一般选 1∶1 ~1∶10,索引编号及大样编号为英文字母,如图 6.9、图 6.10 所示。

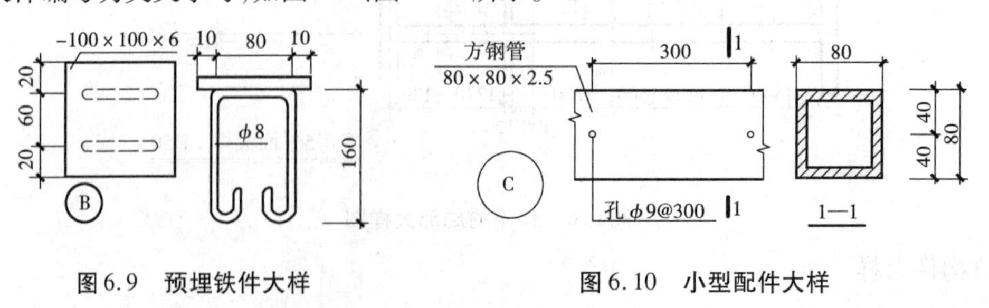

图 6.9　预埋铁件大样

图 6.10　小型配件大样

6.3 建施图的绘制深度要求

当一套建施图借助图样和文字,交代清楚以下问题后,这套图纸才算基本完成:

①确定施工的范围(定范围)。应表明全套施工图纸的应用范围,以及个别设计图样所应用的范围,避免一图多用,或甲地的设计图被用于乙地等。个别图样的使用范围,例如在一幢建筑内有两种栏杆设计图样,它们应分别安装于建筑的部位和数量等,也应在图纸中应表达清楚。全套图纸的运用范围是借助设计总说明来作规定的,个别图样的应用范围是借助图名等来作规定的。

②确定施工建造的内容(定内容)。与方案图不同,建施图不再绘制配景(因为这与施工无关),却要绘制方案阶段无须表达的一些细节(如变形缝等),因为这些都属于需要施工的内容。

③确定所有需要施工的对象的形状(定形)。这主要体现在图纸上,用平面图、立面图和网格图等规定。

④确定施工对象的大小(定量)。例如建筑的长度、宽度和高度,门窗洞口的大小等,一般以尺寸和数据来明确规定。

⑤确定施工对象的空间位置(定位)。这主要以测量坐标、距参照物的距离、相对标高和绝对标高等具体数据来规定。

⑥确定在建造施工对象时应采用的各种材料(定材料)。以文字标注和图例或图示的方式,说明所用材料和对材质的要求,包括材料的品种、规格(如型钢规格、墙地砖大小)、色彩(色标号)、等级(如砂浆标号、混凝土标号)等,内容应具体和详尽,便于计算造价和采购材料。

⑦确定各种材料或构件的加工、连接、安装和固定的方法,即构造措施(定做法)。这是建筑施工图的重要组成部分,以图文并用的方式表达。

⑧确定对施工的做法和质量的要求(定规矩)。用文字作规定,例如在说明中或大样图中,采用“焊牢”(不是“焊接”)、“拴固”、“三遍成活”(不能一步到位)一类文字作出具体规定,要求保证施工质量。注意:在设计总说明中应着重强调:“在本图的实施过程中,应严格按照国家现行施工验收规范要求执行”。各种施工验收规范内容全面,对施工质量作出了明确的、严格的要求。

6.4 建筑单体(木凉亭)的全套施工图设计举例

这个设计案例涵盖了除设计说明以外的全部图纸内容,是小型建筑施工图的典型案例。摘自标准图集 04J012-3,如图 6.11 所示。

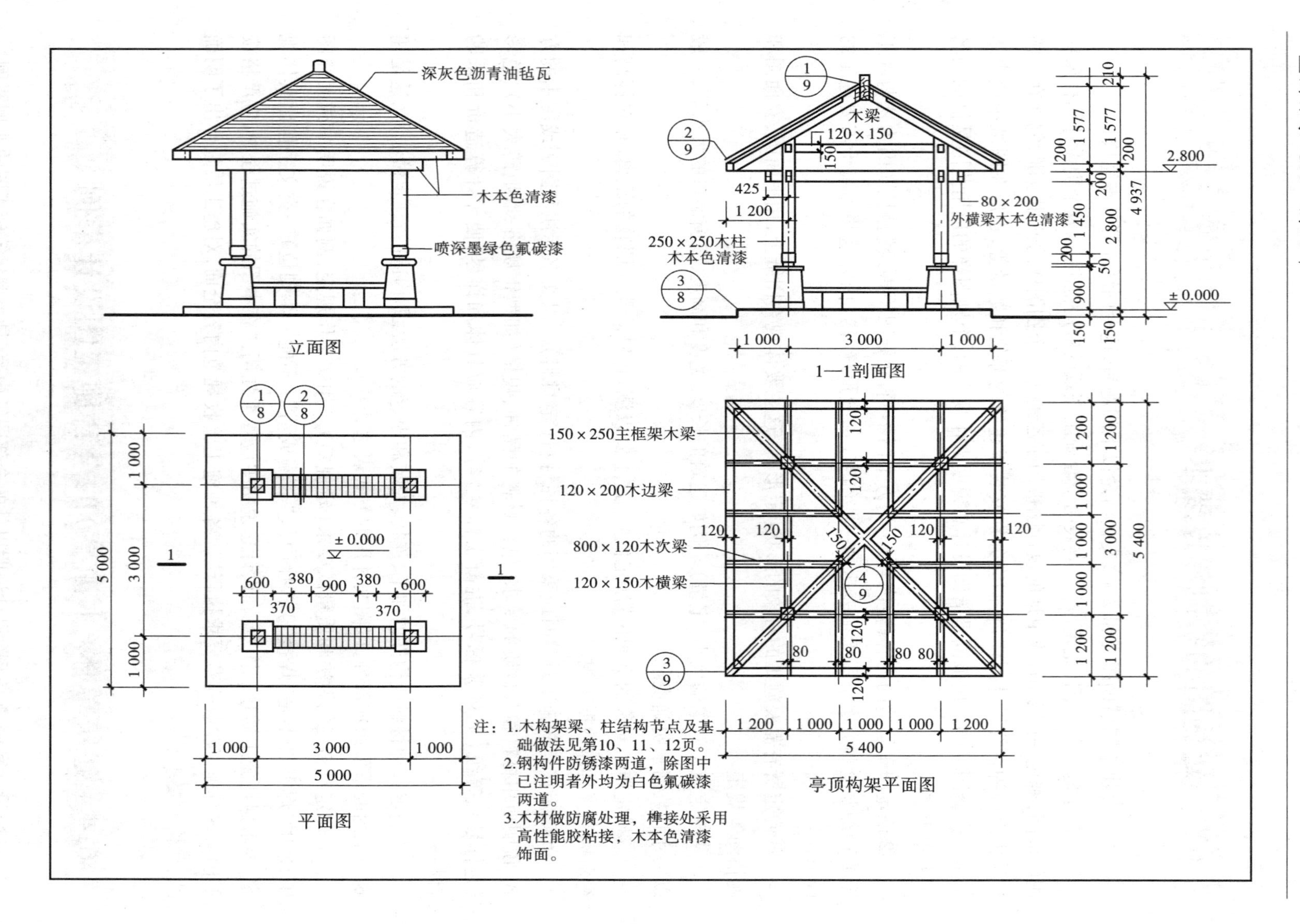
深灰色沥青油毡瓦
木本色清漆
喷深墨绿色氟碳漆
立面图
木梁
120×150
80×200
外横梁木本色清漆
250×250木柱
木本色清漆
2.800
±0.000
1—1剖面图
平面图
150×250主框架木梁
120×200木边梁
800×120木次梁
120×150木横梁
亭顶构架平面图
注：1.木构架梁、柱结构节点及基础做法见第10、11、12页。
2.钢构件防锈漆两道，除图中已注明者外均为白色氟碳漆两道。
3.木材做防腐处理，榫接处采用高性能胶粘接，木本色清漆饰面。

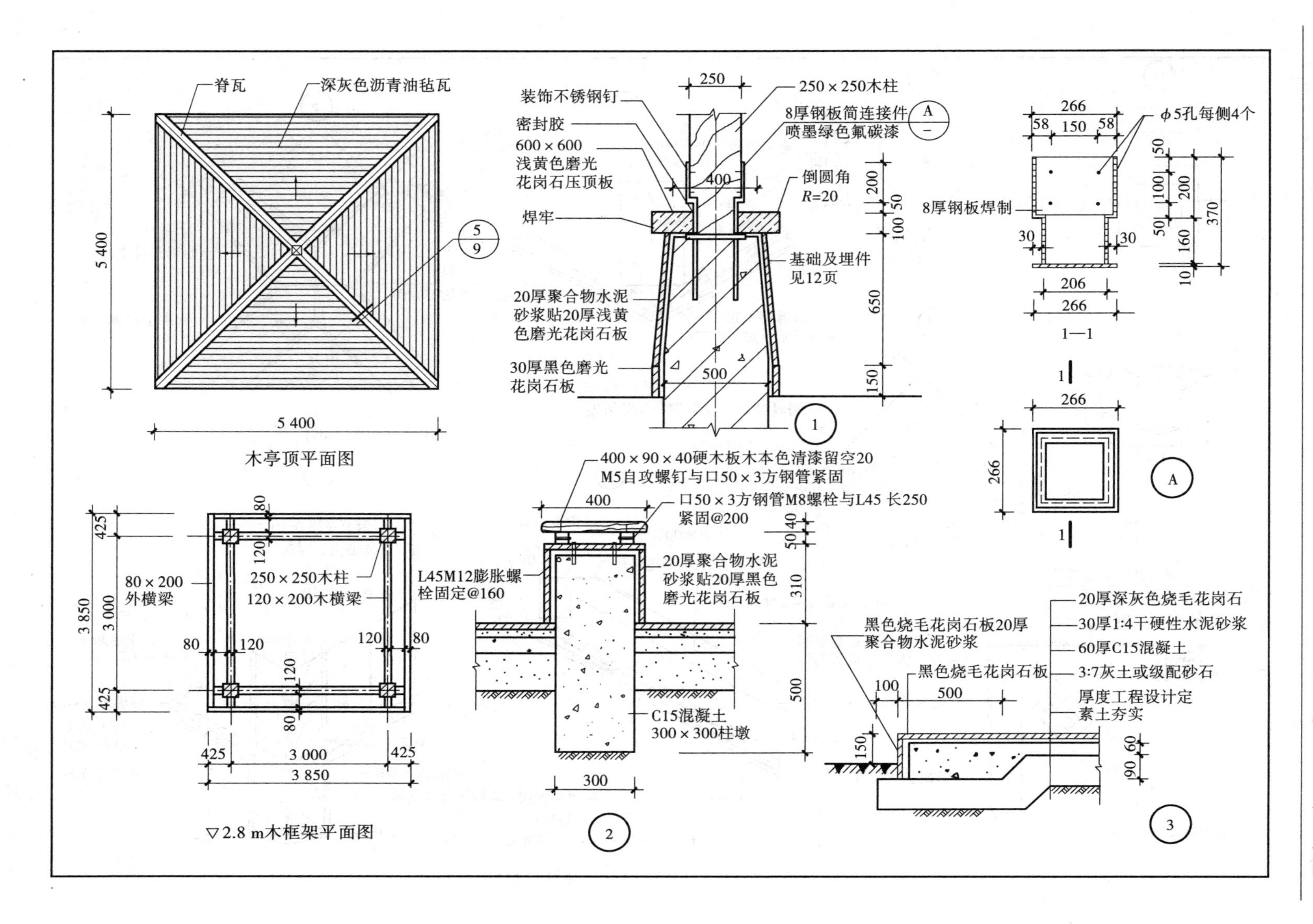

脊瓦
深灰色沥青油毡瓦
5 400
5 400
木亭顶平面图
装饰不锈钢钉
密封胶
600×600
浅黄色磨光
花岗石压顶板
焊牢
20厚聚合物水泥
砂浆贴20厚浅黄
色磨光花岗石板
30厚黑色磨光
花岗石板
250×250木柱
8厚钢板筒连接件
喷墨绿色氟碳漆
倒圆角
R=20
基础及埋件
见12页
266
φ5孔每侧4个
8厚钢板焊制
206
1—1
400×90×40硬木板木本色清漆留空20
M5自攻螺钉与口50×3方钢管紧固
口50×3方钢管M8螺栓与L45 长250
紧固@200
L45M12膨胀螺
栓固定@160
20厚聚合物水泥
砂浆贴20厚黑色
磨光花岗石板
C15混凝土
300×300柱墩
80×200
外横梁
250×250木柱
120×200木横梁
3 000
3 850
▽2.8 m木框架平面图
20厚深灰色烧毛花岗石
30厚1:4干硬性水泥砂浆
60厚C15混凝土
3:7灰土或级配砂石
厚度工程设计定
素土夯实
黑色烧毛花岗石板20厚
聚合物水泥砂浆
黑色烧毛花岗石板

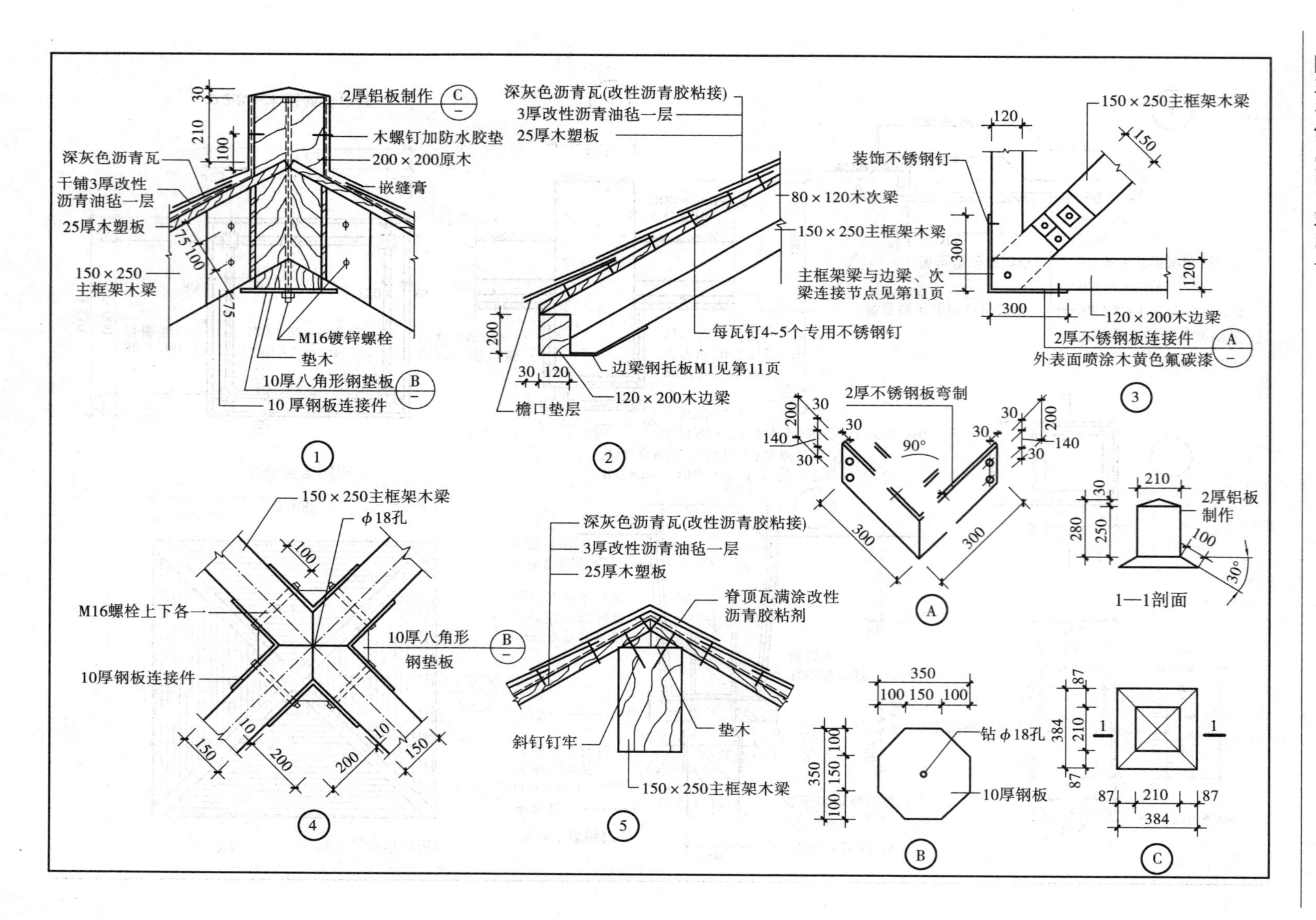
2厚铝板制作
木螺钉加防水胶垫
200×200原木
嵌缝膏
深灰色沥青瓦
干铺3厚改性
沥青油毡一层
25厚木塑板
150×250
主框架木梁
M16镀锌螺栓
垫木
10厚八角形钢垫板
10 厚钢板连接件
1
深灰色沥青瓦(改性沥青胶粘接)
3厚改性沥青油毡一层
25厚木塑板
80×120木次梁
150×250主框架木梁
每瓦钉4~5个专用不锈钢钉
边梁钢托板M1见第11页
120×200木边梁
檐口垫层
2
150×250主框架木梁
装饰不锈钢钉
主框架梁与边梁、次
梁连接节点见第11页
120×200木边梁
2厚不锈钢板连接件
外表面喷涂木黄色氟碳漆
3
2厚不锈钢板弯制
90°
A
2厚铝板
制作
1—1剖面
150×250主框架木梁
φ18孔
M16螺栓上下各一
10厚八角形
钢垫板
10厚钢板连接件
4
深灰色沥青瓦(改性沥青胶粘接)
3厚改性沥青油毡一层
25厚木塑板
脊顶瓦满涂改性
沥青胶粘剂
垫木
斜钉钉牢
150×250主框架木梁
5
钻φ18孔
10厚钢板
B
C

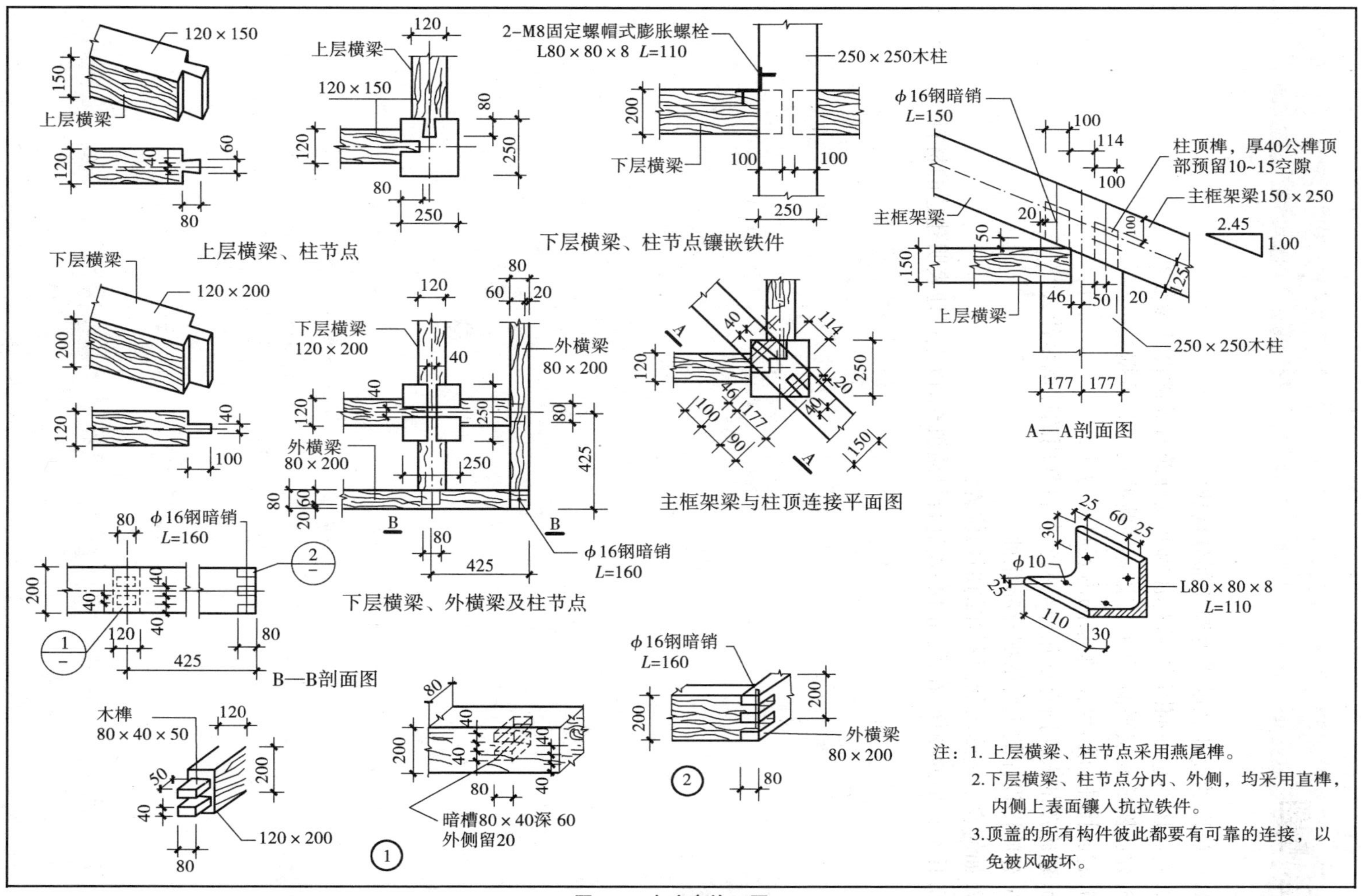
上层横梁、柱节点
下层横梁、柱节点镶嵌铁件
2-M8固定螺帽式膨胀螺栓
L80×80×8　L=110
250×250木柱
下层横梁
主框架梁与柱顶连接平面图
柱顶榫，厚40公榫顶
部预留10~15空隙
主框架梁150×250
φ16钢暗销
L=150
主框架梁
上层横梁
250×250木柱
A—A剖面图
L80×80×8
L=110
下层横梁、外横梁及柱节点
外横梁
80×200
下层横梁
120×200
φ16钢暗销
L=160
B—B剖面图
木榫
80×40×50
暗槽80×40深60
外侧留20
注：1. 上层横梁、柱节点采用燕尾榫。
2.下层横梁、柱节点分内、外侧，均采用直榫，内侧上表面镶入抗拉铁件。
3.顶盖的所有构件彼此都要有可靠的连接，以免被风破坏。

图6.11　木凉亭施工图

思考题

1. 建施图的设计总说明由哪几部分构成？
2. 建施图的总平面图中，应标注哪些与建筑有关的设计参数？
3. 建施图的底层平面图中，应该标注哪些尺寸和数据？
4. 建施图中，还应绘制配景的内容吗？为什么？
5. 建施图的大样图有哪几种类型？各自常用的比例是什么？
6. 建施图设计的主要依据有哪几种？
7. 如何表示建施图剖面所在的剖切位置？
8. 什么比例的图样，在绘图时必须进行材质填充，以直观地表明建造的材料？

7 植物景观施工图设计

本章导读

植物景观施工图设计是对植物景观方案设计的深化,是植物种植施工、工程预结算、验收和养护管理的依据。本章重点介绍了种植施工图的设计内容和图纸绘制方法,包括不同类型植物树例的平面表示方法、乔木种植图的表示方法、灌木和地被种植图的表示方法以及相应的苗木表的制作要求。此外,本章还简要列举了种植设计说明和种植详图的工程实例。

7.1 概述

植物能够为我们创造更好的生活环境,同时可以美化城市和改善生态环境。作为园林四大要素之一,植物在园林景观设计中起着很重要的作用。植物景观施工图设计是对植物景观方案设计的深化,是植物种植施工、工程预结算、验收和养护管理的依据。为能准确表达出种植设计的内容和施工要求,植物景观施工图设计应准确、严谨,图纸表达应简洁、清晰,并具有可操作性。

7.2 种植施工图设计内容和深度

种植施工图需要准确地表达出植物的种类、规格、在场地中的位置以及种植方法等信息。根据2015年版《风景园林制图规范》,种植施工图设计应包含如下内容:

①总平面图中应绘制工程坐标网格或放线尺寸,设计地形等高线,现状保留植物名称、位置,设计的所有植物的种类、位置、数量(范围),植物尺寸按实际冠幅绘制。

②在总平面图上无法表示清楚的种植应绘制种植分区图或详图。

③若种植比较复杂,可分别绘制乔木种植图和灌木种植图。

④苗木表中应包含序号、中文名称、拉丁学名、苗木详细规格、数量、特殊要求等。

根据以上设计内容,植物种植施工图主要包含以下三个部分:

①设计图纸:种植平面图,可包含乔木种植图、灌木及地被种植图。

②苗木表。

③种植设计说明和种植详图。

7.3 种植施工图绘制方法

7.3.1 种植平面图绘制

一般绘制种植平面图的底图应包含:园林各要素的平面信息,以及地下管线和构筑物的位置信息。详细的初步设计图纸还应包含设计植物的种类和位置等。

种植平面图重点交代所有植物的种类、位置、数量等信息,同时还应绘制出工程坐标网格。这两个信息可绘制在同一张图纸中绘制,表示不清时也可分别绘制植物布置平面图和植物放线图。

要在图纸中交代植物的种类,就需要用图例将不同的植物种类分开,即一种植物对应一种图例。通常,乔木和单株种植的灌木图例用圆形表示,圆的直径表示树木的冠幅,中间的圆心表示树木的种植位置,圆的边线可用不同的线型来表示出植物的一定特征;地被植物和丛植的灌木图例可用云线表示出种植的范围,再用不同的填充图例表示不同的种类。为了统计方便,在图纸中也会将常绿树和落叶树、针叶树和阔叶树、设计树和现状树等进行区分。种植平面图中的各植物图例可参照表 2.4。

通常,种植平面图只用植物图例表示出植物的种植位置,具体的种类、规格和数量统计则用植物配置表单列出来,但在一些种植平面图中也直接对植物图例进行标注,这样更便于读图。具体的标注方法是:若是单株种植的植物,先将一个主团内的同一种植物用种植点连线连接,再用引出符号标注出植物的(序号)、树种名称和连接数量;若是群植的植物,则直接在群植图例旁标出引出符号,标注该群植植物的(序号)、树种名称、数量和植物株行距。标注的方式如图 7.1 和图 7.2 所示。

图 7.1 单株种植标注方式　　图 7.2 群植标注方式

在种植设计图中,无论是在图例的表示上还是标注方式上,单株种植的乔木和群植的地被灌木的表示方法都不一样。因此,为了便于制图和统计植物表,一般会单独绘制乔木种植图和灌木地被种植图。

1)乔木种植图

乔木种植图中植物都是单棵种植,数量以“株(棵)”计算,同一种植物用种植点连线连接,不同植物用数字区分(如图 7.3 所示),也可用不同的树例区分(如图 7.4 所示)。树例的大小反映乔木冠幅的大小,树例的圆心位置即表示乔木的种植点位。

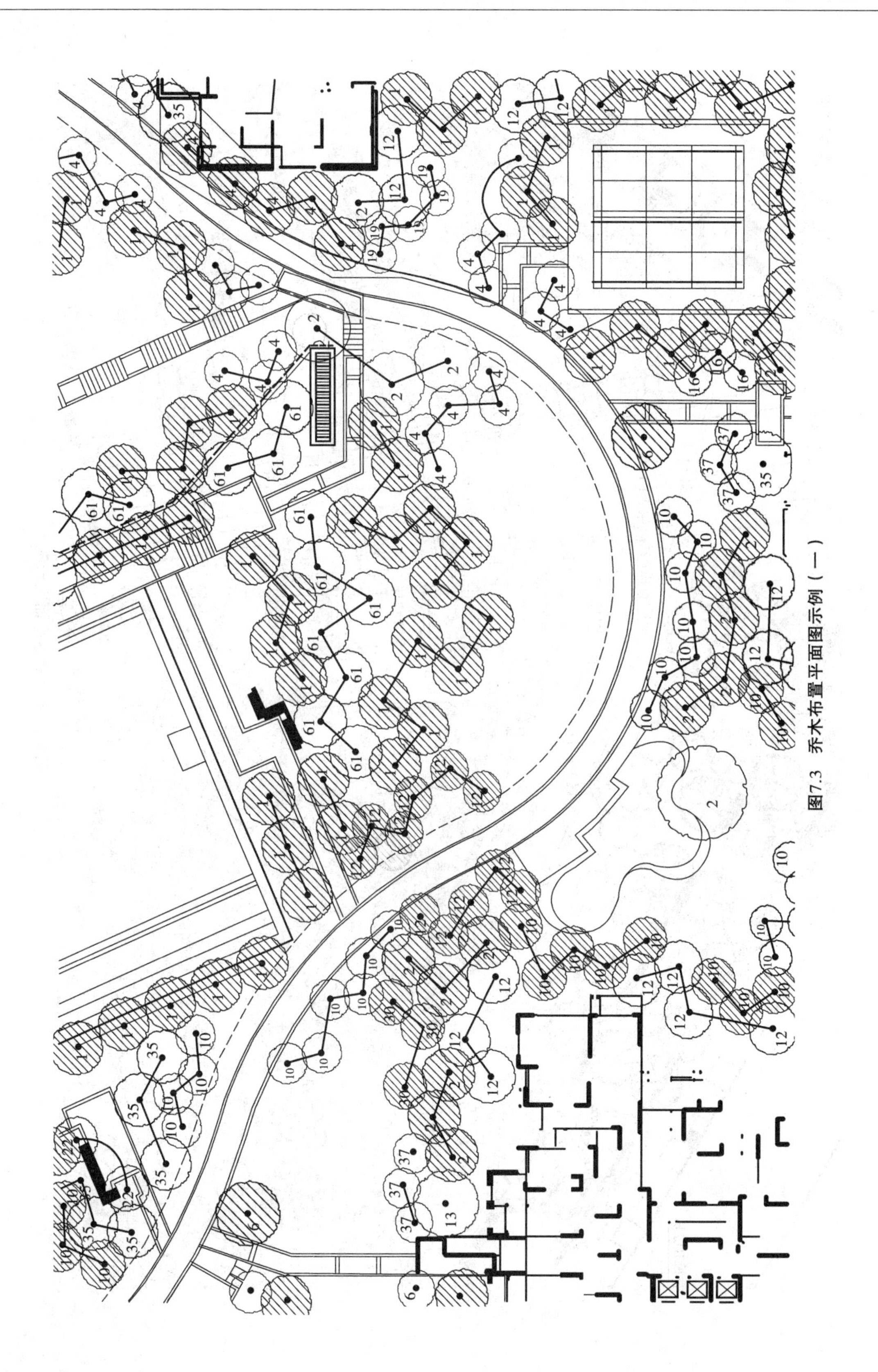

图7.3 乔木布置平面图示例（一）

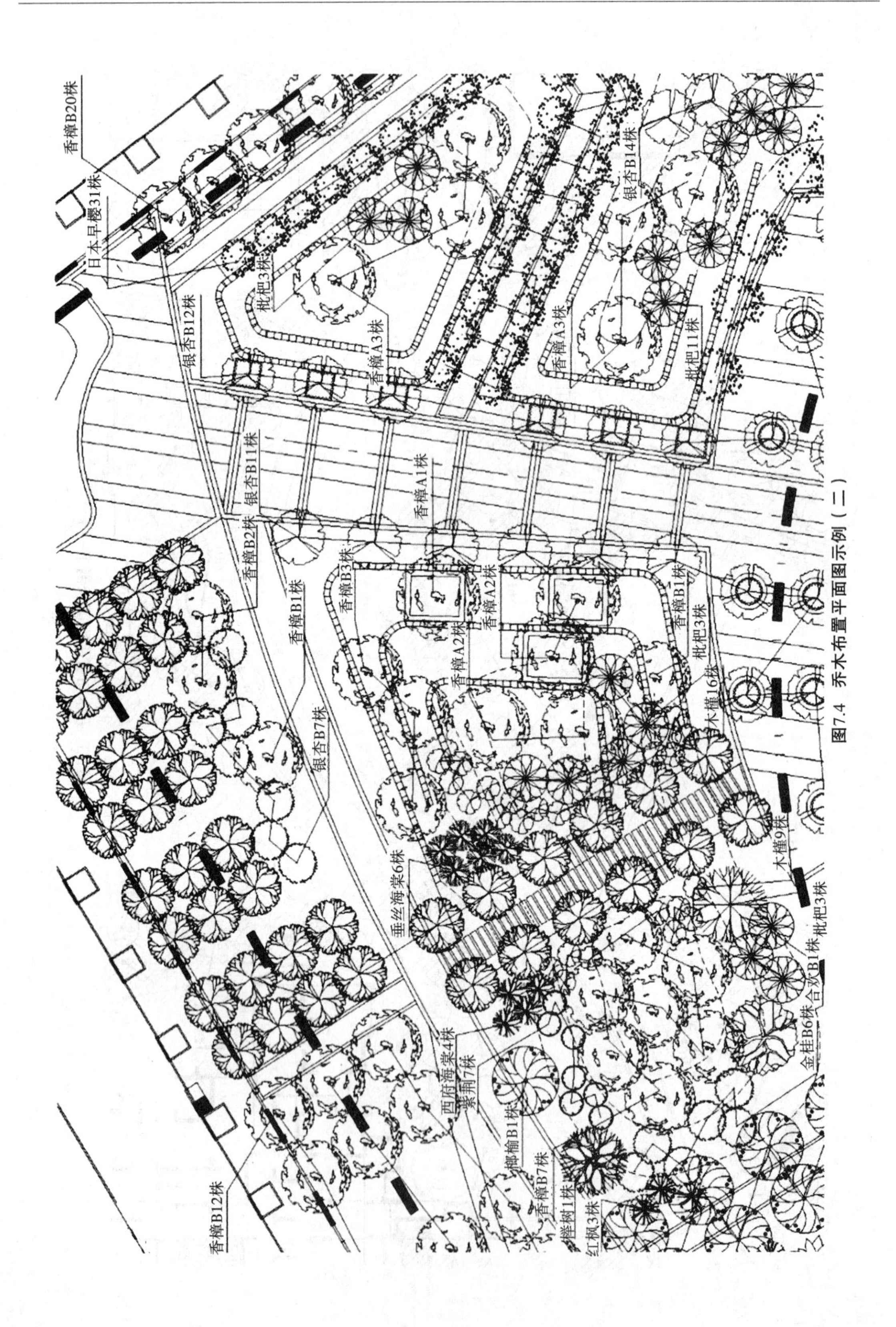

图7.4 乔木布置平面图示例（二）

图 7.3 中不同植物用数字标注的树例区分，并用斜线填充将常绿树和落叶树区分开，这样便于直观地看出常绿树和落叶树的配置比例，图面也简洁明了。此外需注意，规格不同的同一种树需要用不同的数字表示，这样便于苗木表的统计与绘制。

图 7.4 中，不同植物用不同形状的树例进行区分，并在图中对树例进行了标注，这样的绘制方法图面看起来比较复杂，但更方便读图。在该图中，不同规格的同一种植物所用树例是一样的，而是在标注中将不同规格的植物名称进行区分（例如香樟 A、香樟 B），并且树例的大小也根据规格的不同而不同。

在施工图纸中还需绘制种植图的工程坐标网格（即放线图），一般会将乔木布置图和放线图分开出图。乔木种植图中的工程坐标网格需包含放线网络线、标注和原点坐标，放线尺寸以“m”为单位，网格线通常以 1 m 或 2 m 计，如图 7.5 所示。原点坐标通常选择场地中原有的建筑角点或重要标志物为定位点，网格线的尺寸根据场地的大小而定。

2）灌木及地被种植图

灌木及地被种植图内包含灌木和地被植物，通常以群植，数量以面积计算，单位为“m^2”，有的单棵种植的灌木可绘制在乔木种植图中。灌木及地被的平面表示用云线圈出范围表示，不同的植物用填充图样区分，也可在云线范围内标注名称、数量等信息（见表 7.1）。如图 7.6 所示，图中“八宝景天 34”即表示该区域种植八宝景天 34 m^2。

灌木及地被种植图的放线图绘制与乔木相同，在此不赘述。

表 7.1 灌木及地被苗木表

序号	名称	数量	单位	规格（cm）		备注
				株高	蓬径	
1	红叶石楠	148	m^2	31～40		36 株/m^2
2	桃叶珊瑚	86	m^2	41～50		36 株/m^2
3	洒金桃叶珊瑚	309	m^2	41～50		36 株/m^2
4	八角金盘	127	m^2	61～80		16 株/m^2
5	红花继木	35	m^2	31～40		49 株/m^2
6	金边大叶黄杨	48	m^2	31～40		49 株/m^2
7	大叶黄杨	125	m^2	31～40		49 株/m^2
8	茶梅	272	m^2	31～40		36 株/m^2
9	春鹃	265	m^2	31～40		36 株/m^2
10	夏鹃	170	m^2	31～40	21～30	36 株/m^2
11	金丝桃	142	m^2	31～40		36 株/m^2
12	金丝梅	20	m^2	31～40		36 株/m^2
13	南天竺	361	m^2	41～50		36 株/m^2
14	十大功劳	36	m^2	41～50		36 株/m^2
15	园艺八仙花	118	m^2	41～50	31 以上	36 株/m^2
16	花叶蔓长春	135	m^2			49 株/m^2，藤长 40 cm 以上

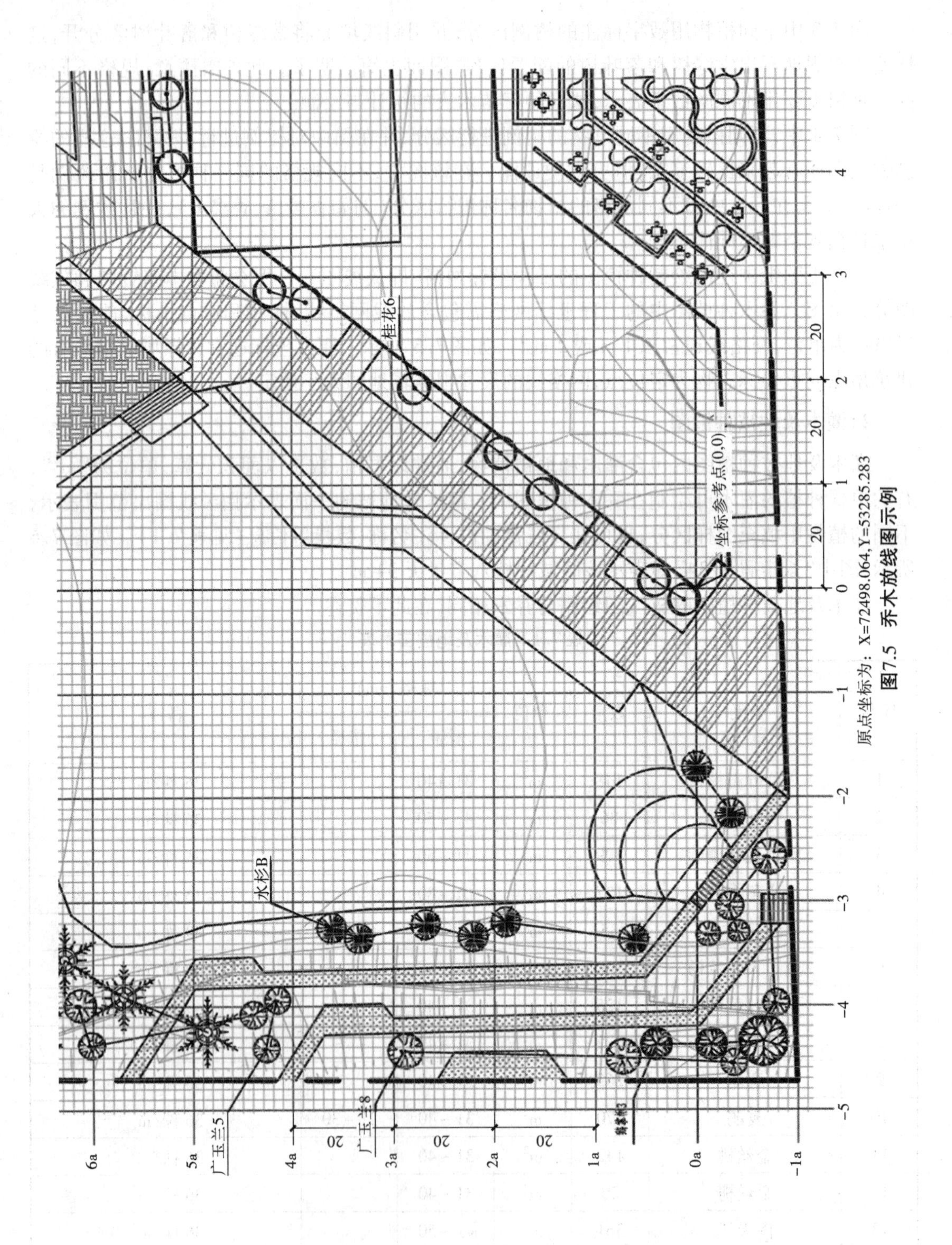

原点坐标为：X=72498.064,Y=53285.283

图7.5　乔木放线图示例

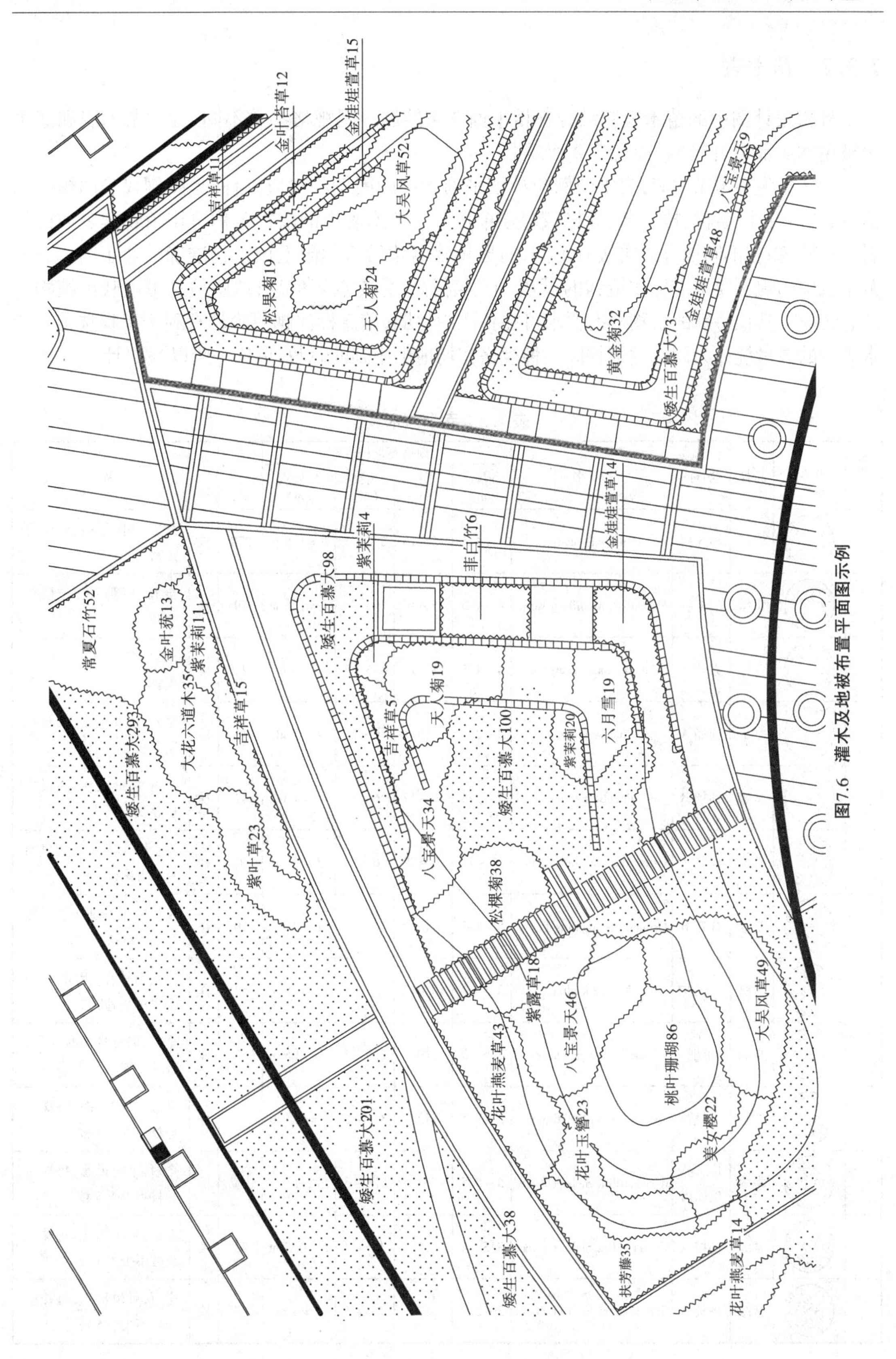

图7.6　灌木及地被布置平面图示例

7.3.2 苗木表

种植设计图中的苗木表应结合种植平面图来绘制。因规格参数不同,乔木苗木表和灌木地被苗木表需分开绘制,如表7.2所示。

图7.2为乔木苗木表,表中图例与种植平面图中的图例相对应,后面是图例代表的植物的信息,包括特性、名称、拉丁名、规格、数量、单位等。苗木表中的植物名称可用植物学名或商品名,有些植物在不同地方的叫法有不同,所以植物名称后必须附上该植物准确的拉丁名。乔木苗木表中的规格要求需标注植物的冠幅、干径、树高、分支点等信息,这些信息可反映出植物的形态特征。其他特殊的植物形态要求可在备注中注明,信息标注越明确越有利于工程选苗。苗木表中的数量统计为同一种植物同一种规格在场地中用到的总数,单位一般以"株"计。

表7.2 乔木苗木表

序号	图例	特性	名称	拉丁名	规格要求(m)				数量	单位	备注
					冠幅(m)	干径(cm)	树高(m)	分枝点(m)			
	1°	常绿	小叶榕	Ficus microcarpa	4~4.5	15~16	5~5.5	F=1.5 m	278	株	全冠,树形端正,枝叶茂密
	2°	常绿	广玉兰	Magnolia grandiflora linn.	4~4.5	15~16	6~7	F=1.5 m	89	株	全冠,树形端正,枝叶整齐
	4°	常绿	天竺桂	Cinnamomum camphora	4~4.5	13~15	4.5~5	F=2 m	71	株	全冠,树形端正,枝叶茂密
	5°	常绿	桢楠A	Phoebe nanmu	2~2.5	15	6~7	F=1 m	16	株	全冠,枝叶茂密,细枝成层叠状
	5°	常绿	桢楠B	Phoebe nanmu	2~2.5	10~12	6~7	F=1 m	42	株	全冠,枝叶茂密,细枝成层叠状
	6°	常绿	桂花A	Osmanthus fragrans Lour.	6~7	20~22	6~7	F=2 m	1	株	主景树,需施工方提供照片三方确认
	7°	常绿	桂花B	Osmanthus fragrans Lour.	5~5.5	15	5.5~6	F=2 m	10	株	主景树,需施工方提供照片三方确认
	8°	常绿	白兰花	Michelia alba	3.5~4	10~12	5~6	F=1.5 m	52	株	未截顶植株,保留3~5个主枝及适量叶片
	9°	常绿	枇杷	Eriobotrya japanica	2.5~3	10	2.5~3	F=0.5 m	65	侏	全冠,低分枝团状树冠,枝叶茂密
	10°	常绿	柑桔	Cilrus reticulata Banca	3~3.5	12	3~3.5	F=0.5 m	9	株	全冠,果树形态,每株主分枝不少于5枝
	30°	常绿	特选丛生杨梅	Myrica rubra Sieb et Zucc.	5~5.5	—	5.5~6	—	1	株	全冠,果树形态,每株主分枝不少于5枝
	33°	常绿	杨梅A	Myrica rubra Sieb et Zucc.	3.5~4	15	3.5~4	F=0.5 m	22	株	全冠,果树形态,每株主分枝不少于5枝
	35°	常绿	杨梅B	Myrica rubra Sieb et Zucc.	3~3.5	12	3~3.5	F=1 m	17	株	全冠,果树形态,每株主分枝不少于5枝

续表

序号	图例	特性	名称	拉丁名	规格要求(m)				数量	单位	备注
					冠幅(m)	干径(cm)	树高(m)	分枝点(m)			
	1°	落叶	银杏 A	Ginkgo biloba Linn.	4.5~5	23~25	8~10	F=2 m	8	株	主景树,需施工方提供照片三方确认
	1°	落叶	银杏 B	Ginkgo biloba Linn.	4~4.5	20~22	8~10	F=2 m	23	株	全冠,树形端正,枝叶整齐
	2°	落叶	黄葛树 A	Ficus virens	7~8	80~100	9~11	F=1 m	2	株	主景树,需施工方提供照片三方确认
	2°	落叶	黄葛树 B	Ficus virens	5~5.5	50	7~8	F=1.5 m	3	株	全冠,树形端正,树冠饱满
	2°	落叶	黄葛树 C	Ficus virens	5~5.5	25~30	7~8	F=1.5 m	5	株	全冠,树形端正,树冠饱满
	4°	落叶	紫玉兰	Magnolia liliflora	3~3.5	13~15	4~4.5	F=1 m	45	株	全冠,丛生低分枝笼状树形,枝叶细密
	7°	落叶	栾 树	Koelreuteria paniculata	4~4.5	18~20	7~9	F=2.5 m	50	株	全冠,保留 3~5 个主枝及适量叶片
	10°	落叶	樱花	Prunus serrulata	3~3.5	12	3~3.5	F=1 m	67	株	全冠,枝叶开展,选用成都樱花
	11°	落叶	石 榴	Punica granatum Linn.	3~3.5	12	3~3.5	F=0.5 m	10	株	全冠,低分枝笼状树形,枝叶细密
	12°	落叶	洋 槐	Robinia pseucdoacacia	4~4.5	18~20	8~10	F=3 m	50	株	全冠,保留 3~5 个主枝及适量叶片
	13°	落叶	皂荚 A	Gleditsia japonica Miq.	5~5.5	28~30	9~11	F=3 m	10	株	主景树,需施工方提供照片三方确认
	13°	落叶	皂荚 B	Gleditsia japonica Miq.	4.5~5	23~25	9~11	F=2 m	14	株	全冠,保留 3~5 个主枝及适量叶片
	16°	落叶	红叶李 A	Prunus cerasifera Ehrh.	3.5~4	13~15	3.5~4	F=0.5 m	13	株	主景树,需施工方提供照片三方确认

7.3.3 种植设计说明和种植详图

种植设计说明图包括栽植施工说明和种植详图两部分。栽植施工说明主要是对栽植施工过程中的各环节作简要文字说明,包括场地平整说明、现有植物保留及保护说明、植物选择要求、种植土要求、从运输到栽植整个过程的施工工艺说明、栽后养护说明等内容,如图 7.7 所示。种植详图一般对某一类植物的施工方法进行详细的说明,说明施工过程中挖坑、覆土、施肥、支撑等种植施工要求,如图 7.8 所示。

1. 树种选择

所用植栽尽量选择符合当地生态及气候条件之种类，所有植栽种植完成后的尺寸规格需要严格依照植栽表要求，并经业主景观设计师书面认可，对于现状植物应予以保留，需要移除的植物，需经业主和景观设计师书面认可。

2. 植物材料规格术语说明

(1)树高指修剪后梢顶至地面的高度。

(2)冠幅指树冠水平方向尺寸的平均值。

(3)树高、冠幅、尺寸均不包括徒长枝，以徒长枝剪除后量得的尺寸为准。

(4)干径指树干离地面1.2 m处的直径平均值，地径指树干离地面15 cm处的直径平均值。

3. 植物材料检验标准

植物材料使用前，无论新植、补植、换植均应经景观设计师检验认可，若有下列情形者，不得使用：

(1)不符合规格尺寸者。

(2)有显著病虫害、折枝折干、裂干、肥害、药害、老衰、老化、树皮破伤者。

(3)树型不端正、干过于弯曲、树冠过于稀疏、偏斜及畸形者。

(4)挖取后搁置过久，根部干涸、叶芽枯萎或掉落者。

(5)剪型类植物材料，其型状不显著或损坏原型者。

(6)护根土球不够大、破裂、松散不完整，或偏斜者。

(7)高压苗、插条苗，未经苗圃培养两年以上者。

(8)灌木、草花等分枝过少，枝叶不茂盛者。

(9)露地栽培花卉根系不完整、腐烂变质、幼芽不饱满者。

(10)树干上附有有害寄生植物者。

(11)针叶树类失去原有端正形态、断枝断梢者。

(12)孤赏植物应选择姿态优美、造型奇特、冠形圆整耐看的优质苗木。

4. 现有植物保留与保护

(1)对现有长势良好及有一定生长年限的植物，以原地保留为主，或经设计师确认后进行就地移植。

(2)未经设计师确认，不许在植物保留区进行挖掘、排水或其他任何破坏。

(3)在建筑等土建小品可能造成影响的情况下，应在施工前与设计师进行确认。

5. 种植前土壤处理

(1)植物生长最低种植土层厚度应符合下表规定：

园林植物种植必需的最低土层厚度：

植被类型	草本花卉	草坪地被	小灌木	竹类	大灌木	棕榈	浅根乔木	深根乔木	大树(ϕ>20 cm)
土层厚度(cm)	30	30	40	50	90	90	100	150	180

(2)种植土内不得有任何杂质如大小石砾、砖瓦等。根据原土中杂质比例的大小或用过筛的方法，或用换土的方法，确保土壤纯度。

(3)土壤盐含量大于或等于0.5%的重盐碱地和土壤重盐地区，应实施土壤改良。土壤改良工程应由有相应资质的专业施工单位施工。

(4)基肥的使用：根据土壤贫瘠的情况及当地园林施工要求使用基肥，施肥量应视土质与肥料种类而定。不论何种肥料，必须腐熟，分布要均匀，以与表面土壤混合为宜。

(5)坪床处理是建坪的重要步骤，主要包括土壤清理、翻耕、平整、改良、施肥及排灌系统等项工作。要认真清除坪床中的建筑垃圾、杂草等杂物，施入细沙或泥炭，改善土壤的通透性。根据土壤的肥力状况，播种时可适当施入磷酸二铵、复合肥、有机肥等为底肥，施用量以每平方米30～40克为宜(有机肥施入量可适当加大)。对于面积较大，土壤结构较差的坪床，建植草坪时要充分考虑到场地的排水问题。土壤条件以砂壤最适合建植草坪。如果土壤黏性重，可以用10～15 cm的砂混在表层土中，然后踩实。混砂一定要均匀，不要留下黏土团块，且一定要在土壤干燥时进行。

6. 土球挖掘标准

(1)挖掘树木，应按树木胸径的8～10倍为土球的直径，其深度视其树种根盘深浅而定。

(2)土球挖妥后，应先用草包包裹土球，再用草绳捆扎。先横扎，再斜扎，交叉密扎，按三角或四角捆扎法完成土球包装，最后以绳子绑住树干固定之后，方可挖倒树木取出，取出后进行土球部包装应以不露土为准。

(3)树木下面的直根或较粗的根应以钢锯锯之，切口整齐，不可撕裂，尤不可以用圆锹乱砍。

(4)树木倒地后，阔叶树应剪除叶片及幼枝。针叶树则不可剪。

(5)修剪枝条应以保持树姿优美为要，保留粗枝剪除不良枝条侧枝以外小枝。应使树冠易通风透光并防止病虫害发生。

7. 植物材料运输标准

(1)大乔木类运输时应预先包扎树干和树冠，以免影响成活率及树姿变形。

(2)大树应以吊车吊运，搬运时应注意枝条不可折断，土球尤不可破裂。

(3)运输时应由车身偏后顺序往前装载，树枝不可逆风而装。

(4)若在24小时内不能运达现场的，应在途中及时检查并采取保湿措施。

(5)若树冠超出车辆过长、过宽、过高者，应用显著标记标示。

8. 现场整地标准

(1)种植区整地之地形必须配合景观竖向图面所示。

(2)整地应根据现场实际情况分为粗整地及细整地，粗整地所回填的土应用不含任何垃圾的种植土，种植土质量需经过业主认可并封样，再进行细整；细整地应在乔木种植完成后灌木地被种植前进行平整，细整地的回填土应加入植物所需的有机质，有机质含量符合规范要求。

(3)整地之地形应考虑泄水坡度及土壤安息角，如为坡地其坡度应平顺完整，除图面特别标示外不可颠簸凹凸不平。

(4)整地时，应在地形低洼处设置导沟，以便导引排水，避免地面径流直接冲刷。

(5)地面的平整：为确保草坪建成后与地表平整，种草前需充分灌水1～2次，然后再次起高填低进行耕翻与平整。对种植面进行泥土细平的工作，对草坪种植地、花卉种植地、播种地应施足基肥，翻耕15～20 cm，搂平耙细，去除杂物，平整度和坡度应符合设计要求。

9. 定点、放线

(1)定点放线应符合设计图纸要求，位置要准确，标记要明显。定点放线后应由设计或有关人员验点，合格后方可施工。

(2)自然式种植，定点放线应按设计意图保持自然，自然式树丛用白灰线标明范围，其位置和形状应符合设计要求。树丛中应钉一木桩，标明所种的树种、数量、树穴规格。

(3)明确放样区内所有地下管网所在位置，乔木定位若与地下管网发生重大冲突(位移2 m以上)应于施工前获取景观设计师书面认可。

10. 种植穴开挖标准

(1)植穴位置必须综合考虑植栽平面图及地下管网、地上土木建筑物平面配置，最终定位可以酌予调整株距，若考虑到将来树冠、根系的发展，可以稍作移位。

(2)植穴大小宽度，应按土球四周扩大20～30 cm宽度的标准开挖，以便回填种植改良土，余土除土质优良者剩余不可回填。

(3)植穴回填种植土应做土壤改良，增加土壤肥力及有机质含量，改良土应加入草炭土15～20 kg和有机肥5～10 kg/m^3(参考值)。

(4)客土和规定回填植穴内的种植土，应检除石砾、水泥块、砖块及其他有害杂质才可以使用，加入的有机腐植土应符合种植规范。

(5)大乔木的植穴深度应为：头球高度加穴底层种植土再加滤水层厚度(见树穴在排水示意图)。

(6)灌木、地被的植穴深度为：土球高度加底层20～300 cm厚种植改良土。

(7)草坪种植为整形后绿地覆中砂10 cm厚，利于草地平整及排水。

11. 种植开堰

种植后应在树木四周筑成高15～20 cm的灌水土堰，土堰内边应略大于树穴、槽10 cm左右筑堰应用细土筑实，不得漏水。

12. 非种植季节种植，应采取以下措施

(1)苗木应提前采取修枝、断根或用容器假植，带土球栽植。

(2)移植的落叶树必须采取强修剪和摘叶措施，但需保持树形型。

(3)选择当日气温较低时或小阴雨天进行移植，一般可在下午五点以后移植。

(4)掘苗时根部可喷布促进生根激素，栽植时可施加保水剂，栽植后树体可注射营养液。

(5)各工序必须紧凑，尽量缩短暴露时间，随掘、随运、随栽、随浇水。

(6)夏季移植后可采取搭凉棚、喷雾、降温等措施。

(7)干旱地区和干旱季节，树木栽植应可推广抗蒸腾剂、防腐促根、免修剪、营养液滴注等新技术，采用土球苗，加强水分管理等措施。

13. 植物栽植标准

(1)树木栽植应根据树木品种的习性和当地气候条件选择最适宜的栽植期进行栽植。

(2)种植的苗木品种、规格、位置、树种搭配应严格按设计施工。

(3)应配合植栽图面所示，先栽植较大型主体树木，而后配置小乔木及灌木类。

(4)种植时应将苗木的枝叶丰满面或主要观赏面朝主要观赏面调整。

(5)除特殊景观树外，种植苗木的本身应保持与地面垂直，不得倾斜。

(6)种植规则式要横平竖直，树木应在一条直线上，不得相差半树干，遇有树弯时方向应一致，行道树一般顺路与路平行。树木高矮，相邻两株不得相差超过50 cm。

(7)种植苗木深浅应适合。一般乔灌木应与原土痕持平。个别快长、易成活的树种可较原土痕栽深5～10 cm，常绿树栽时土球应与地面平或略高于地面5 cm。

(8)种植时植穴底部应先置松土20～30 cm厚，回填土因使用改良土后的种植土，四周土壤应分层回填夯实，也可灌水充分夯实，夯实时应注意避免伤及根系及护根土球，然后表面再置一层松土，以利吸收水分空气。

(9)乔木种植场地原土壤如遇粘土或渗水性差的土壤时，树穴内需做排水管，防止苗木树穴积水，影响树木生产及成活(做法见附图)。

(10)绿篱及色块栽植时，株行距、苗木高度、冠幅大小应均匀搭配，株形丰满的一面朝外。

(11)坡地栽植，应注意雨水排除方向，以避免冲失根部土壤。

(12)图纸上四季草花区域，根据需要摆放四季草花盆栽，一年更换不低于四次。

14. 乔木及竹类支撑规格标准

(1)根据立地条件和树木规格进行三角支撑、四柱支撑、联排支撑及软牵引。

(2)支柱宜于定植时同时设立，植妥后再加打桩，以期固定。

(3)支撑高度应在树体1/2～2/3处，水平撑材长应60 cm以上，末径应在5 cm以上。

(4)粗头削尖打入土中，以期牢固，打入土中深度应在50 cm以上，并应在挖掘30 cm后以木槌槌。

(5)支柱应为新品，有腐蛀折痕弯曲及过分裂劈者不得使用。

(6)支柱与水平撑材间应用铁钉固定，后用铁丝捆牢。

(7)支柱贴树干部位加衬垫后用细麻绳或细棕绳紧固并打结，以免动摇。

(8)竹类支撑材料要求：ϕ4小竹竿支架，支撑高度应为株高1/2～1/3处。

15. 屋项种植注意要点

(1)减轻建筑物的负荷，选用木屑、蛭石、砻糠灰等掺入土，既可减重量，以有利于土壤疏松透气，促使根系生长，增加吸水肥的能力。同时土层厚度控制在最低限度，一般草皮及草本花卉，栽培土深15 cm；灌木土深45 cm；小乔木土深80 cm。

(2)将花池、种植槽、花盆等重物设置在承重墙或柱上。

(3)排水畅通，勿使水聚积屋面。花池及花盆浇灌、雨淋后，多余的水份要能及时排尽。灌溉设备也要方便，最好能有喷淋装置，以增加空气湿度。屋顶强风大，空气干燥，经常喷雾有利植物生长。

(4)屋项风大，宜设风障保护，夏季适当遮荫。

(5)乔木种植位置距离女儿墙应大于2.5 m。

16. 苗木修剪造型

(1)整形绿篱，色块，规格大小应一致，修剪整形的观赏面为圆滑曲线弧形，并在种植后按设计高度整形修剪。

(2)分层种植的灌木花带，边缘轮廓线上种植密度不小于规定密度，平面线性流畅，外缘成弧形，高低层次分明。

(3)细茎针茅及芒草类植物冬天不进行修剪，来年发新芽的时候再进行修剪。

17. 草坪种植

(1)交播草坪在草皮种植后的春季或秋季当土壤温度高于15～16度时播种。播种量需符合规范要求。

(2)播种前应对种子进行消毒，杀菌。

(3)播种时先浇水浸地，保持土壤湿润，将表层土楼细耙平，如无特殊地形要求，坡度应达到0.3%～0.5%。

(4)用等量沙土与种子拌匀进行撒播，播种后应均匀覆细土0.3～0.5 cm并轻压。

(5)铺植草块，大小厚度需均匀，缝隙严密，草块与表层基质结合紧密。

(6)成坪后草坪层的覆盖厚度均匀，草坪颜色无明显差异，无明显裸露斑块，无明显杂草和病虫害症状。

(7)草卷、草块铺设后应浇水，绿地归整找平，不得有低洼处。

图7.7 栽植施工说明

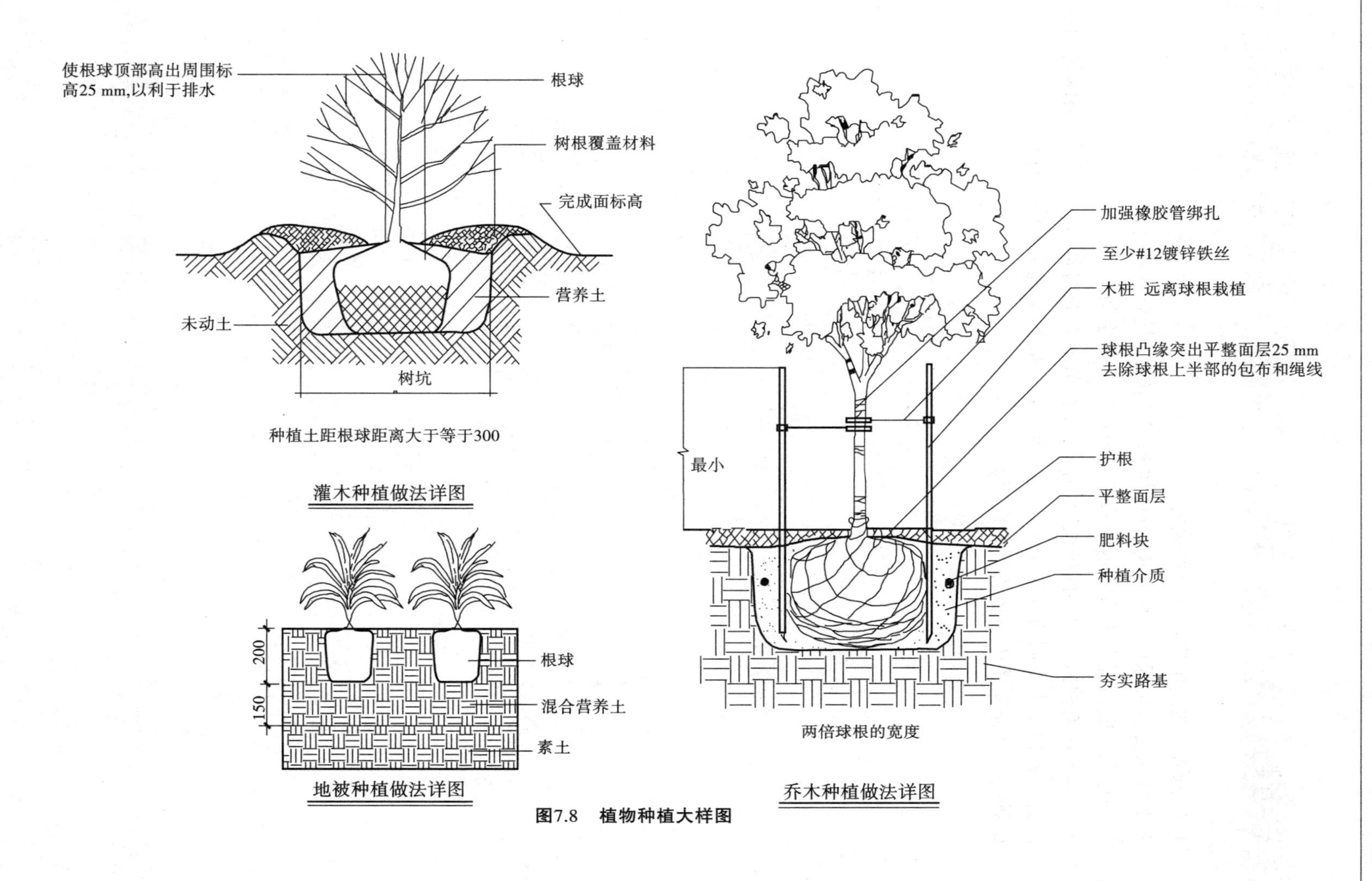
使根球顶部高出周围标
高25 mm,以利于排水
根球
树根覆盖材料
完成面标高
营养土
未动土
树坑
种植土距根球距离大于等于300
灌木种植做法详图
200
150
根球
混合营养土
素土
地被种植做法详图
加强橡胶管绑扎
至少#12镀锌铁丝
木桩　远离球根栽植
球根凸缘突出平整面层25 mm
去除球根上半部的包布和绳线
最小
护根
平整面层
肥料块
种植介质
夯实路基
两倍球根的宽度
乔木种植做法详图

图7.8　植物种植大样图

思考题

1. 种植施工图纸中应包含哪些内容?
2. 为什么要将常绿树和落叶树、针叶树和阔叶树的树例进行区分?
3. 为什么一般情况下要将乔木层和灌木地被层分开绘制?
4. 灌木和地被种植图中不同种类应如何标注? 苗木表的内容和乔木苗木表有哪些不同?
5. 乔木种植图中不同树种应如何标注? 苗木表中应至少包含哪些信息?
6. 种植设计说明图中应包含哪些内容?

园林景观专业与其他专业的配合

本章导读

景观施工图都是由许多专业设计师共同完成的,本章着重介绍在设计过程中,各个专业相互配合并在施工图中如何关联的问题,即在施工图中如何避免设计内容漏项的措施及其在图纸中的表达。一些简单的本来应由其他工程师设计的图,园林设计师也可设计,本章介绍了一些案例讲述这一类问题,例如提到一些简单的艺术品,景观工程师也可设计并出图,可依据本章介绍的一些方法。

8.1 概述

园林景观工程的设计与施工,是由众多专业和工种的人员共同完成的,这一类工程中的园林设计师往往承担总设计师的任务,对工程的适用性、艺术性、文化性、时代性、环境性、技术性和经济性的优劣全面负责。

因此,园林设计师应该对本专业的定性和定量设计的工作都很娴熟,对相关专业能做到定性的了解,比如对水电设备、建筑结构类型等,能够进行恰当的选型和选材,而定量的工作则交给相关专业的专家去做,比如计算分析和专业设计。

例如某音乐喷泉及水池的设计(如图8.1所示),园林设计就要与给排水、电气照明、结构工程师、音响工程师、人造喷泉厂家的工程师乃至艺术家相互配合。园林设计师需要对相关知识有所了解,才能主持好设计配合,并同时做好自己的设计。

图 8.1　音乐喷泉水池

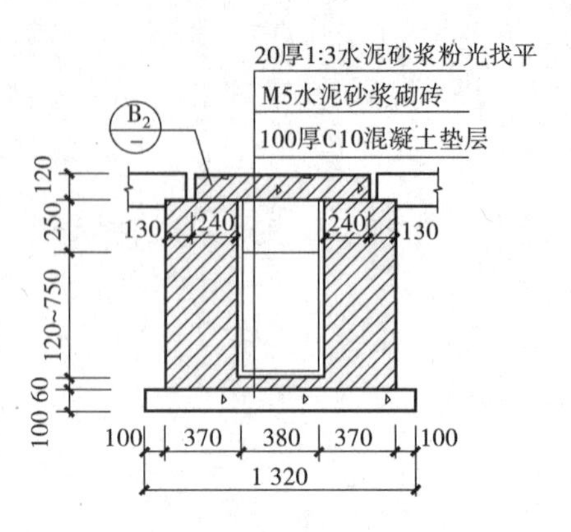

图 8.2　排水暗沟

8.2　与给排水工种合作

借助于沟渠将地表径流排入水体和水系的系统，一般由园林设计师设计，如图 8.2 所示的排水暗沟设计。经由管网供水、排水和排污的设计，由给排水工程师负责。两个或更多专业的设计师有时会共同设计一个项目，例如大型人造水池的设计。此时，园林设计师负责构造设计，给排水工程师负责所有管网设计，电气工程师负责电路设计，结构工程师负责水池结构（如池底及池壁）设计。园林设计师应在自己的设计图中，标明由其他专业设计的内容，如图 8.3 所示。

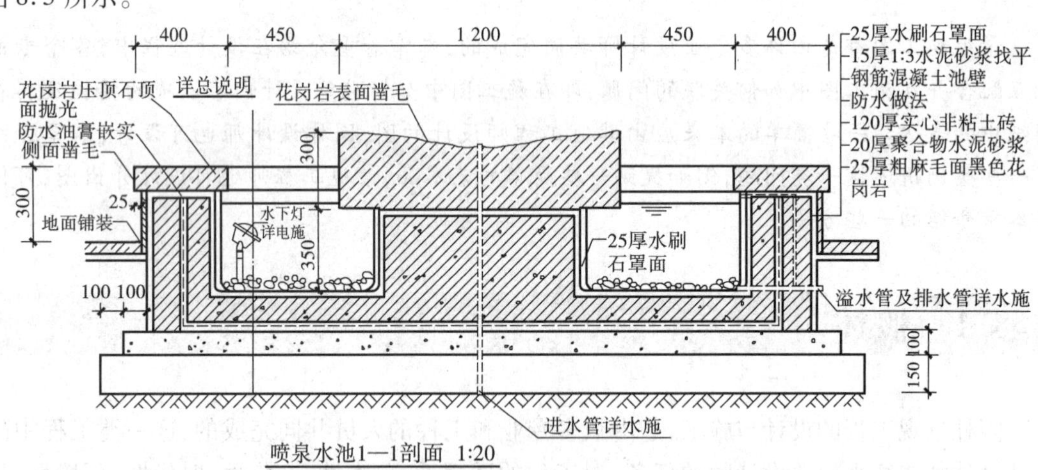

图 8.3　音乐喷泉水池的施工图

园林设计师与给排水工程师在以下一些项目中进行设计合作，并应在设计图中有所反映：

①场地排水，由园林设计师绘制沟渠部分相关土建图，由给排水工程师绘制管网图等。

②建筑物的给排水，由园林设计师绘制相关土建图，由给排水工程师绘制管网图等。

③水景设计，由园林设计师绘制相关土建图，由给排水工程师绘制管网图等。

④卫生间、公厕的排污设计，由园林设计师绘制相关土建图，由给排水工程师绘制管网

图等。

⑤项目的循环水系统，由园林设计师绘制相关土建图，由给排水工程师绘制管网图等。

⑥植物灌溉系统，由园林设计师对喷灌头进行定位，由给排水工程师绘制管网图等。

⑦公共场所的人造喷泉、涌泉设计，由园林设计师设计并定位，由给排水工程师绘制管网图等。

8.3　与电气照明工种合作

场地的普通照明由电气照明工程师负责灯具选型，以保证场地的照度能够达到国家标准要求，而园林设计师主要考虑艺术照明效果。因此，用于艺术效果照明的灯具或光源，应由园林设计师进行选型和定位，并以图纸的方式将意图传达给电气照明工程师，并共同完成设计，如图 8.4 所示。

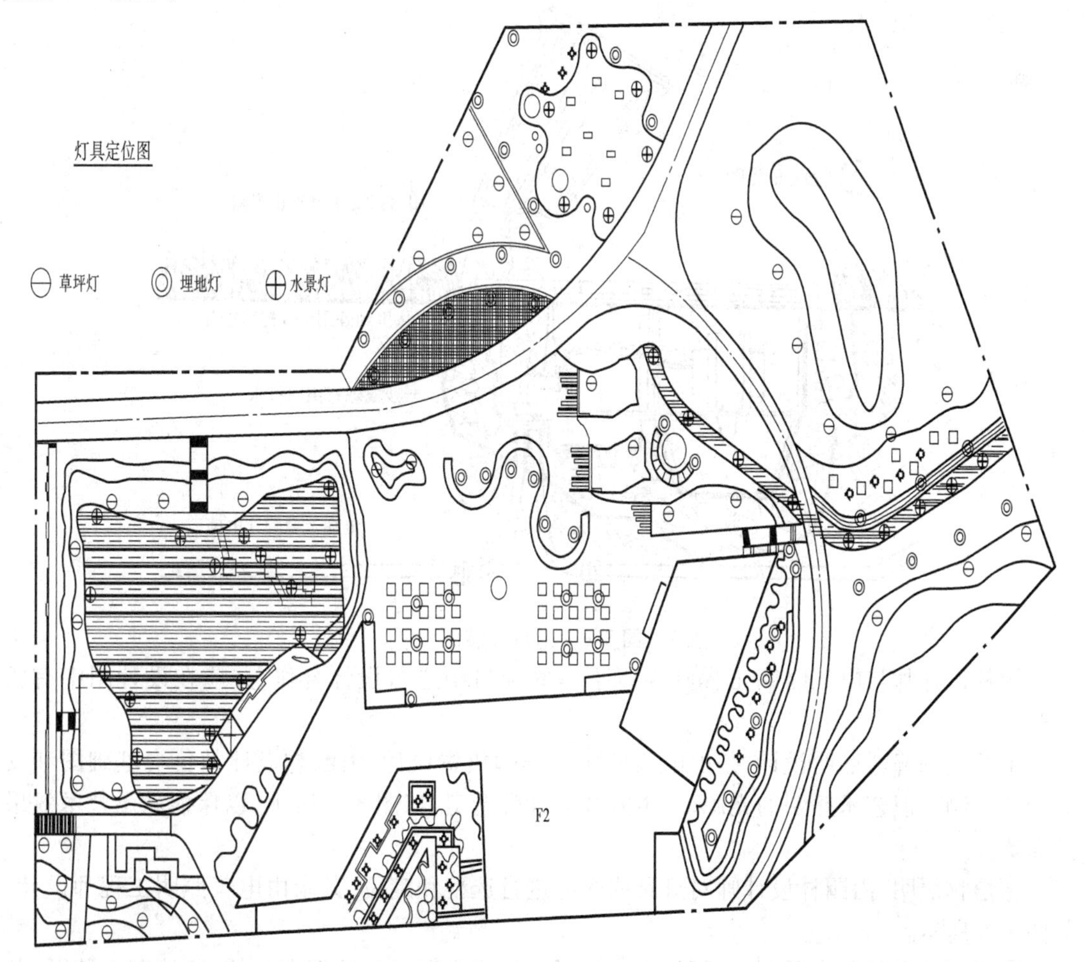

图 8.4　灯具定位图

各种灯具的小型基础图和安装图一般由园林设计师设计并绘图，电气工程师决定电线和套管等选型和安装要求。两个专业的设计师都应在图纸中标明由其他工程师设计的内容，以利于设计配合，如图 8.5 和图 8.6 所示。

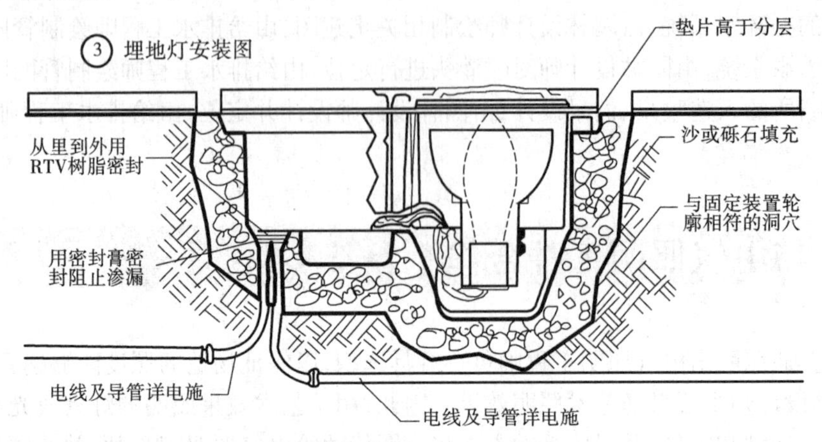

图 8.5 埋地灯安装图

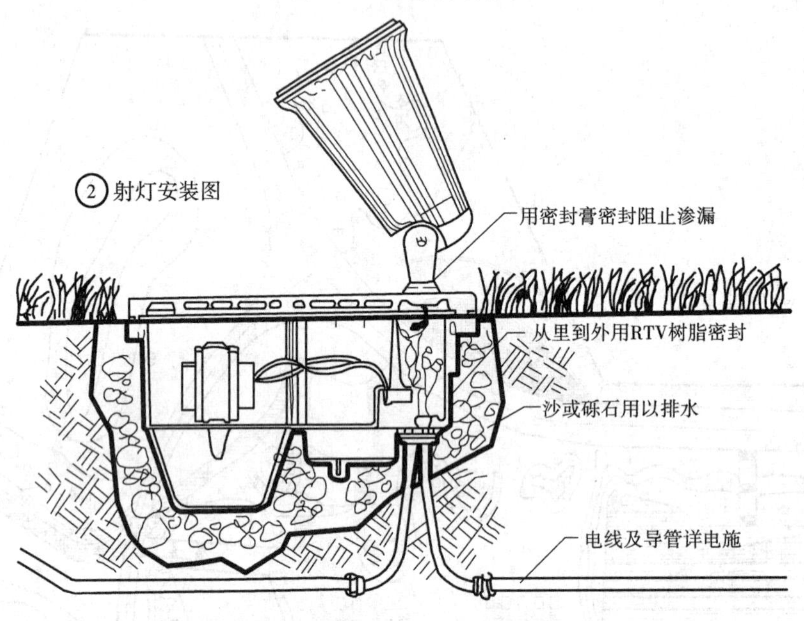

图 8.6 射灯安装图

园林设计师与电气照明工程师在以下一些项目中进行设计合作，并应在设计图中有所反映：

①场地的普通照明设计，是由电气照明工程师负责设计，由园林设计师负责基础图和安装图的绘制。但艺术照明的光源，应由园林设计师选定，如图 8.7 所示，以保证满足艺术效果的需要。

②植物照明，由园林设计师对灯具或光源进行选型和定位，其余由电气照明工程师设计，如图 8.8 所示。

③景观节点的艺术照明，由园林设计师对灯具或光源进行选型和定位，并绘制安装图，其余由电气照明工程师设计，如图 8.9 和图 8.10 所示。

④各种造型的艺术照明，由园林设计师对灯具或光源进行选型和定位，并绘制安装图，其

余由电气照明工程师设计。

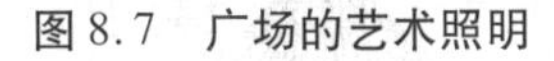
图 8.7　广场的艺术照明

图 8.8　植物的艺术照明

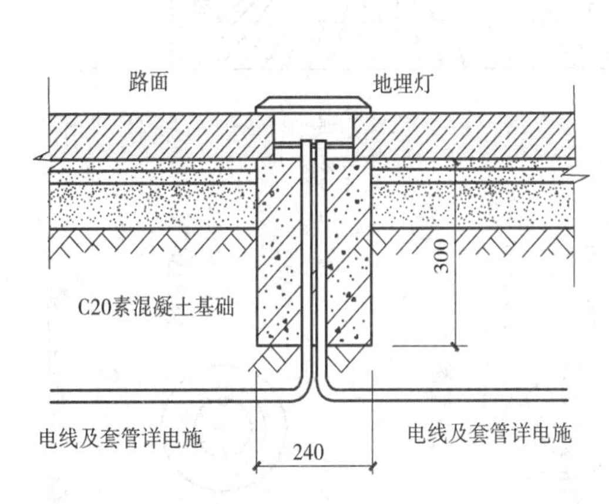

图 8.9　广场埋地灯安装图

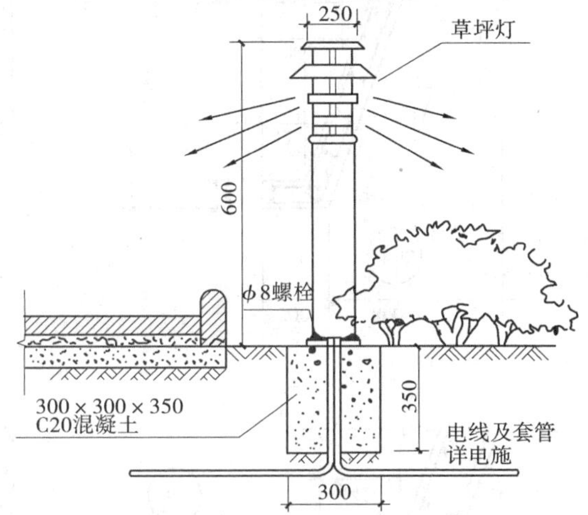

图 8.10　草坪灯安装图

⑤园林建筑物内部照明，由园林设计师设计土建的构造部分，其余由电气照明工程师设计。

⑥水景内部的照明，由园林设计师对灯具或光源进行选型和定位，并绘制安装图，其余由电气照明工程师设计。

⑦灯具基础设计及灯具安装，由园林设计师绘制设计图。

⑧其他特殊照明，由园林设计师对灯具或光源进行选型和定位，并绘制安装图，其余由电气照明工程师设计。

8.4　与结构工程师合作

园林景观工程设计还要和结构工程师合作，因设计不当会威胁到人的生命财产安全的各种结构体系和构筑物等，归结构工程师设计。例如大型的挡土墙或护坡、亭子等各种园林建筑、稍大的桥梁等，一般由园林设计师或建筑师负责施工图阶段的构造部分的设计，由结构工程师负责主体结构设计。园林设计师应在图中注明由什么工种设计，以分清责任。

结构工程师负责的图纸主要有基础图、钢筋混凝土结构的模板图和配筋图等，如图 8.11

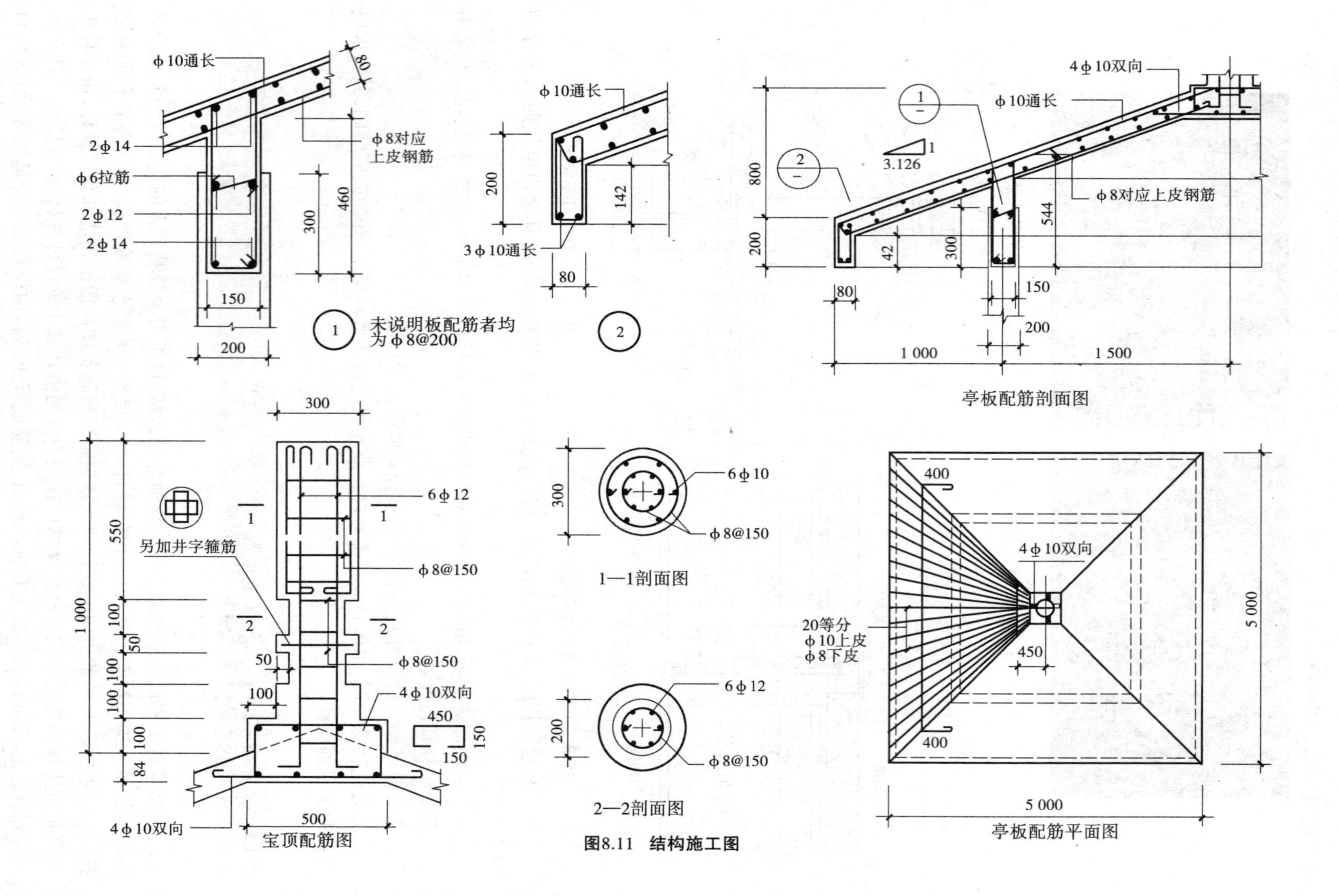

φ10通长
80
2φ14
φ8对应
上皮钢筋
φ6拉筋
2φ12
2φ14
300
460
150
200
未说明板配筋者均
为φ8@200
φ10通长
200
142
3φ10通长
80
4φ10双向
φ10通长
3.126
1
800
200
φ8对应上皮钢筋
544
42
300
80
150
200
1 000
1 500
亭板配筋剖面图
300
6φ12
另加井字箍筋
φ8@150
550
1 000
100
50
100
100
100
84
50
100
φ8@150
4φ10双向
450
150
150
500
4φ10双向
宝顶配筋图
300
6φ10
φ8@150
1—1剖面图
200
6φ12
φ8@150
2—2剖面图
400
4φ10双向
20等分
φ10上皮
φ8下皮
450
400
5 000
5 000
亭板配筋平面图

图8.11　结构施工图

所示。较小的墙体和挡土墙,可由园林设计师负责,如花池、高度不过 1.2 m 的挡土墙、普通的围墙和景墙等,如图 8.12 所示。一些小型构件的模板图和配筋图,小型的基础图(例如灯具安装基础)等,也由园林设计师负责设计和绘制,例如灯具安装基础及钢筋混凝土水沟盖板等,如图 8.13 所示。

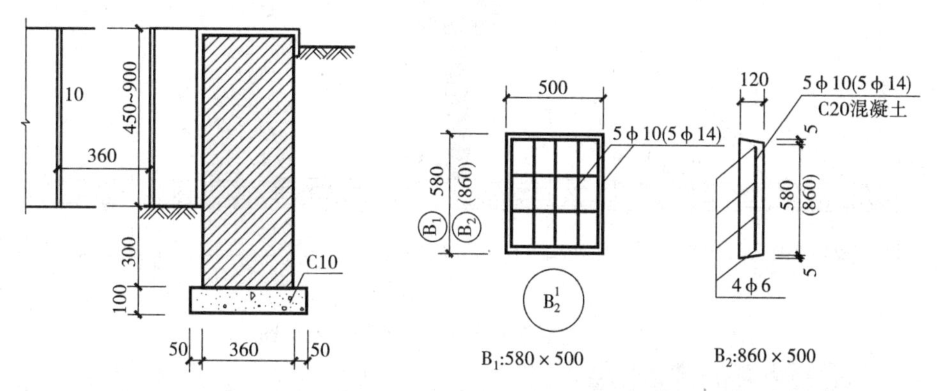

图 8.12 **花池剖面大样**

图 8.13 **水沟盖板模板图及配筋图**

园林设计师与结构工程师(或岩土工程师)在以下一些项目中进行设计合作:

①大型建筑物和构筑物,园林设计师负责造型设计和构造部分(装修部分)设计,结构工程师负责基础及主体结构,如建筑、小桥、栈道、游艇码头和景墙等。

②大型假山,内部结构由结构工程师负责设计。假山的造型与定位,以及外部构造及装修,由园林设计师负责造型设计。

③较大的挡土墙和护坡,由园林设计师定位并绘制于总平面中,其余由结构工程师(或岩土工程师)设计。

④大型水池,如游泳池、水池结构(池底和池壁等)由结构工程师设计,表面装修以及其他配套的小型构件,则由园林设计师负责设计和绘图。

8.5 与艺术家合作

有的艺术品需由艺术家与园林设计师共同配合,共同完成,例如一些雕塑、假山等。图 8.14为某城市广场的一个景观节点,就是先由雕塑家创作出作品样稿及草图,其中的人物雕塑由工厂按照样稿制作安装,而塑石则由园林设计师和结构工程师合作设计并绘制成施工图,然后交付施工单位制作完成。图 8.15 为最后的效果。

较为简单的艺术品和工艺品,可由园林设计师创作和设计样稿,交由工厂或工匠加工完成,例如石刻、木刻、砖雕和金属剪纸雕塑等。工厂或工匠通常是将样稿按照 1∶1 比例打印好以后,贴附于石材、木材或金属材料之上,由工匠去做雕刻、切割和焊接等加工,但其安装方式则由园林设计师设计和绘图,如图 8.16、图 8.17 所示。

园林设计师与艺术家主要在以下一些项目中进行设计合作,并在设计图中有所反映:

①艺术品、工艺品或景观小品在场地中的位置定位,由园林设计师设计并绘图。

②艺术品、工艺品或景观小品在设计图中的表现,由相关人员设计创作,园林设计师绘图。

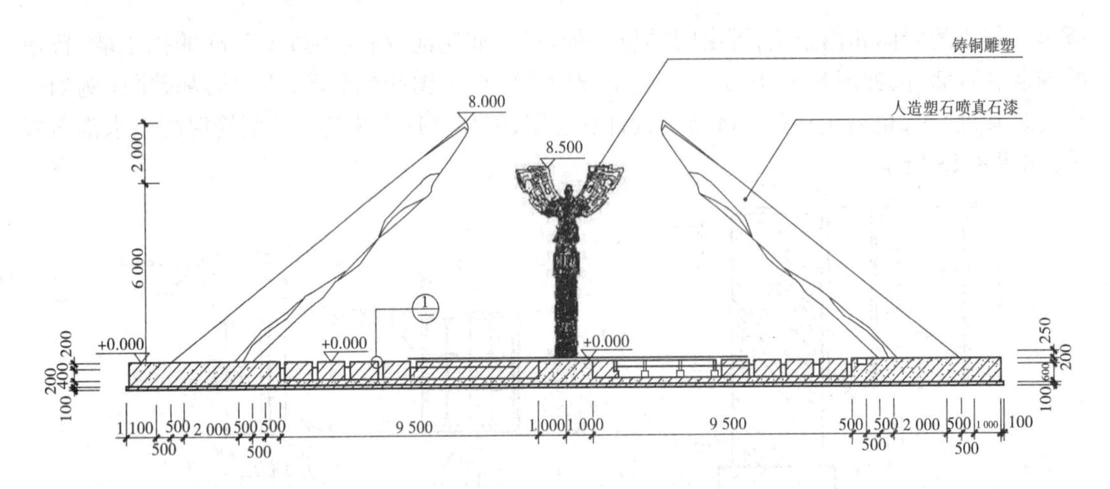

图 8.14　含雕塑和塑石的景观节点剖面图

图 8.15　含雕塑和塑石的景观节点建成后的效果

图 8.16　砖雕

图 8.17　剪纸雕塑

③艺术品、工艺品或景观小品的制作与建造的表达，由相关人员设计创作，园林设计师绘图。

④艺术品、工艺品或景观小品(成品)的安装设计，由园林设计师设计和绘图。

⑤相关设计图及表现图，由园林设计师绘图。

8.6　与弱电工种合作

1）广播系统

公园及城市广场等处，大多都需设置背景音乐、强制广播、集会扩音等音响系统（图8.18），通常由园林设计师与音响工程师协商，由音响工程师选择音响系统、成套设备及型号、安装方式等，由园林设计师绘制相关定位图、安装图、设备安装土建图等。其中，有的设施因其艺术性要求较高（例如花园音箱的保护装饰罩等），应由园林设计师负责款式的选择，而音响工程师负责置于内部的音箱（扬声器）等设备的型号和安装。

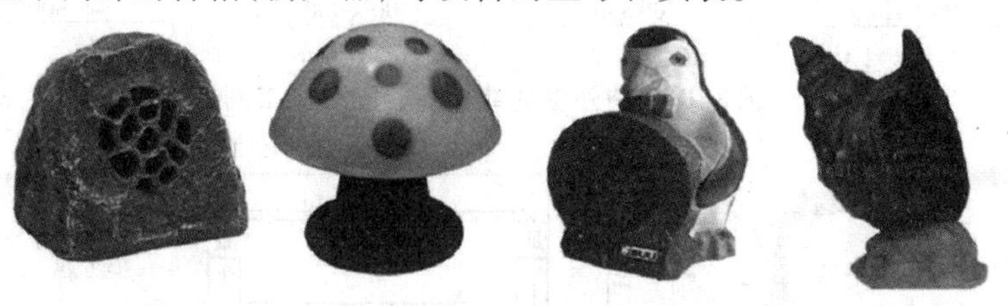

图8.18　花园音箱的保护装饰罩

2）闭路电视和闭路监视系统

一般由专业人员提供全套设备选型，园林设计师参与定位设计（例如小型基础施工图），以及设计安装的土建部分。

8.7　与娱乐及健身设施安装工种合作

娱乐和健身设施是城市公园、广场和居住小区环境中很受人们欢迎的部分，它们可作为全民户外健身的载体，增进使用者彼此之间的交流。在园林景观工程中，娱乐和健身设施是由设计师或业主选型确定后，由专业厂家制作的。园林设计师负责绘制安装施工图，然后交付施工单位（或生产厂家）来安装完成。例如，户外多功能训练器和户外俯卧撑器材及安装图如图8.19、图8.20所示。

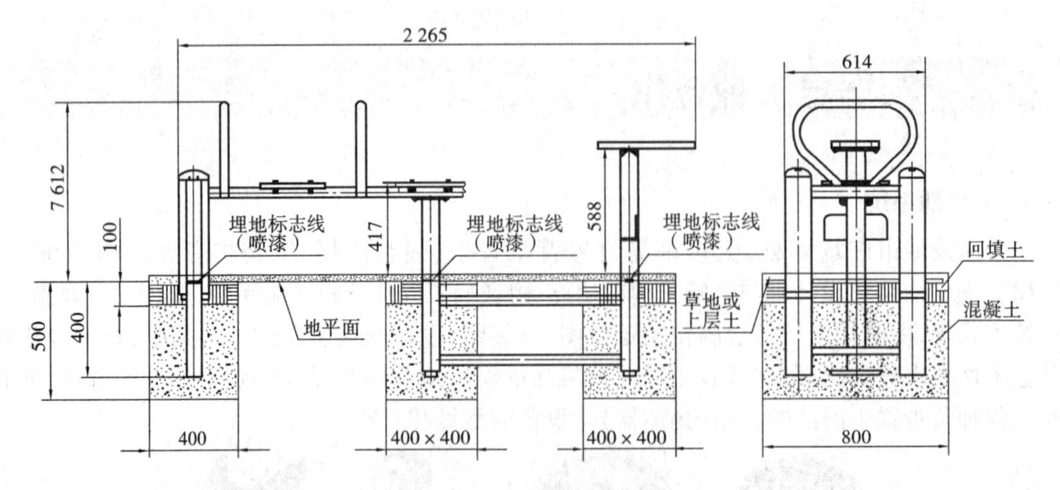

图 8.19　户外多功能训练器安装施工图

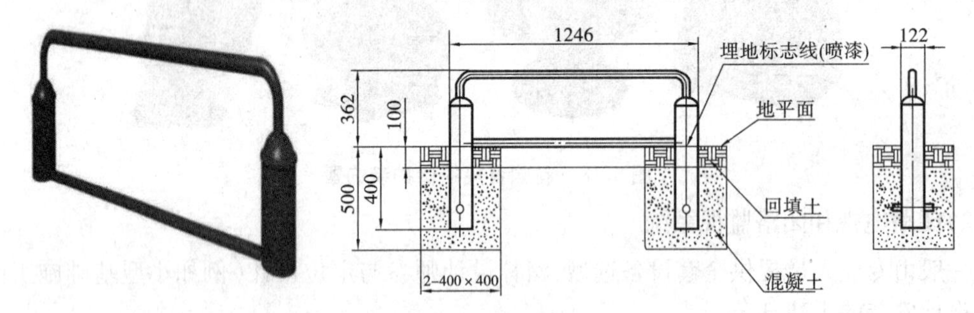

图 8.20　户外俯卧撑器材及安装图

思考题

1. 如果一个施工图的图样，涉及水电等专业共同设计，园林设计师可采用什么方法来与其他设计师配合？

2. 如果一些建造和安装的内容是选用成品，无须设计出图，在设计文件中应如何表述？

3. 假山可以用哪些材料来塑形？

4. 小型灯具安装的基础图，一般由什么专业出图较好？

5. 一个钢筋混凝土构件（例如水沟盖板），应该绘制哪些图？

6. 场地的排水系统的设计中，园林设计师与给排水设计师一般是如何合作与分工的？

7. 艺术照明设计中一般需要园林设计师做哪些工作？绘制什么图？

8. 园林设计师可以创作小型浮雕吗？如果可以，通常要做些什么，最后才能变成作品？

9

案例分析

本章导读

通过本章的学习，熟悉园林景观施工图设计涵盖的图纸内容，熟悉硬景施工图绘制内容，熟悉软景施工图绘制内容，了解水电施工图绘制内容。

9.1　案例概况

某住宅小区占地面积约 9 万 m^2，建筑面积约 23 万 m^2，容积率为 2.93，楼栋总数为 15，建筑密度为 30%，绿地率约为 30%。下述内容为该小区展示区景观施工图设计，包括硬景施工图、软景施工图、水电施工图，其封面设计如图 9.1、图 9.2 和图 9.3 所示。

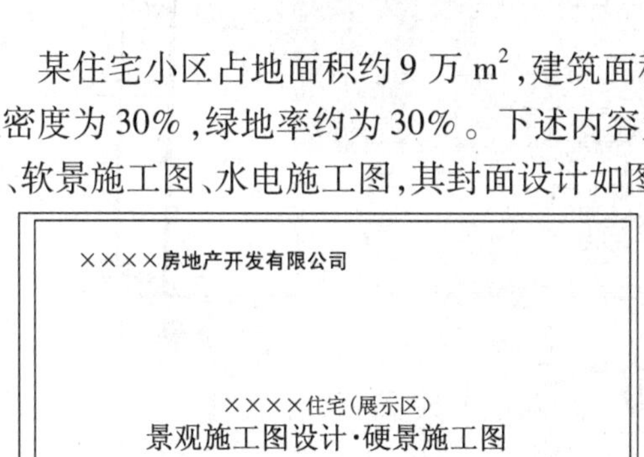

××××房地产开发有限公司

××××住宅(展示区)
景观施工图设计·硬景施工图

2018.10.10　　××景观设计工程有限公司

图 9.1　硬景施工图封面

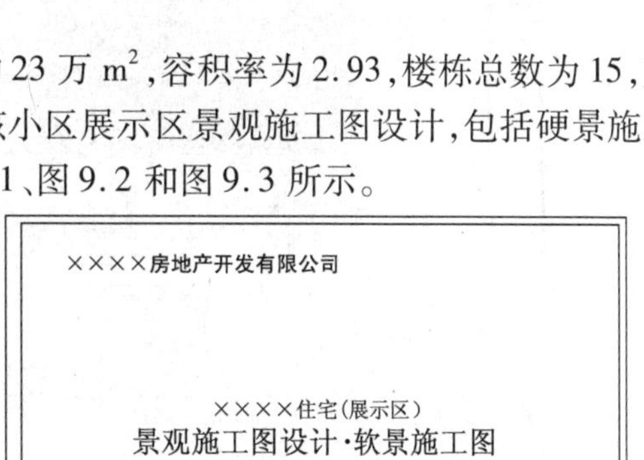

××××房地产开发有限公司

××××住宅(展示区)
景观施工图设计·软景施工图

2018.10.10　　××景观设计工程有限公司

图 9.2　软景施工图封面

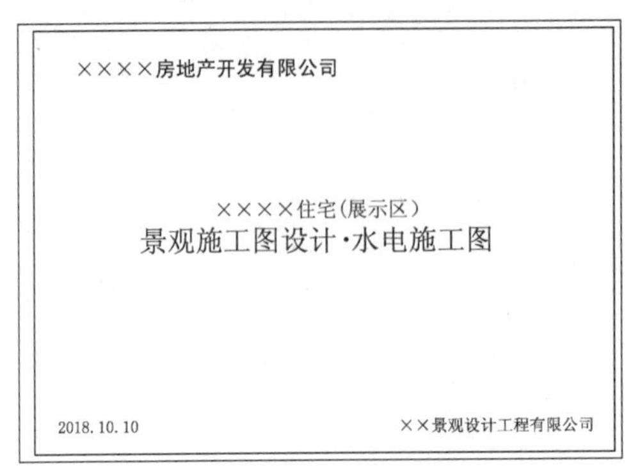

图 9.3　水电施工图封面

展示区以售楼部建筑为中心,绘图内容包括沿街前广场、入口水景、入口景墙、内庭区域的硬质铺装、景观构筑物、水池(水景)、园林小品、景观照明、景观给排水、绿化种植等施工图,详细分区如图 9.4 所示。

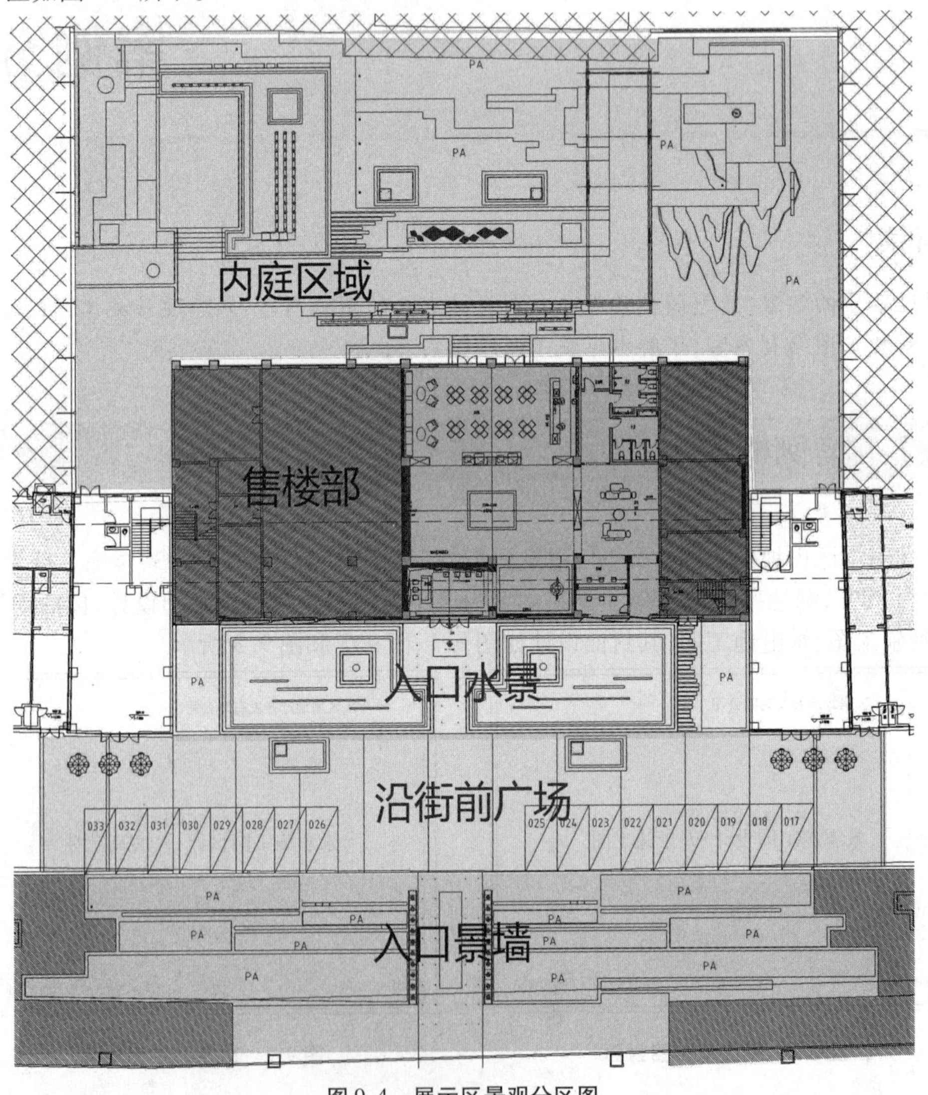

图 9.4　展示区景观分区图

9.2 硬景施工图

硬景施工图由硬景概括资料、景观硬景总平面图、景观标准详图、景观硬景详图四个部分组成。

图纸中的符号及图例说明如下："PA"表示种植物，"WF"表示特色水景，"PG"表示私家花园，"LAW"表示草坪，"B"表示板，"WB"表示屋面板，"TB"表示楼梯板，"YB"表示檐口板，"QB"表示墙板，"L"表示梁，"WL"表示屋面梁，"QL"表示圈梁，"KL"表示框架梁，"JL"表示基础梁，"LL"表示连续梁，"GL"表示过梁，"DL"表示地梁，"GZ"表示构造柱，"J"表示基础，"Z"表示柱。

其中标高符号及图例中，"FL"表示地面完成标高(FINISH SURFACE LEVEL)，"WL"表示水面标高(WATER LEVEL)，"TC"表示道牙顶标高(TOP OF CURB)，"BC"表示道牙底标高(BOTTOM OF CURB)，"TW"表示墙顶完成面标高(TOP OF WALL)，"BL"表示池底标高(BOTTOM LEVEL)，"TS"表示踏步高阶标高(TOP OF STEPS)，"BS"表示踏步低阶标高(BOTTOM OF STEPS)，"SL"表示结构板标高(TOP OF SLAB LEVEL)，"HP"表示变坡点高点标高(HIGHEST POINT)，"LP"表示变坡点低点标高(LOWEST POINT)，"TR"表示栏杆顶面标高(TOP OF RAILING)，"TOS"表示土壤最高点标高(TOP OF SOIL)。

9.2.1 硬景概括资料

硬景概括资料包含图纸目录和设计说明两方面内容，并且要对图纸进行编号，详见表9.1。

表9.1 硬景概括资料

序号	图纸编号	图纸内容	图幅大小及备注
1	LN 1.01	图纸目录(一)	A2
2	LN 1.02	图纸目录(二)	A2
3	LN 1.03	设计说明(一)	A2
4	LN 1.04	设计说明(二)	A2

其中，图纸目录需详细列出硬景施工图所有图纸的内容、图纸编号和图幅大小。

设计说明涵盖工程概况、设计依据、设计范围及设计内容、施工要求及说明、抗震结构对材料和施工质量的特别要求、其他及注意事项、符号及图例七个方面的内容。

9.2.2 景观硬景总图

景观硬景总图包含总平面、分区平面的所有信息，具体内容见表9.2。

(1)总平面索引图

总平面索引图阐述了绘图的范围大小、分区情况、庭院灯做法详图编号、伸缩缝位置标示，如图9.5所示(注：图中填充区域不在本次出图范围内)。其中，展示区包括沿街前广场、南面的分区一(包括入口水景、入口景墙、沿街前广场三部分)和北面的分区二(即展示区内庭区域)。

表9.2　景观硬景总图

序号	图纸编号	图纸内容	备注	序号	图纸编号	图纸内容	备注
1	MP 1.01	总平面索引图	A1	8	MP 2.02	分区一尺寸平面图	A2 + 1/2
2	MP 1.02	总平面铺装索引图	A1	9	MP 2.03	分区一竖向平面图	A2 + 1/2
3	MP 1.03	总平面竖向图	A1	10	MP 3.01	分区二索引平面图	A2
4	MP 1.04	总平面尺寸图	A1	11	MP 3.02	分区二物料平面图	A2
5	MP 1.05	总平面坐标图	A1	12	MP 3.03	分区二竖向平面图	A2
6	MP 1.06	总平面放线网格图	A1	13	MP 3.04	分区二尺寸平面图	A2
7	MP 2.01	分区一铺装及索引平面图	A2 + 1/2				

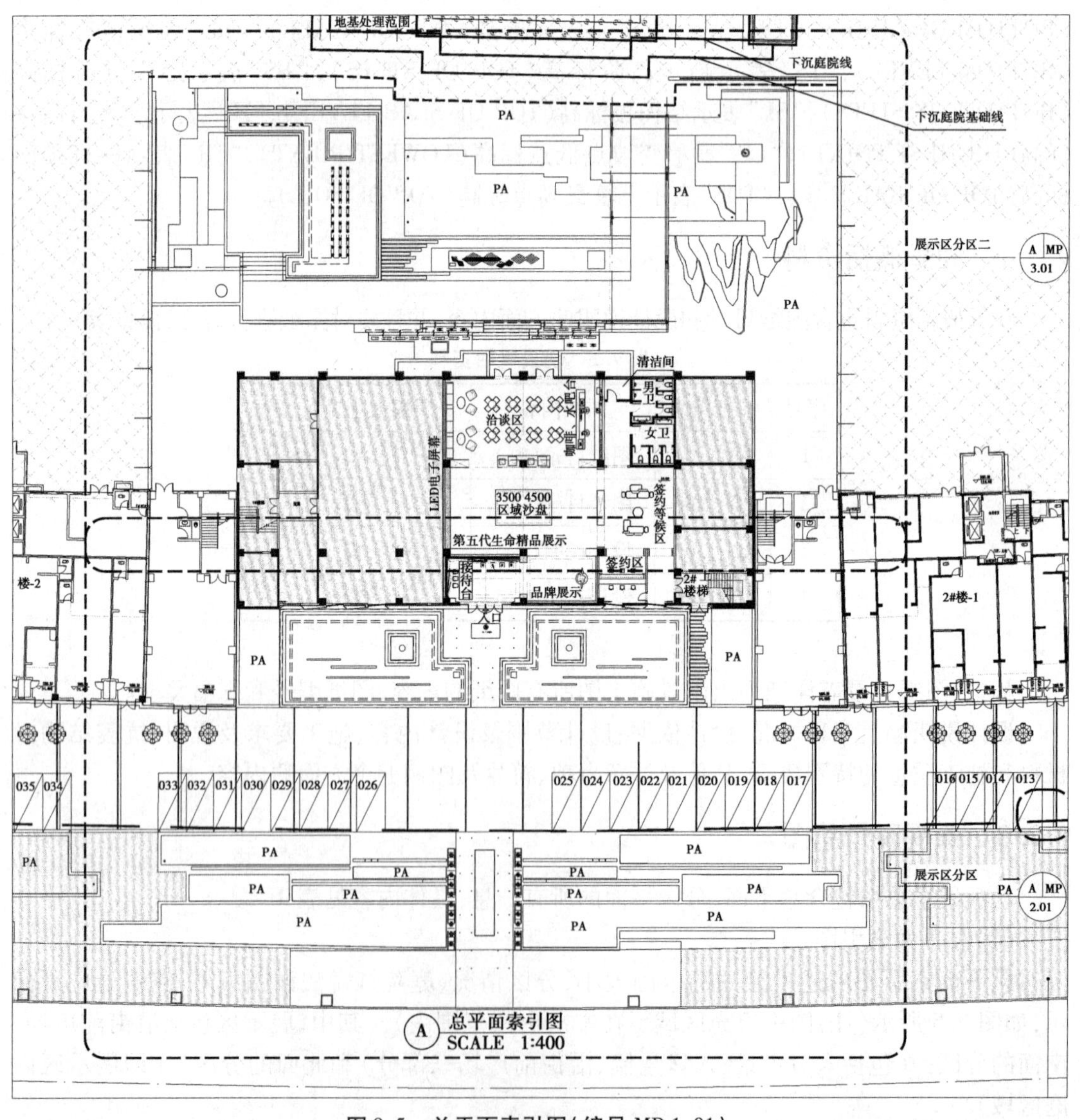

图9.5　总平面索引图(编号 MP 1.01)

(2)总平面物料索引图

总平面物料索引图标明展示区前广场(沿街)铺装物料(包括230×115×50黄色透水砖、600×300×40芝麻灰花岗岩荔枝面、230×115×50灰色透水砖),以及分区一和分区二物料的图纸索引,图略。

(3)总平面竖向图

总平面竖向图中标明了场地各关键点的高程、地面坡度(展示区沿街前广场地面坡度为0.5%、分区二的地面坡度为0.3%)等竖向信息,图略。

(4)总平面尺寸图

总平面尺寸图标明了场地的详细尺寸(如长度、宽度、角度、半径等),图略。

(5)总平面坐标图

总平面坐标图展示场地重要参考点的坐标信息(如水域边界角点坐标、植物种植池中线角点坐标等),便于施工使用,图略。

(6)总平面放线网格图

总平面放线网格图以小网格5 m×5 m或大网格25 m×25 m为单位,并且标示出放线原点的坐标,图略。

(7)分区一物料及索引平面图

分区一的物料及索引平面图标明该区所使用的物料名称、规格、色彩与特殊工艺(局部如图9.6所示),局部详图需单独进行索引标注(如水景泵坑做法详图、入口水景详图),如图9.7所示。

(8)分区一尺寸平面图

分区一尺寸平面图标示场地内水景、地雕、景墙等的形状、大小,局部如图9.8所示。

(9)分区一竖向平面图

该图展示出分区一内场地的竖向信息(高程、坡度、坡向),如图9.9所示。

(10)分区二索引平面图

分区二索引平面图如图9.10所示,图中标明了分区二场地中所有景点详图的图纸编号。景点包括围挡、互动游戏区、听水品茶区、浅水灵音区、风语廊架区、不锈钢山形雕塑区、叠山抱朴区、会客茶室区、小憩节点与景墙,各个区域的范围在图纸中可以叠加。

(11)分区二物料平面图

分区二物料平面图中标明场地内选用的材料名称、颜色、尺寸、表面处理手法等,下面以“叠山抱朴”区域为例,详情如图9.11所示。

(12)分区二竖向平面图

分区二场地竖向信息(标高、坡度等),图略。

(13)分区二尺寸平面图

分区二详细尺寸如图9.12所示(注:图中填充区域不在本次出图范围内)。

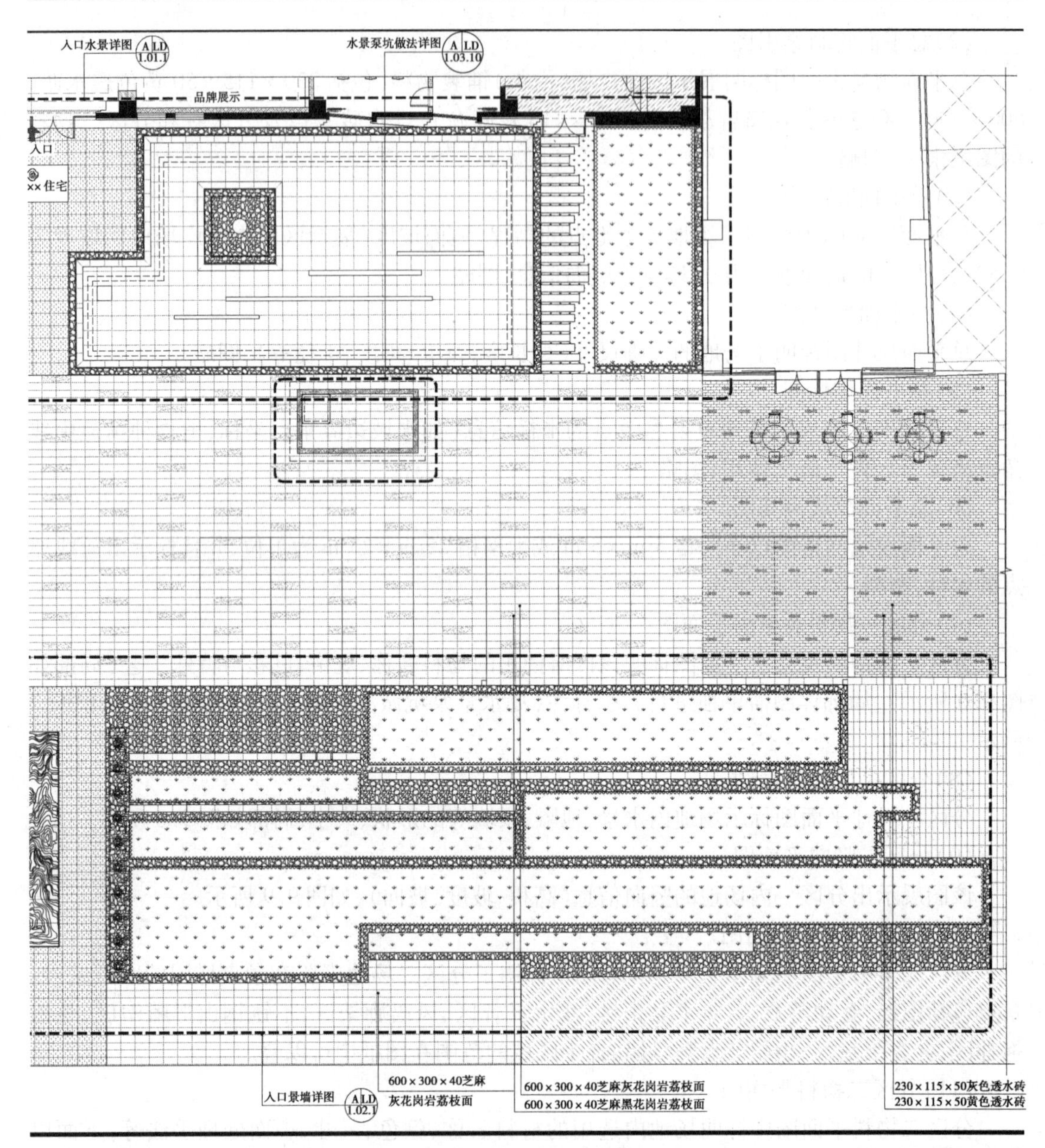

图9.6 分区一铺装及索引平面图局部(编号 MP 2.01)

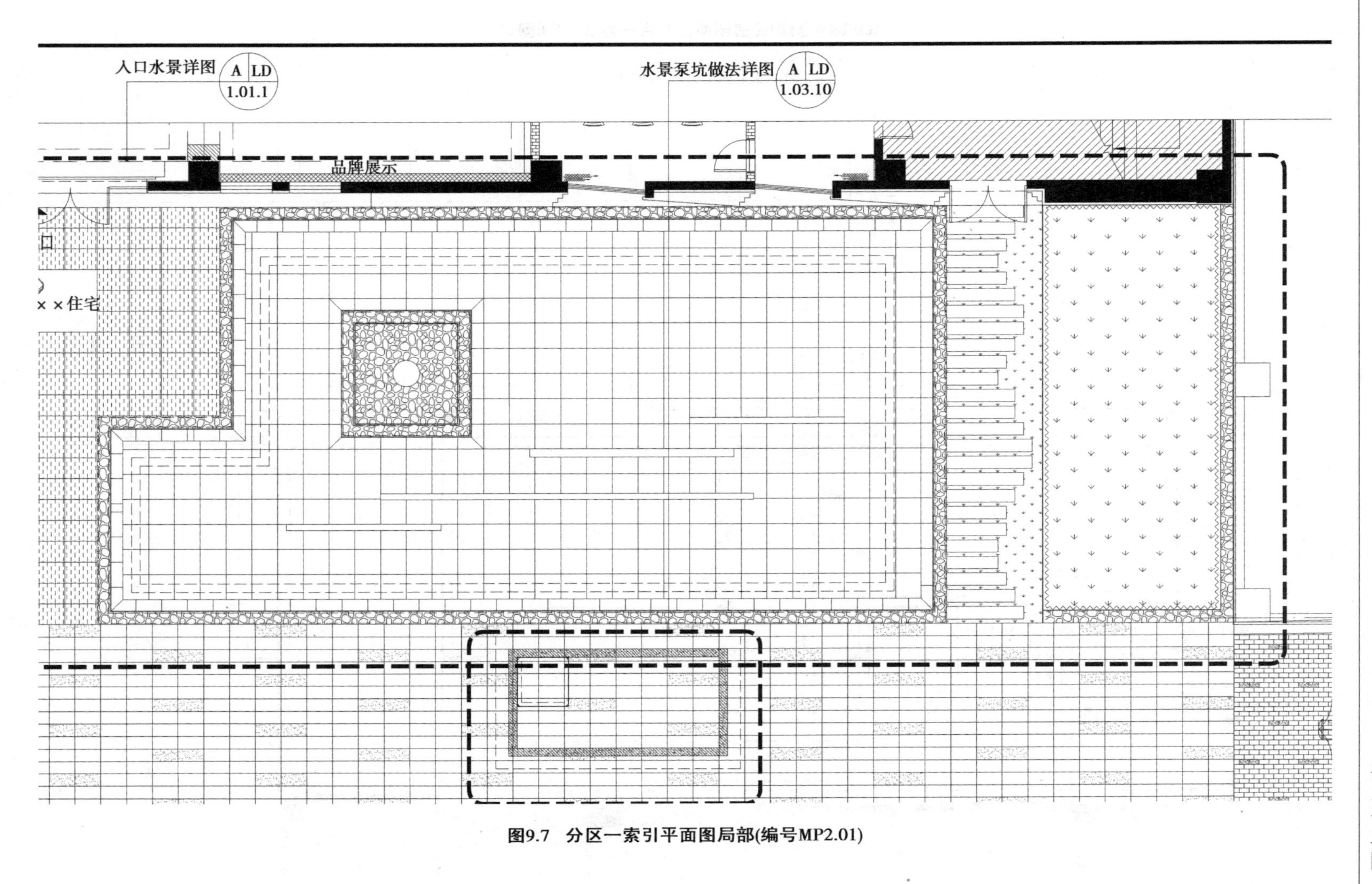

图9.7　分区一索引平面图局部(编号MP2.01)

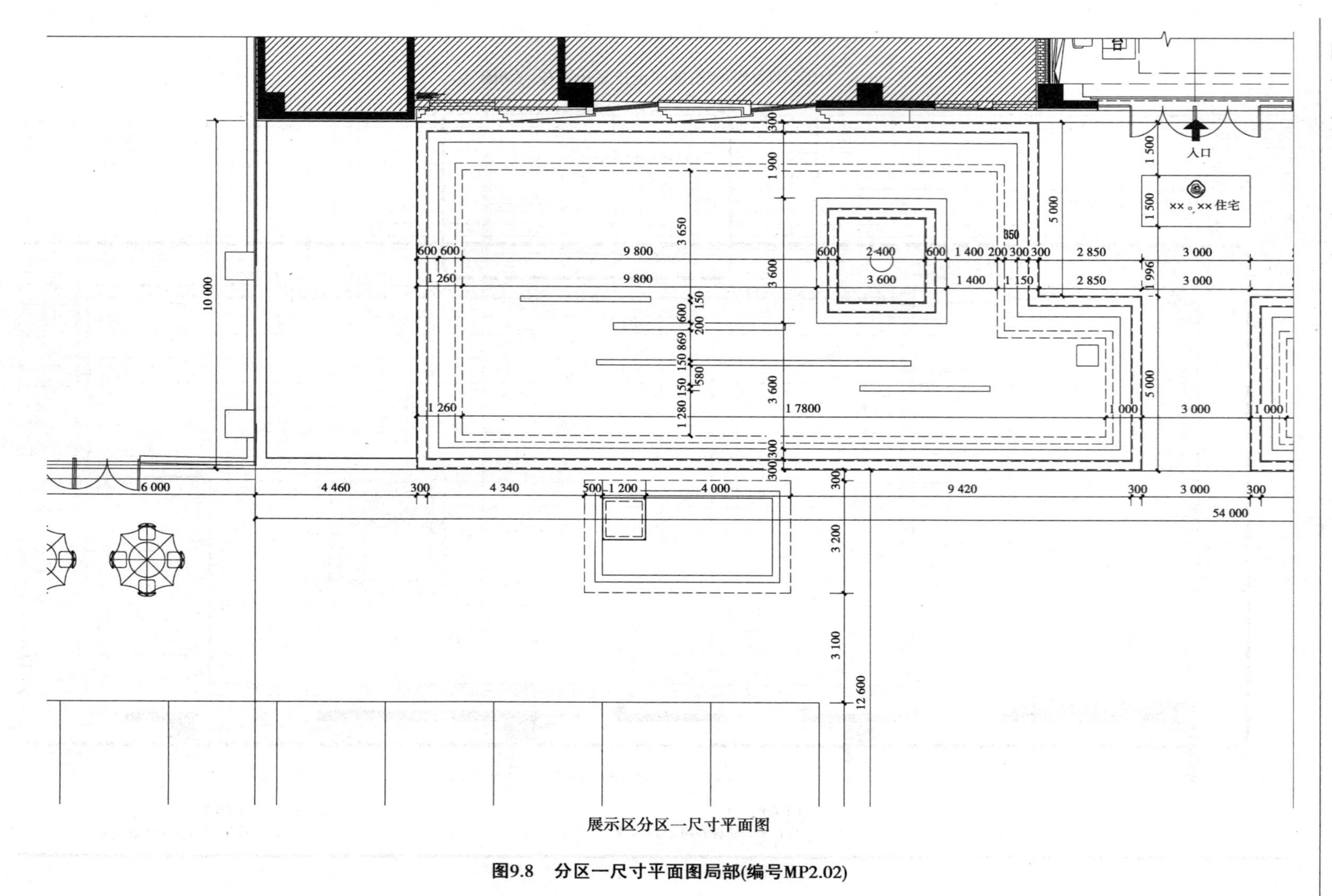

展示区分区一尺寸平面图

图9.8　分区一尺寸平面图局部(编号MP2.02)

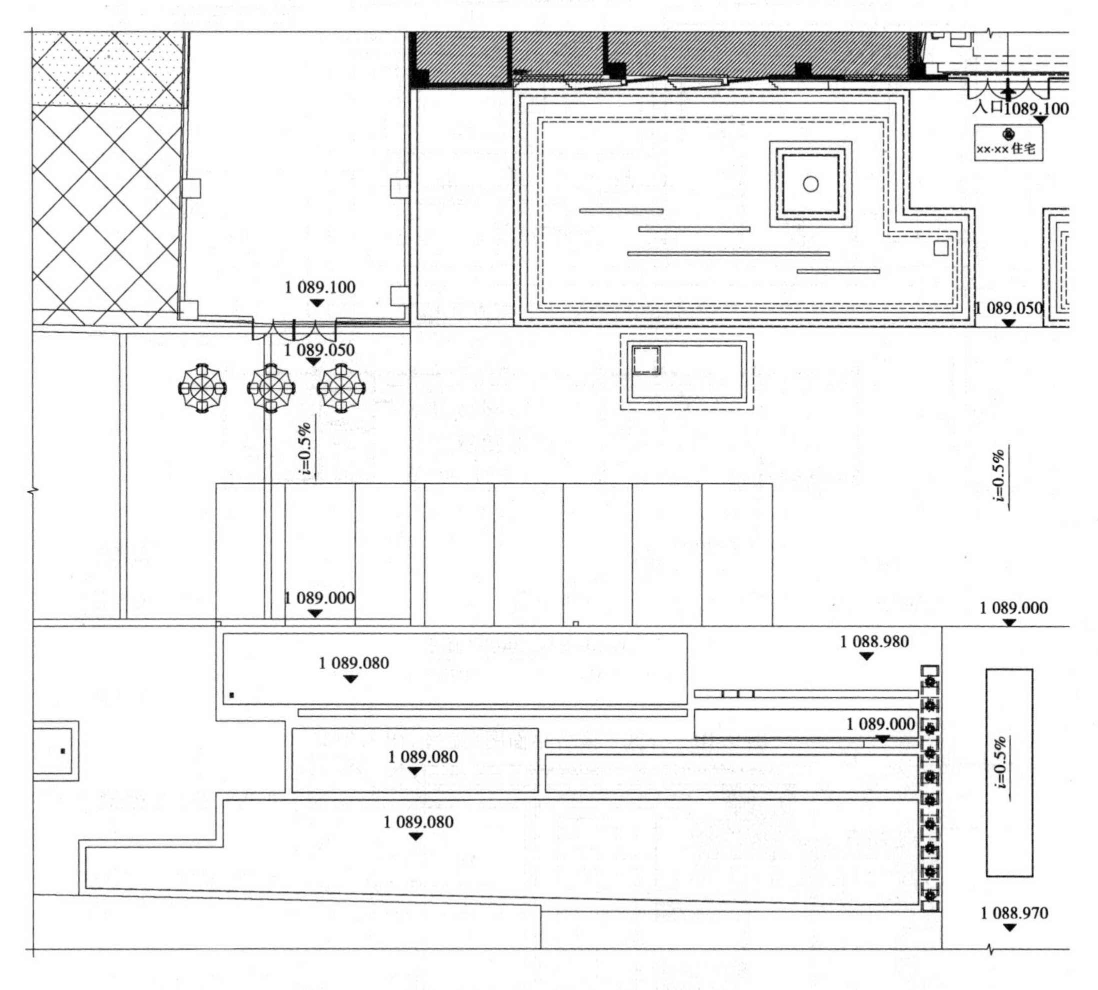

Ⓐ 展示区分区一竖向平面图
SCALE 1:100

图9.9 分区一竖向平面图(编号 MP 2.03)

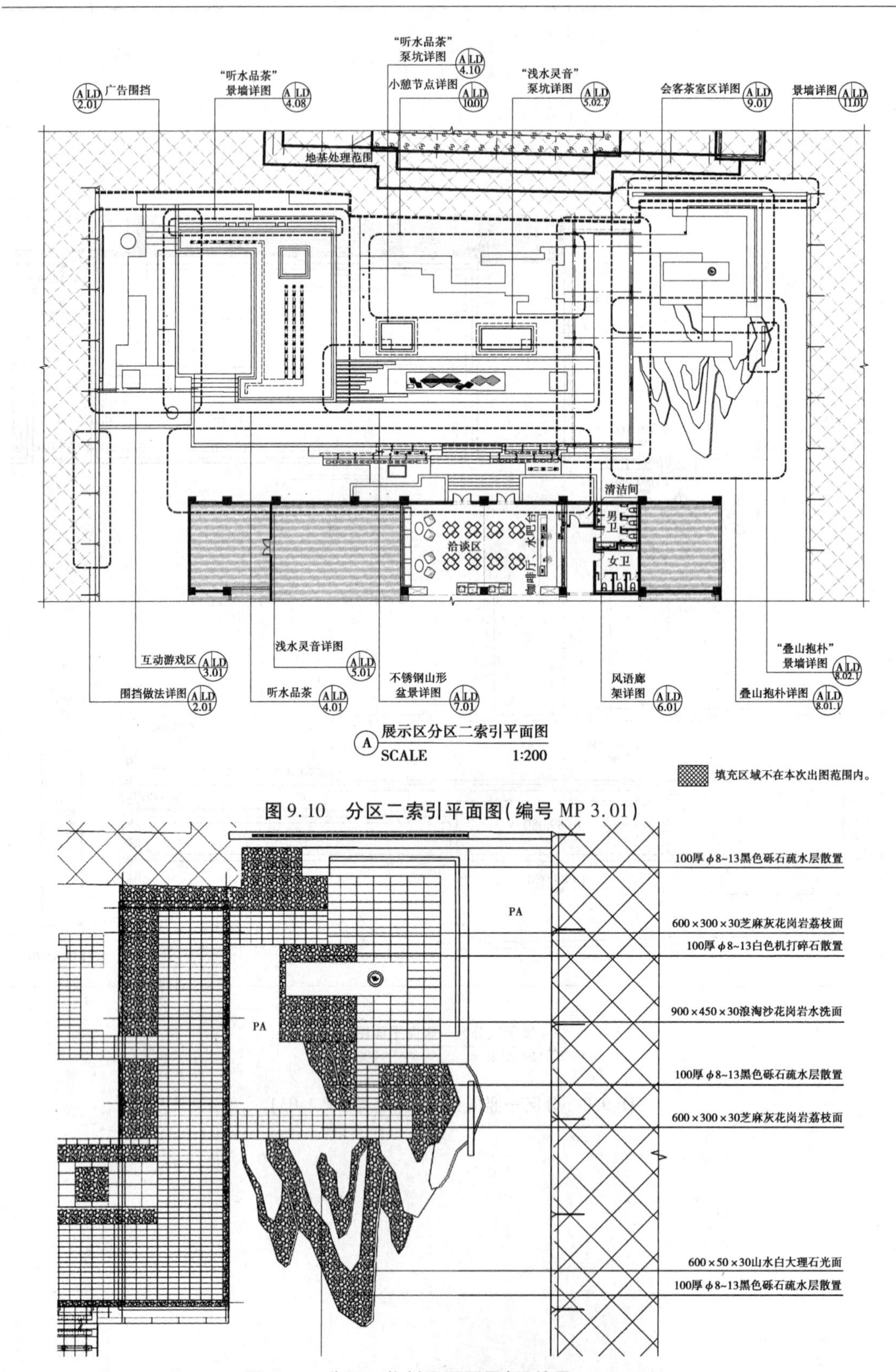

图 9.10　分区二索引平面图(编号 MP 3.01)

图 9.11　分区二物料平面图局部(编号 MP 3.02)

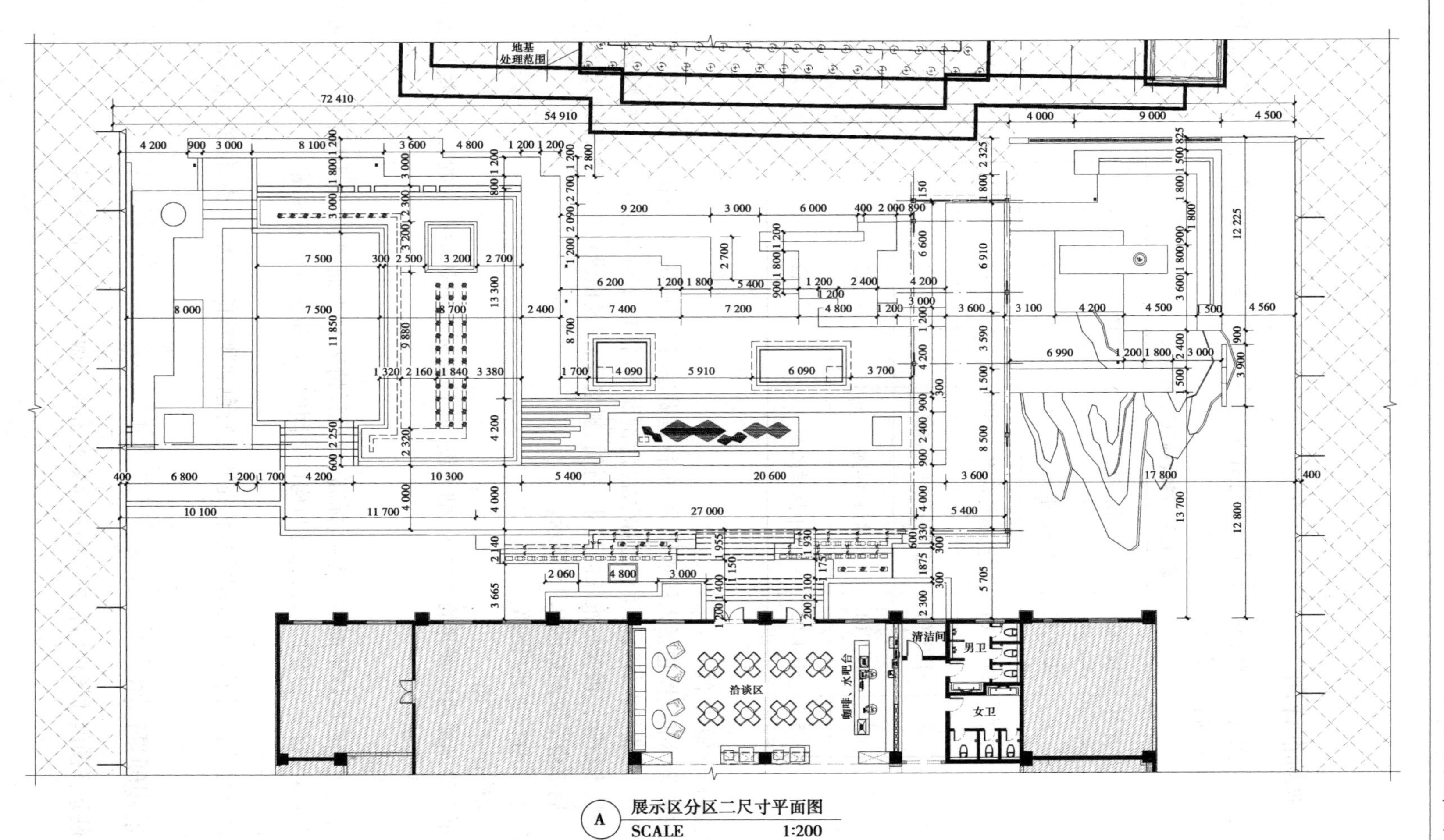

A 展示区分区二尺寸平面图
SCALE　1:200

图9.12　分区二尺寸平面图(编号MP3.04)

9.2.3 景观标准详图

景观标准详图包括道路标准详图、人行和车行检查井详图、绿地检查井盖详图、灯具详图、小品详图,具体内容见表9.3。

表9.3 景观标准详图目录

序号	图纸编号	图纸内容	图幅大小及备注
1	SD 1.01	道路标准做法详图	A2
2	SD 2.01	人行、车行检查井详图	A2
3	SD 3.01	绿地检查井盖详图	A2
4	SD 4.01	灯具详图	A2
5	SD 4.02	小品详图	A2

(1)道路标准做法详图

场地内道路标准详图包括人行道做法、车行道做法、汀步做法、碎石接硬质铺装做法、碎石接绿地做法、商业街人行道接市政道路做法的剖面图(需标示清楚分层名称、材料名称、规格及特定的技术指标),铺装标准段的尺寸、材质、规格等,以及横纵向施工缝、缩缝、纵缝的施工工艺等。局部构造详图如图9.13所示。

(2)人行、车行检查井(图略)。

(3)绿地检查井详图

该图纸需绘制绿地检查井的平面图、剖面图,并且需标示清楚检查井的形状、大小、竖向构造,如图9.14所示。

(4)灯具详图

灯具详图包括庭院灯平面图(尺寸、标高、材质详情等)、立面图、安装大样图(如图9.15所示,标明具体的材质与尺寸,以及构件与构件之间的连接做法等)、意向图。

(5)小品详图

小品详图标明该展示区中采用的特色花瓶与特色鹿雕塑的形状、大小、位置等信息,如图9.16所示。

9.2.4 景观硬景详图

景观硬景详图阐述场地内各景点的具体效果和施工做法,目录见表9.4。

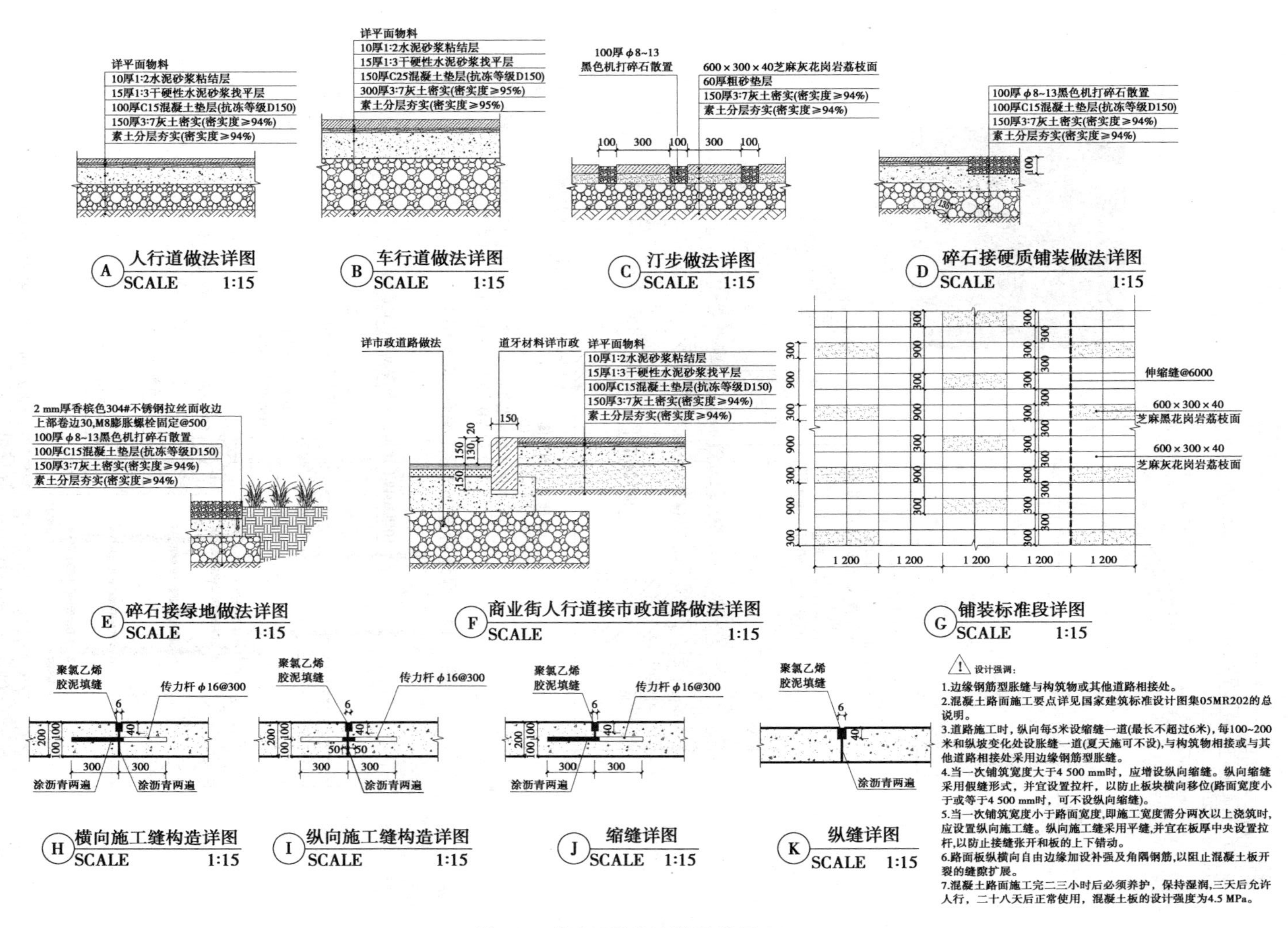

图9.13　道路标准做法详图(编号SD1.01)

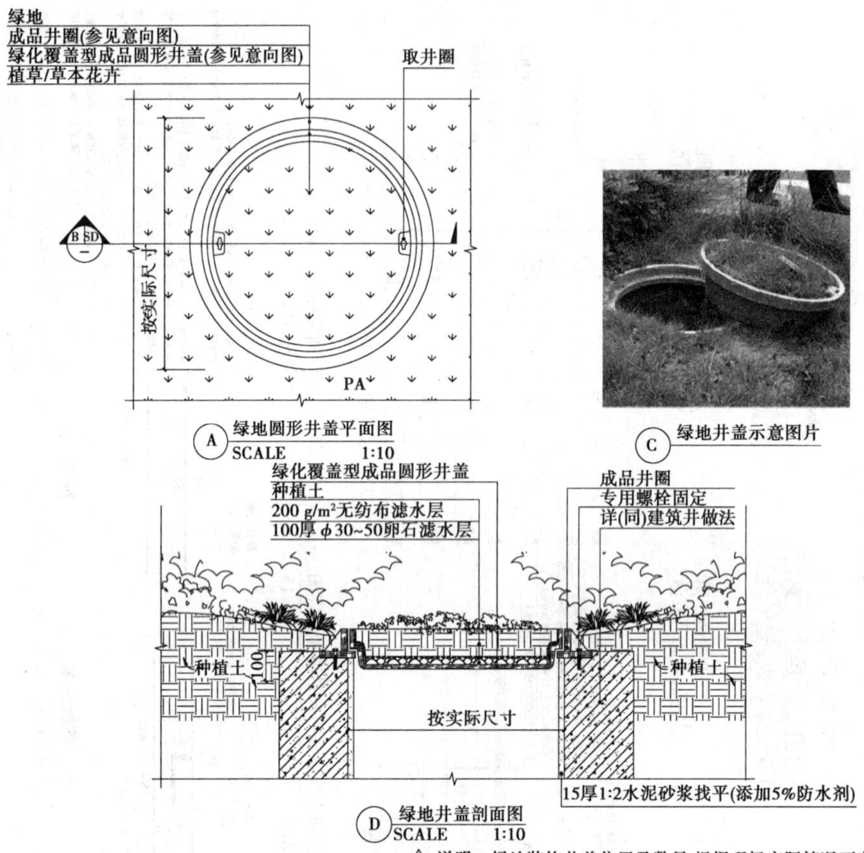

图9.14 绿地检查井详图(编号 SD 3.01)

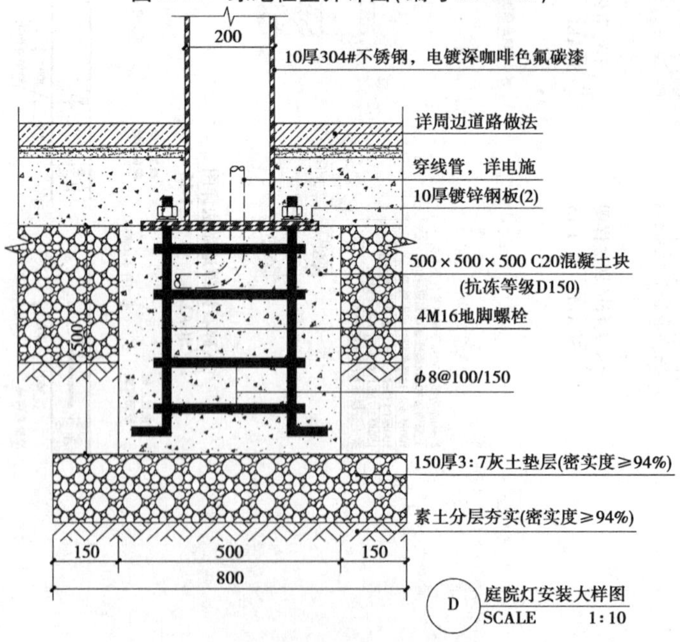

图9.15 灯具详图(编号 SD 4.01)

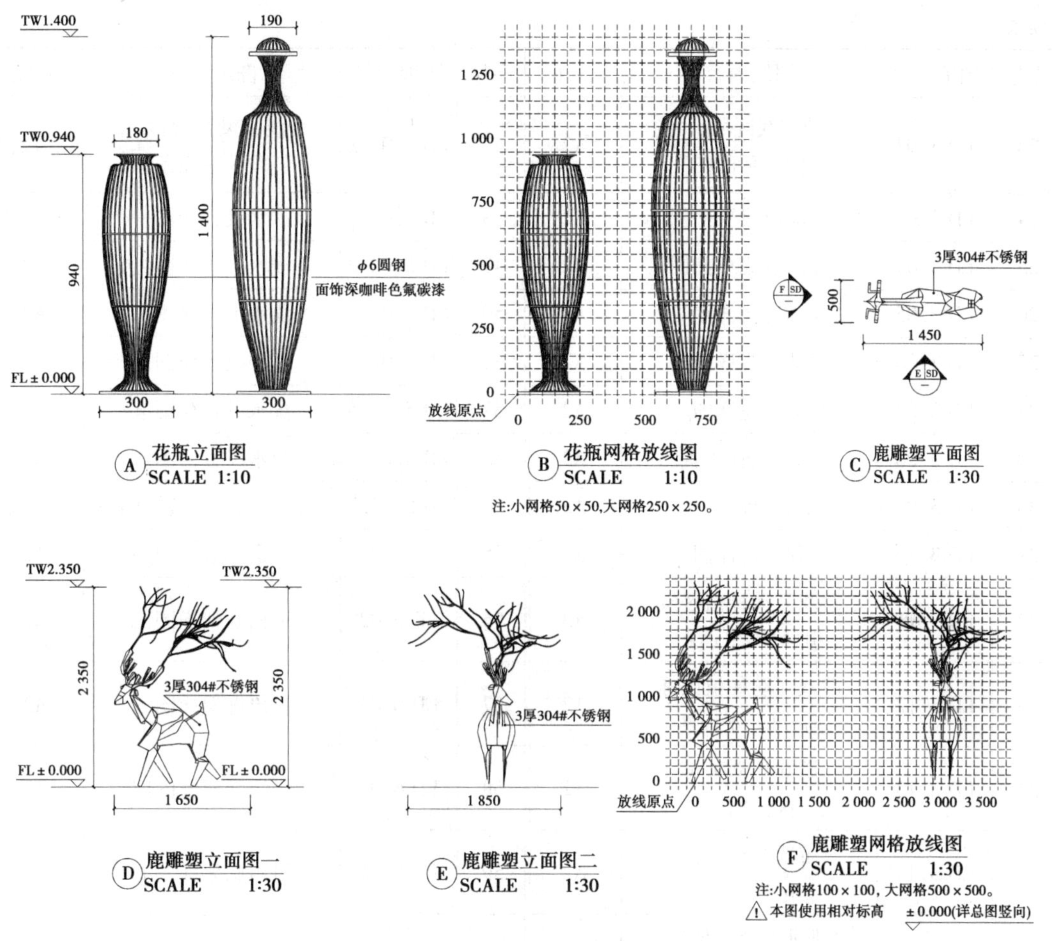

图9.16　小品详图(编号SD 4.02)

表9.4　景观硬景详图目录

序号	图纸编号	图纸内容	备注	序号	图纸编号	图纸内容	备注
1	LD 1.01.1	入口水景详图一	A2+1/2	12	LD 1.02.1	入口景墙详图一	A2+1
2	LD 1.01.2	入口水景详图二	A2+1/2	13	LD 1.02.2	入口景墙详图二	A2+1
3	LD 1.01.3	入口水景详图三	A2	14	LD 1.02.3	入口景墙详图三	A2+1/2
4	LD 1.01.4	入口水景详图四	A2	15	LD 1.02.4	入口景墙详图四	A2
5	LD 1.01.5	入口地雕做法详图	A2	16	LD 1.02.5	入口景墙详图五	A2
6	LD 1.01.6	泰山石做法详图一	A2	17	LD 1.02.6	入口景墙详图六	A2
7	LD 1.01.7	泰山石做法详图二	A2	18	LD 1.02.7	涌泉做法详图	A2
8	LD 1.01.8	泰山石做法详图三	A2	19	LD 1.02.8	透光地雕做法详图	A2
9	LD 1.01.9	泰山石做法详图四	A2	20	LD 2.01	围挡做法详图一	A2
10	LD 1.01.10	水景泵坑做法详图一	A2	21	LD 2.02	围挡做法详图二	A2
11	LD 1.01.11	水景泵坑做法详图二	A2	22	LD 3.01	互动游戏区域索引、物料平面图	A2

续表

序号	图纸编号	图纸内容	备注	序号	图纸编号	图纸内容	备注
23	LD 3.02	互动游戏区域尺寸、标高平面图	A2	47	LD 5.01.2	浅水灵音物料、尺寸平面图	A2 + 1/2
24	LD 3.03	互动游戏平面图	A2	48	LD 5.02.1	浅水灵音详图一	A2 + 1/2
25	LD 3.04	互动游戏立面图	A2	49	LD 5.02.2	浅水灵音详图二	A2
26	LD 3.05	互动游戏详图一	A2	50	LD 5.02.3	浅水灵音详图三	A2
27	LD 3.06	互动游戏详图二	A2	51	LD 5.02.4	浅水灵音详图四	A2
28	LD 3.07	互动游戏详图三	A2	52	LD 5.02.5	浅水灵音详图五	A2
29	LD 3.08	木平台龙骨布置图	A2	53	LD 5.02.6	浅水灵音详图六	A2
30	LD 3.09	木平台详图	A2	54	LD 5.02.7	浅水灵音泵坑详图	A2
31	LD 3.10	种植台详图	A2	55	LD 6.01	风语廊架详图一	A2
32	LD 3.11	游戏互动种植区索引、物料平面图	A2	56	LD 6.02	风语廊架详图二	A2
33	LD 3.12	游戏互动种植区标高、尺寸平面图	A2	57	LD 6.03	风语廊架详图三	A2
34	LD 3.13	游戏互动种植区详图一	A2	58	LD 6.04	风语廊架详图四	A2
35	LD 3.14	游戏互动种植区详图二	A2	59	LD 6.05	风语廊架详图五	A2
36	LD 4.01	“听水品茶”索引、物料平面图	A2	60	LD 6.06	风语廊架详图六	A2
37	LD 4.02	“听水品茶”尺寸、标高平面图	A2	61	LD 6.07	风语廊架详图七	A2
38	LD 4.03	“听水品茶”池壁、补水沟结构平面图	A2	62	LD 7.01	不锈钢山形盆景详图一	A2
39	LD 4.04	“听水品茶”D 详图一	A2	63	LD 7.02	不锈钢山形盆景详图二	A2
40	LD 4.05	“听水品茶”详图二	A2	64	LD 8.01.1	叠山抱朴平面图一	A2
41	LD 4.06	“听水品茶”详图三	A2 + 1/2	65	LD 8.01.2	叠山抱朴平面图二	A2
42	LD 4.07	“听水品茶”详图四	A2	66	LD 8.01.3	叠山抱朴剖面做法详图	A2
43	LD 4.08	“听水品茶”景墙详图一	A2 + 1/4	67	LD 8.02.1	景墙详图一	A2
44	LD 4.09	“听水品茶”景墙详图二	A2	68	LD 8.02.2	景墙详图二	A2
45	LD 4.10	“听水品茶”景墙详图三	A2	69	LD 8.02.3	景墙详图三	A2
46	LD 5.01.1	浅水灵音物料、尺寸平面图	A2 + 1/2	70	LD 9.01	会客茶室区平面图	A2

续表

序号	图纸编号	图纸内容	备注	序号	图纸编号	图纸内容	备注
71	LD 9.02	会客茶室区立面图	A2	76	LD 10.03	小憩节点详图一	A2
72	LD 9.03	会客茶室区详图一	A2	77	LD 10.04	小憩节点详图	A2
73	LD 9.04	会客茶室区详图二	A2	78	LD 11.01	景墙详图一	A2
74	LD 10.01	小憩节点物料及索引平面图	A2	79	LD 11.02	景墙详图二	A2
75	LD 10.02	小憩节点尺寸及竖向平面图	A2	80	LD 11.03	景墙详图三	A2

(1)入口水景详图

该部分详细描绘了入口水景区域施工的详细信息,内容包括入口水景索引(如图9.17所示,图纸标明入口水景区域各景观要素详图的索引标号)及尺寸标高图、立面图和剖面图(如图9.18、图9.19所示)、入口地雕做法、泰山石做法等。所有上述图纸均需标明涉及材料的名称、大小及施工工艺等。

水中置石采用150 mm厚泰山石异型定制,在平面图和立面图中标示其具体尺寸,在固定大样图中说明泰山石与池底的连接施工做法,如图9.20所示。

(2)入口景墙详图

入口景墙区域包括景墙、涌泉、透光地雕及硬质铺装,该部分详细描绘了入口景墙区域的详细信息,内容包括入口景墙铺装索引图、入口景墙尺寸和标高、入口景墙立面图及其详图(如图9.21所示)、入口景墙侧立面图、入口景墙剖面图、涌泉做法详图(如图9.22所示)、透光地雕做法详图等。和入口水景详图一样,图纸中标明具体材质的名称、规格、颜色、施工工艺等信息。

入口景墙铺装索引图中清晰指明硬质铺装的材料、尺寸、颜色及表面处理手法,以及该部分涉及的立面图、剖面图、截面图、庭院灯详图的索引标号。

透光地雕位于两列涌泉之间,其平面图显示具体的尺寸和收口材质规格等,剖面图标明分层名称及所用材料与规格,其中内部龙骨尺寸布置图需单独绘制,如图9.23所示。

(3)围挡做法详图

围挡做法包括围挡结构设计说明、围挡立面及大样图,图略。

(4)游戏互动区域详图

游戏互动区域详图编号为LD3.01—LD3.14,具体内容包括该区域的铺装和索引图、尺寸标高图、平面图、立面图、剖面图、木平台龙骨布置图、木平台详图、种植台详图、游戏互动种植区索引和铺装平面图、游戏互动种植区标高尺寸平面图、游戏互动种植区详图。

游戏互动区域索引、铺装平面图展示该区域所用材料的名称、规格、颜色、施工工艺,以及区域内剖面图的剖切位置及具体索引图号,并且要标注清楚场地内涉及的景墙、围挡、种植台等详图的索引图号,如图9.24所示。

木平台龙骨布置图中标明了阶梯灯带的详细做法,以及龙骨布置尺寸、选用材料与规格,还有龙骨与垫层间的固定做法,如图9.25所示。

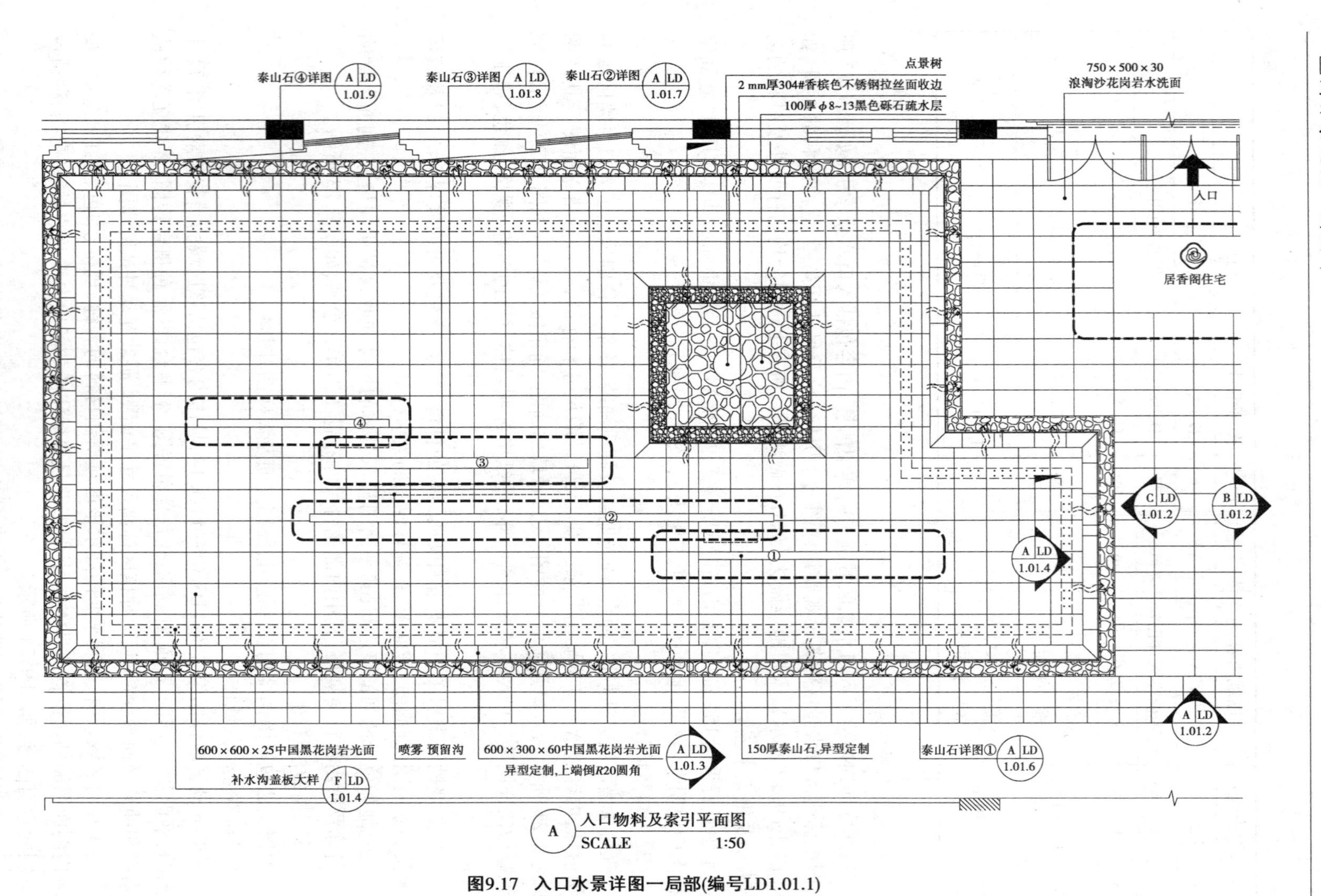

图9.17 入口水景详图一局部(编号LD1.01.1)

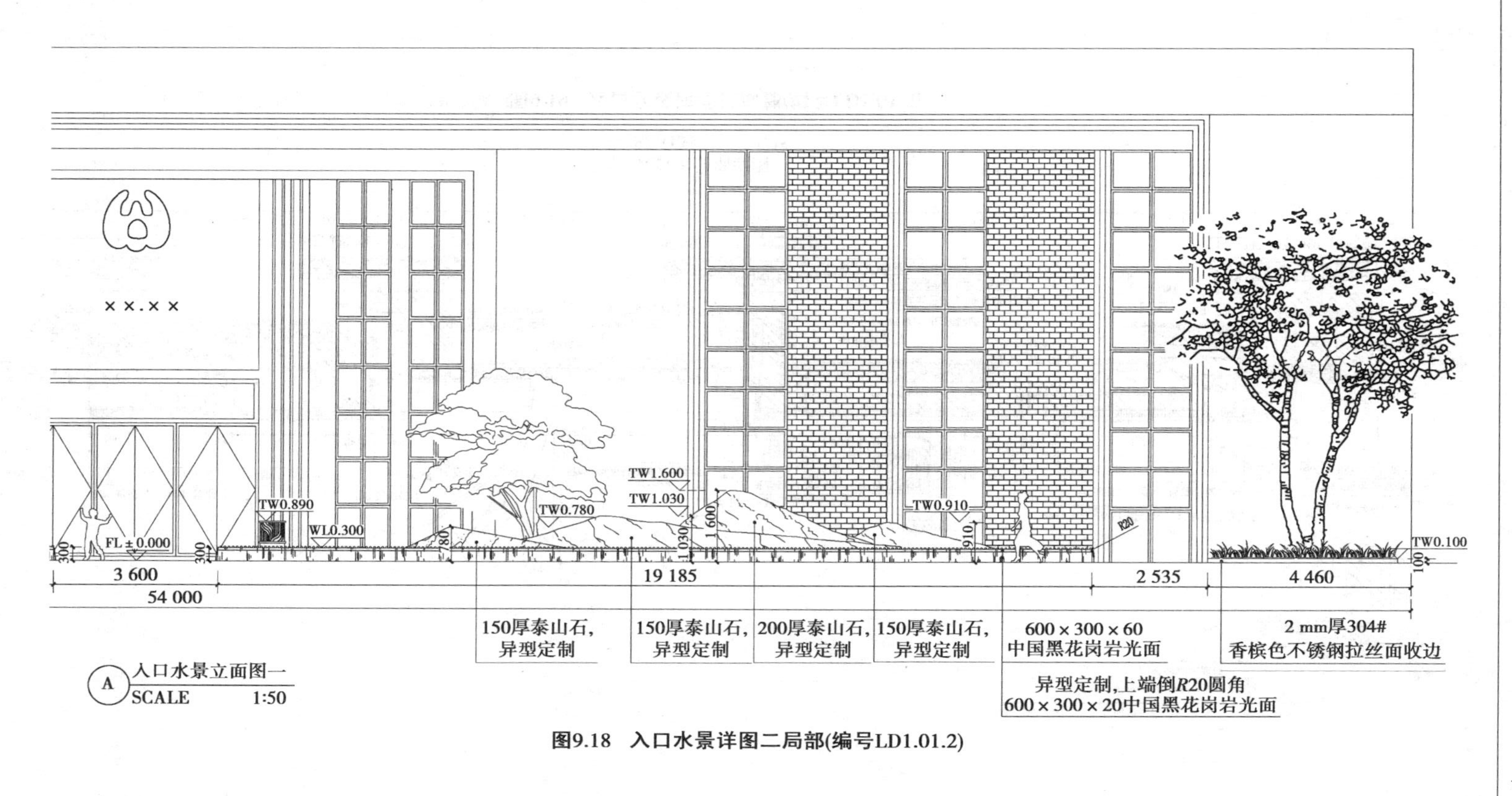

图9.18 入口水景详图二局部(编号LD1.01.2)

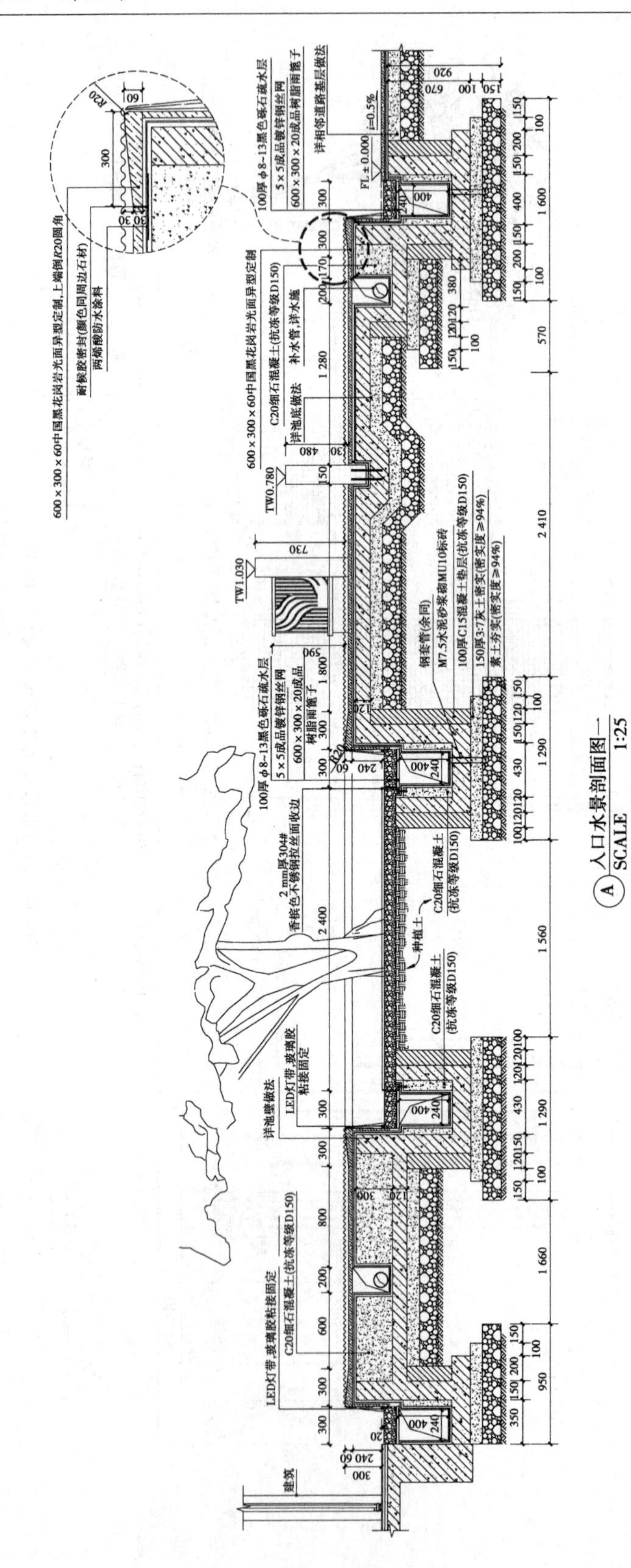

A 入口水景剖面图一
SCALE 1:25

图9.19 入口水景详图三局部(编号LD1.01.3)

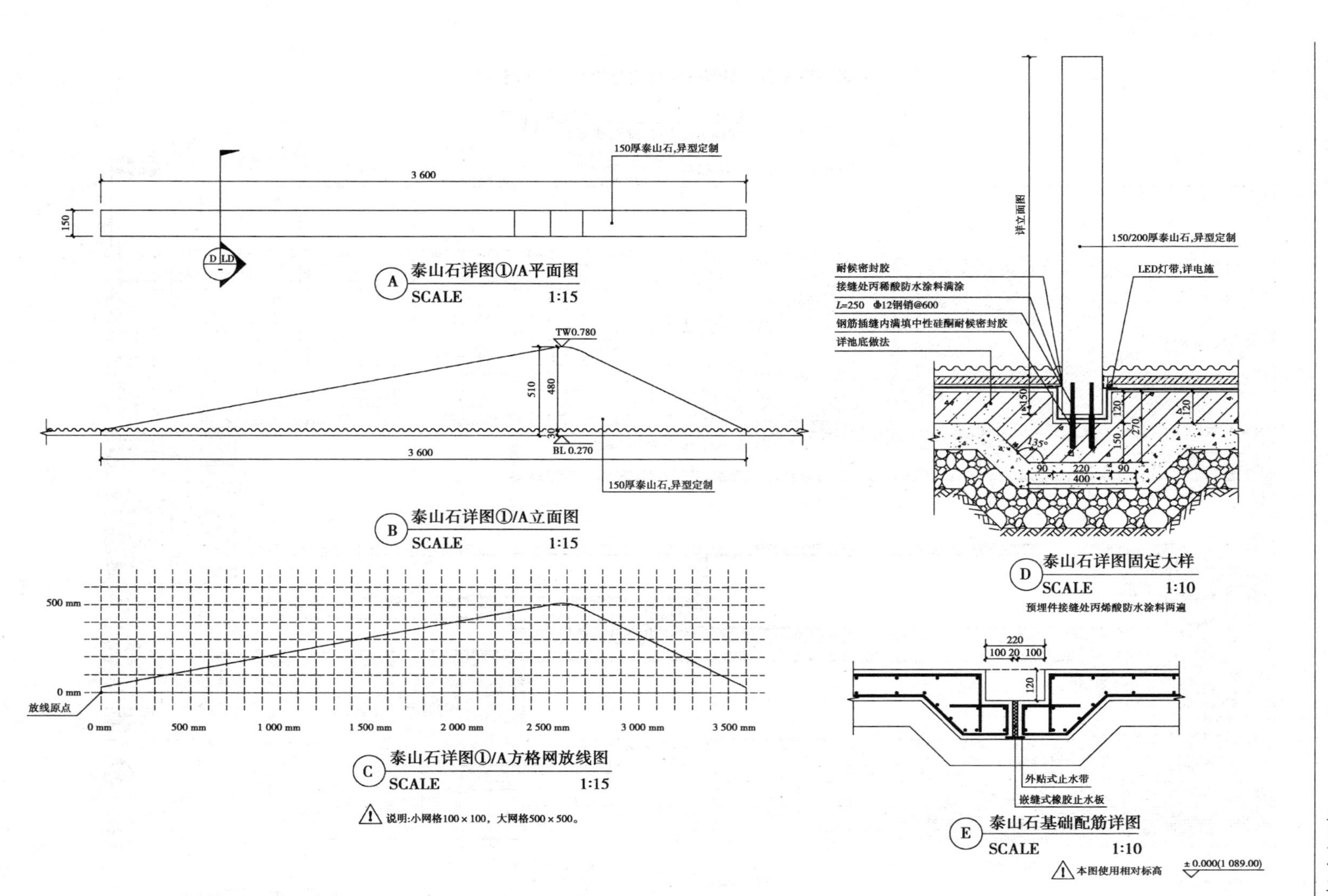

图9.20 泰山石做法详图一(编号LD1.01.6)

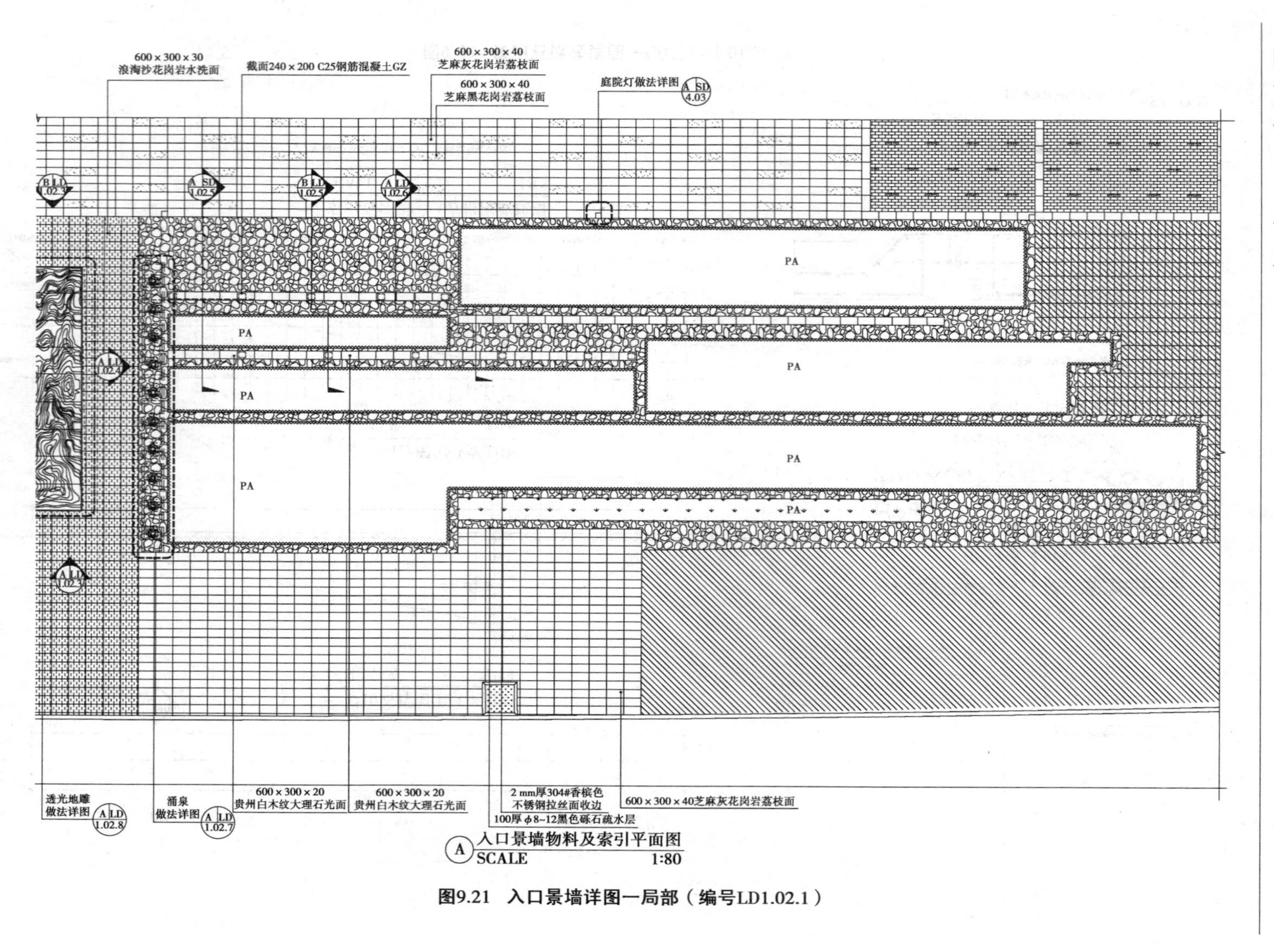

图9.21 入口景墙详图一局部（编号LD1.02.1）

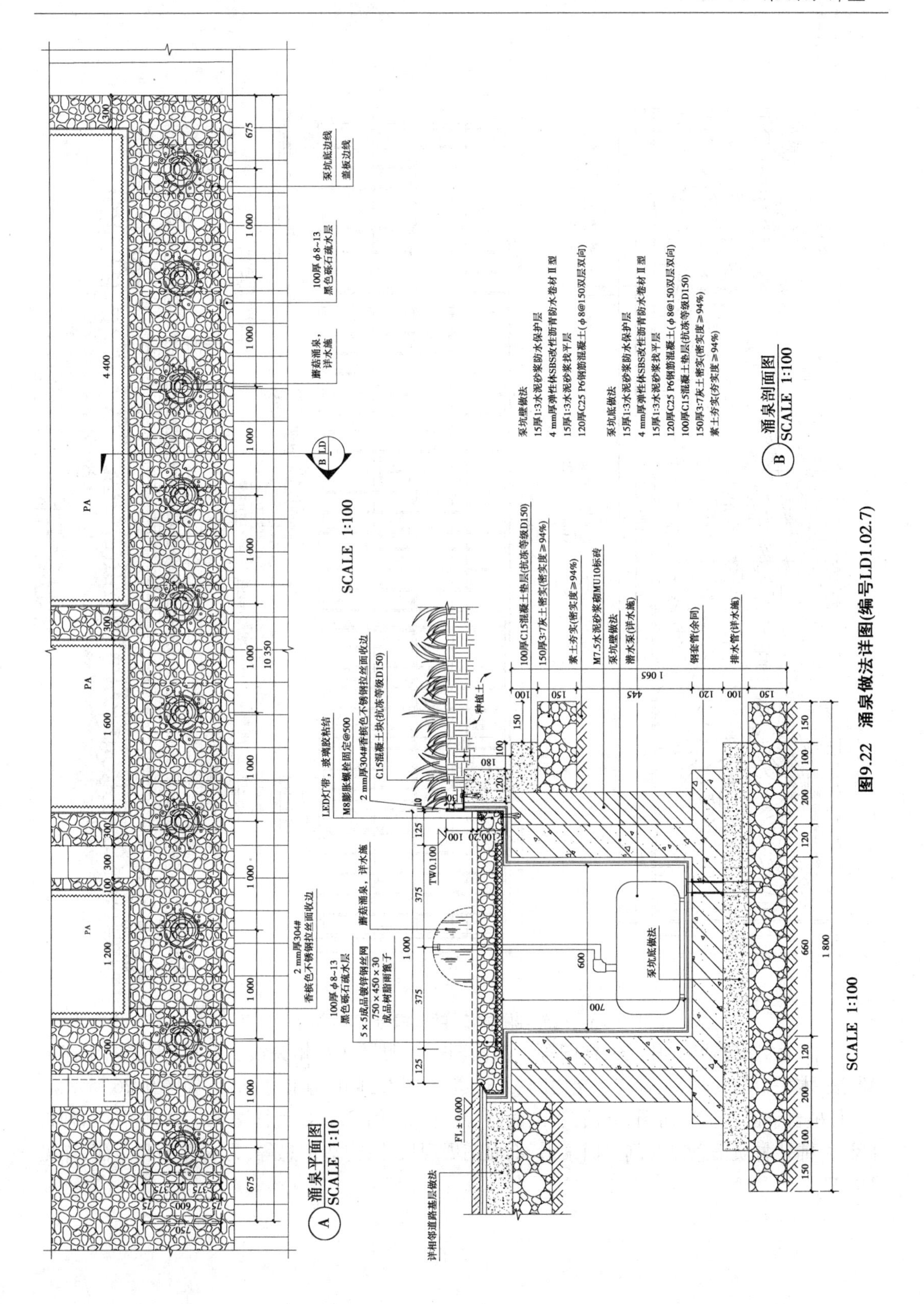

图9.22　涌泉做法详图(编号LD1.02.7)

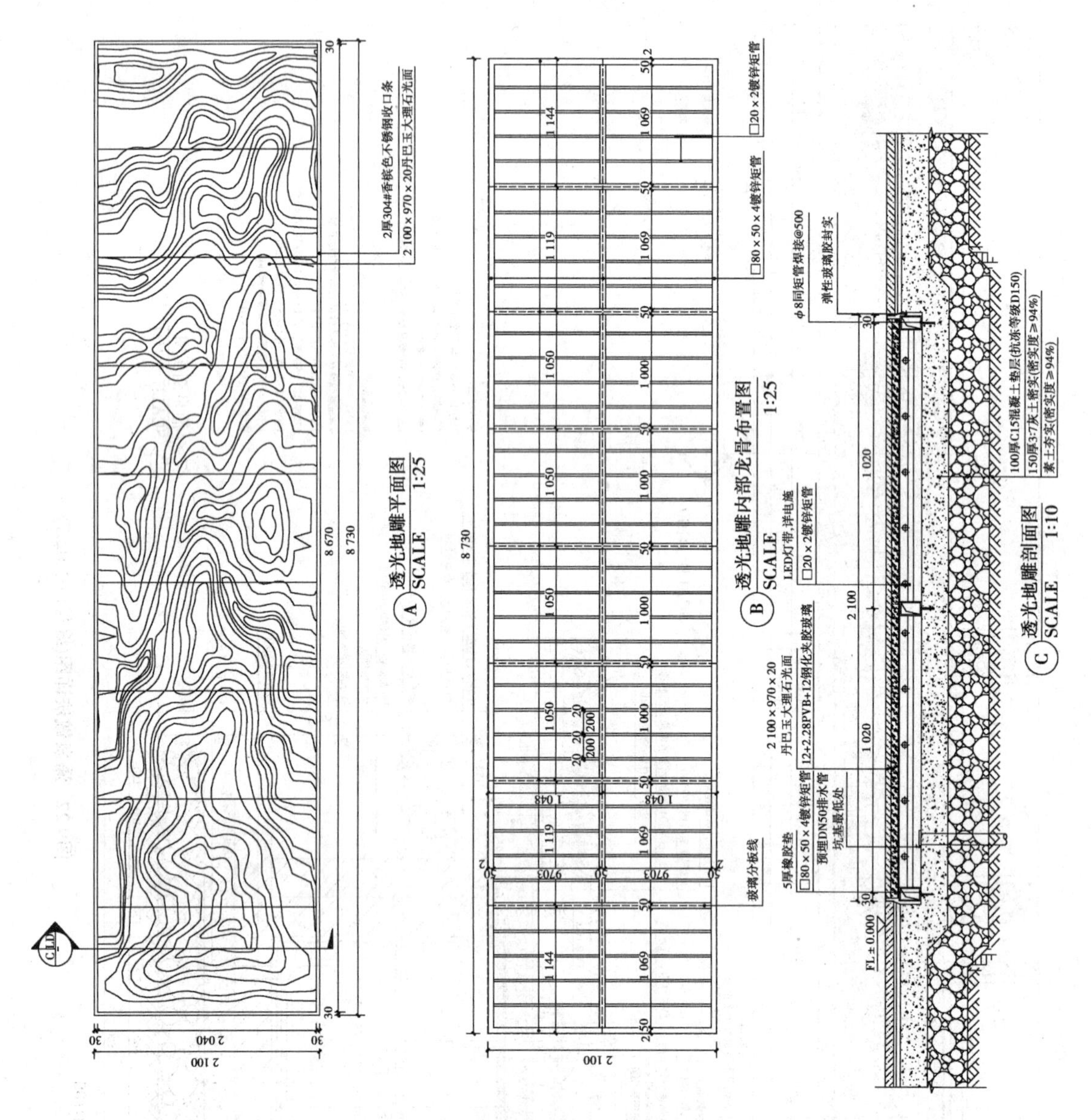

图 9.23　透光地雕做法详图(编号 LD1.02.8)

木平台详图包括剖面图、大样图等。剖面图需标明尺寸及相关索引信息;大样图阐述分层做法、木平台与龙骨、龙骨与垫层之间、人行道与垫层之间的连接手法等,如图 9.26 所示。

种植台详图包括平面图、立面图、剖面图、池壁示意图、LOGO 大样图等。平面图标示种植台尺寸、铺装材质信息以及剖立面索引、剖面图展现尺寸、构造信息等,力求准确和全面,详见图 9.27。

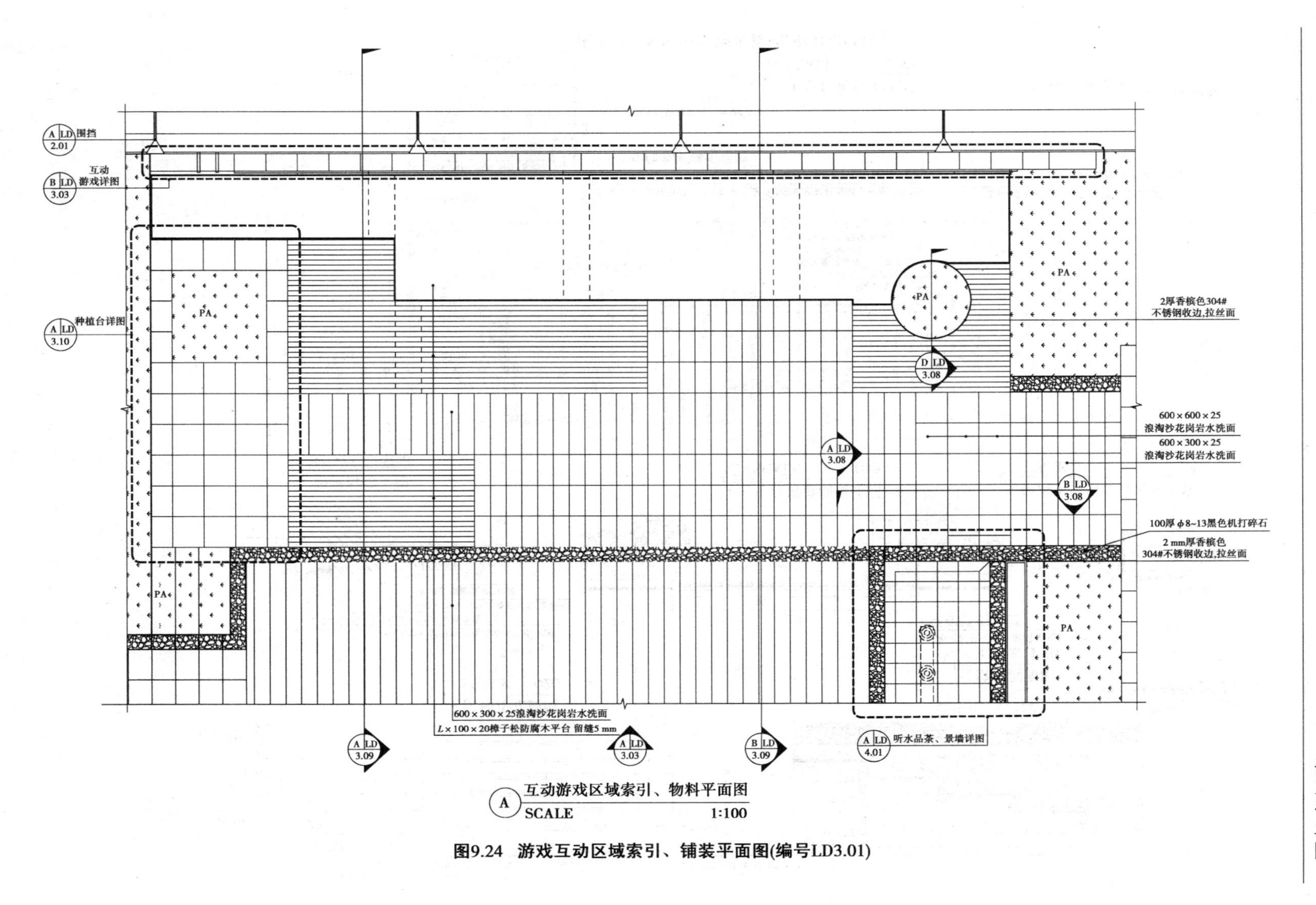

图9.24 游戏互动区域索引、铺装平面图(编号LD3.01)

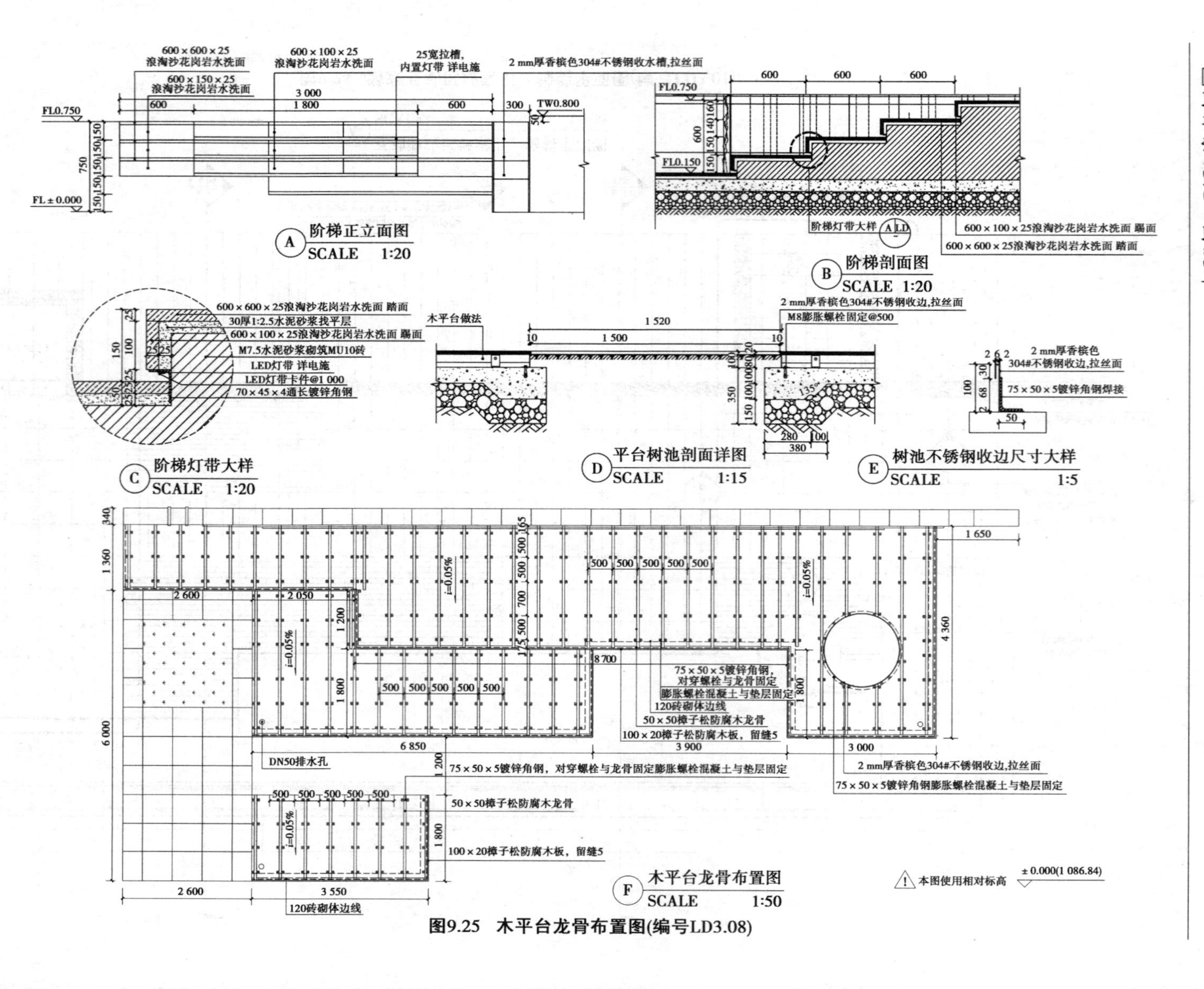

图9.25 木平台龙骨布置图(编号LD3.08)

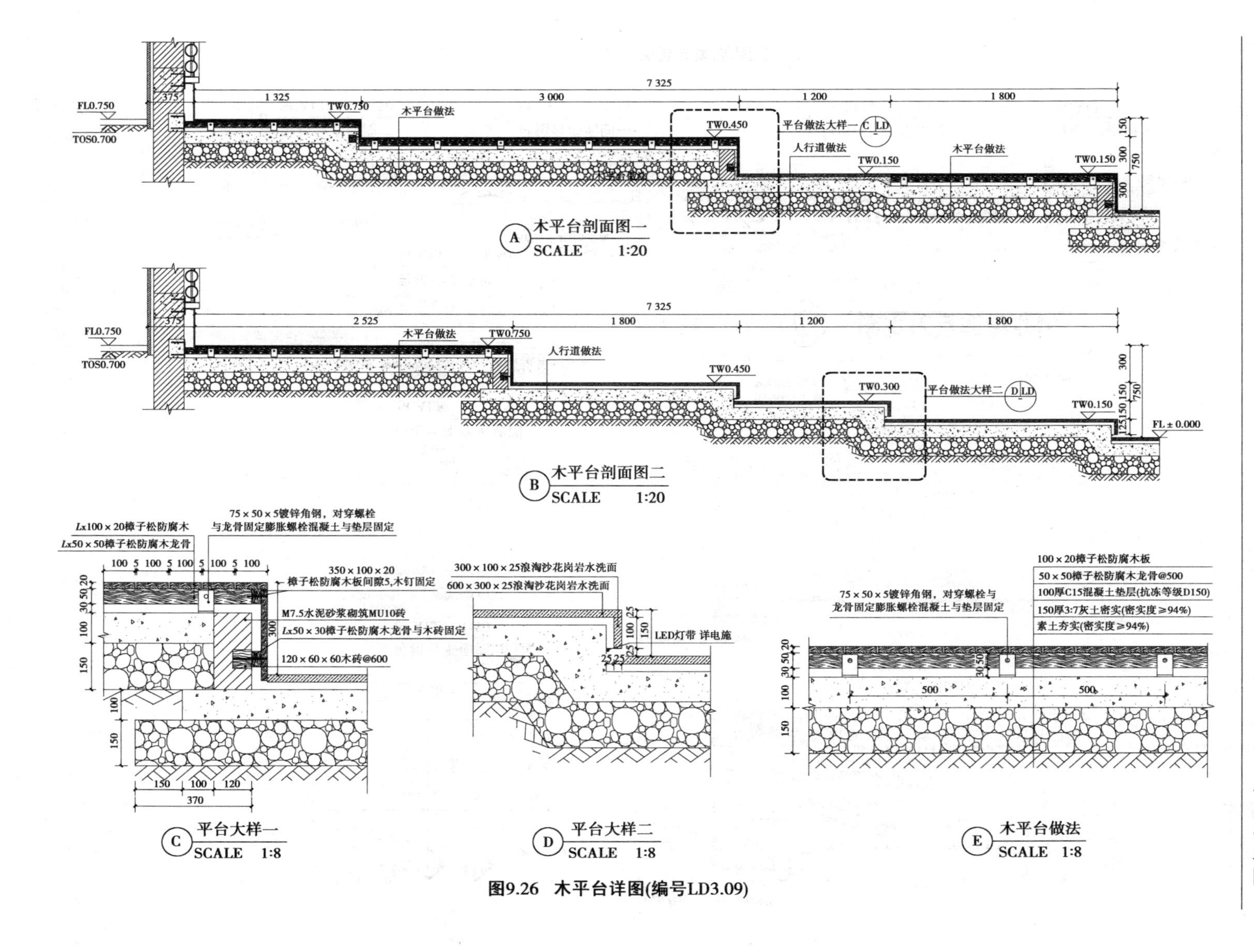

图9.26 木平台详图(编号LD3.09)

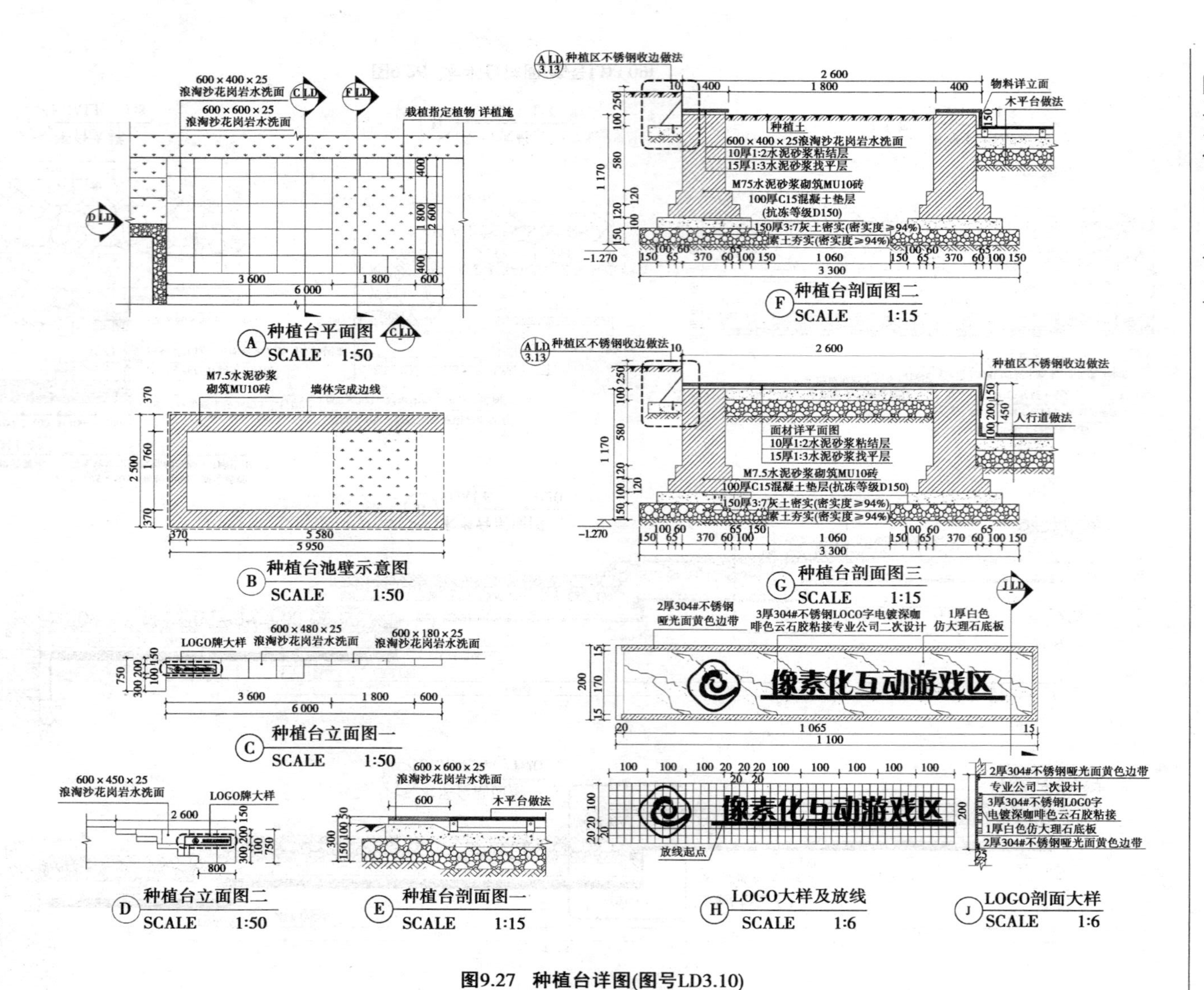

图9.27 种植台详图(图号LD3.10)

游戏互动种植区标高及尺寸信息详见图 9.28 所示,从该图可以得到区域内种植场地的规格数据。其剖面图标注竖向各构造层次选用的材料信息以及连接方法,比如角钢与垫层之间、碎石层与垫层通过 M8 膨胀螺栓固定,素土夯实层的密实度要求在 94% 以上,垫层的抗冻等级要求为 D150 等,如图 9.29 所示。

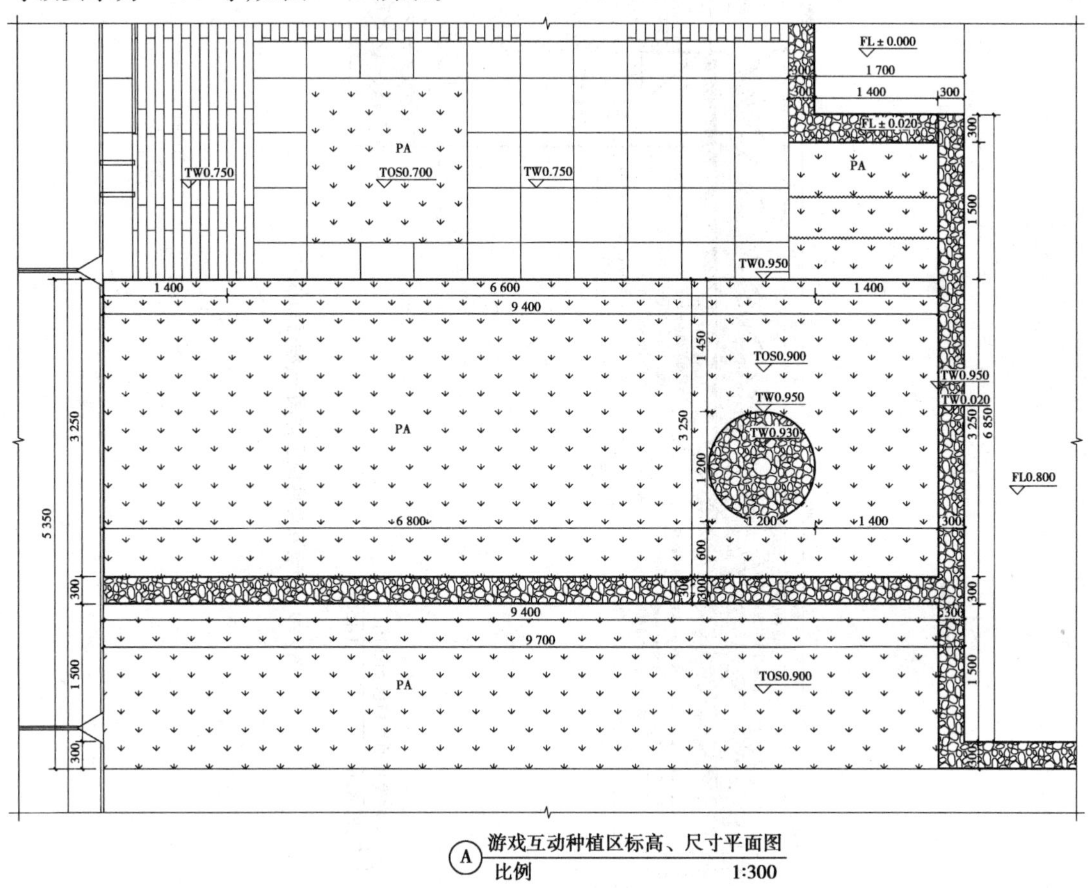

图 9.28 游戏互动种植区标高、尺寸平面图(编号 LD 3.12)

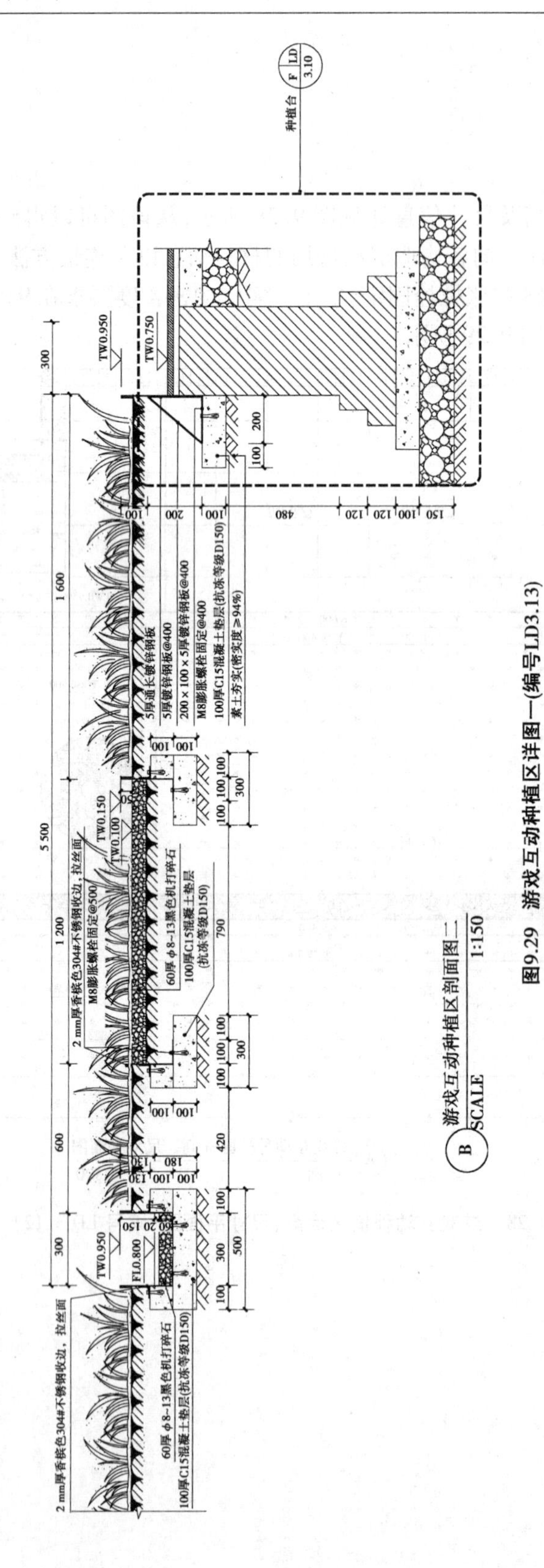

图9.29 游戏互动种植区详图一(编号LD3.13)

(5)“听水品茶”详图

“听水品茶”区域详图,主要内容包括索引物料平面图(如图 9.30 所示)、尺寸标高平面图、池壁和补水沟结构平面图、“听水品茶”详图、景墙详图等。

索引物料平面图展示该区域选用的铺装材质为 25 厚 400×400、500×400、900×800、800×800 的中国黑光面花岗岩,以及 25 厚 600×450 的芝麻灰荔枝面花岗岩等。图中还标示出穿孔板、可拆卸检修板的位置,疏水层、不锈钢手水槽选用的材质名称及规格,以及涌泉、景墙、剖面图、立面图等的详图索引。此外,一些特殊施工要求也在图中进行了标注,如铺装材料进行异型切割时需上端倒半径为 20 的圆弧等。

“听水品茶” 详图,即剖面图、剖面大样图和灯带安装详图等。剖面图中标注清楚竖向尺寸规格、构造信息等,如涌泉区域剖面如图 9.31 所示、水中孤植观赏树区域剖面如图 9.32 所示。

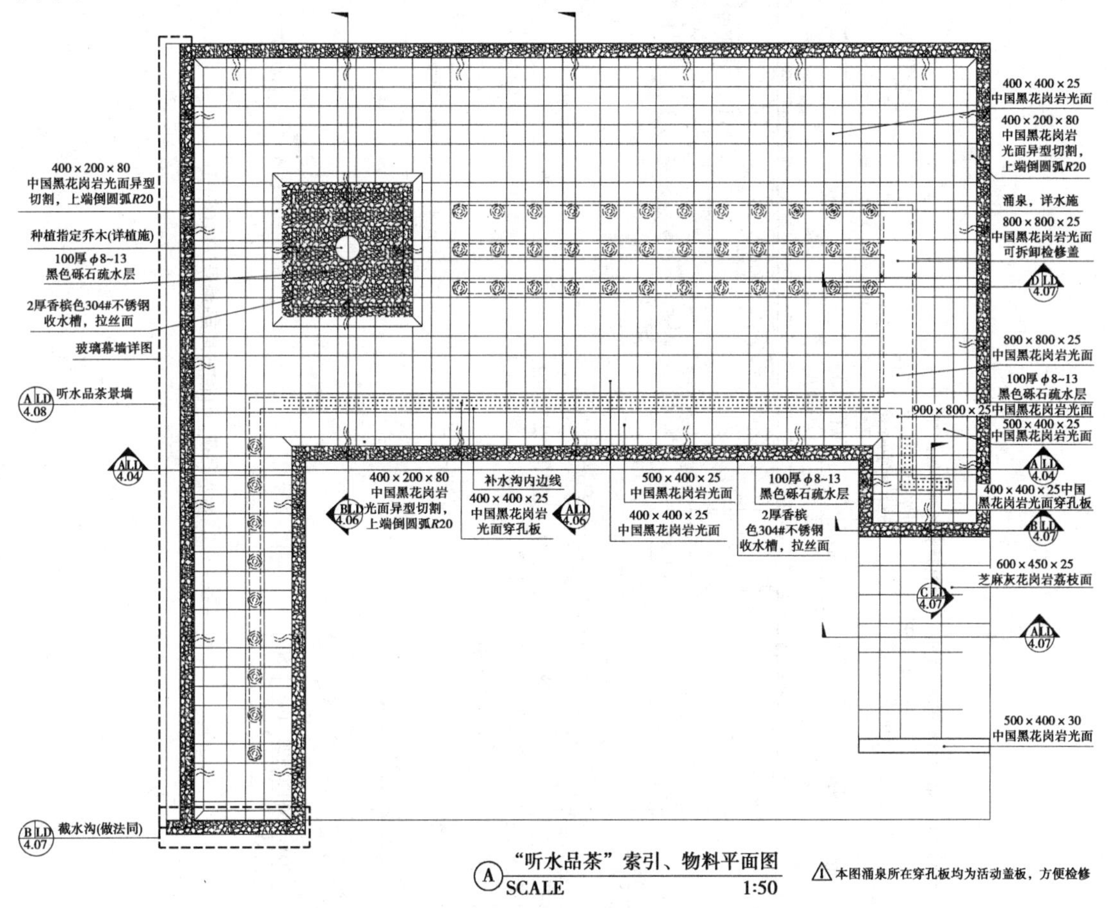

图 9.30 “听水品茶”索引、物料平面图局部(编号 LD 4.01)

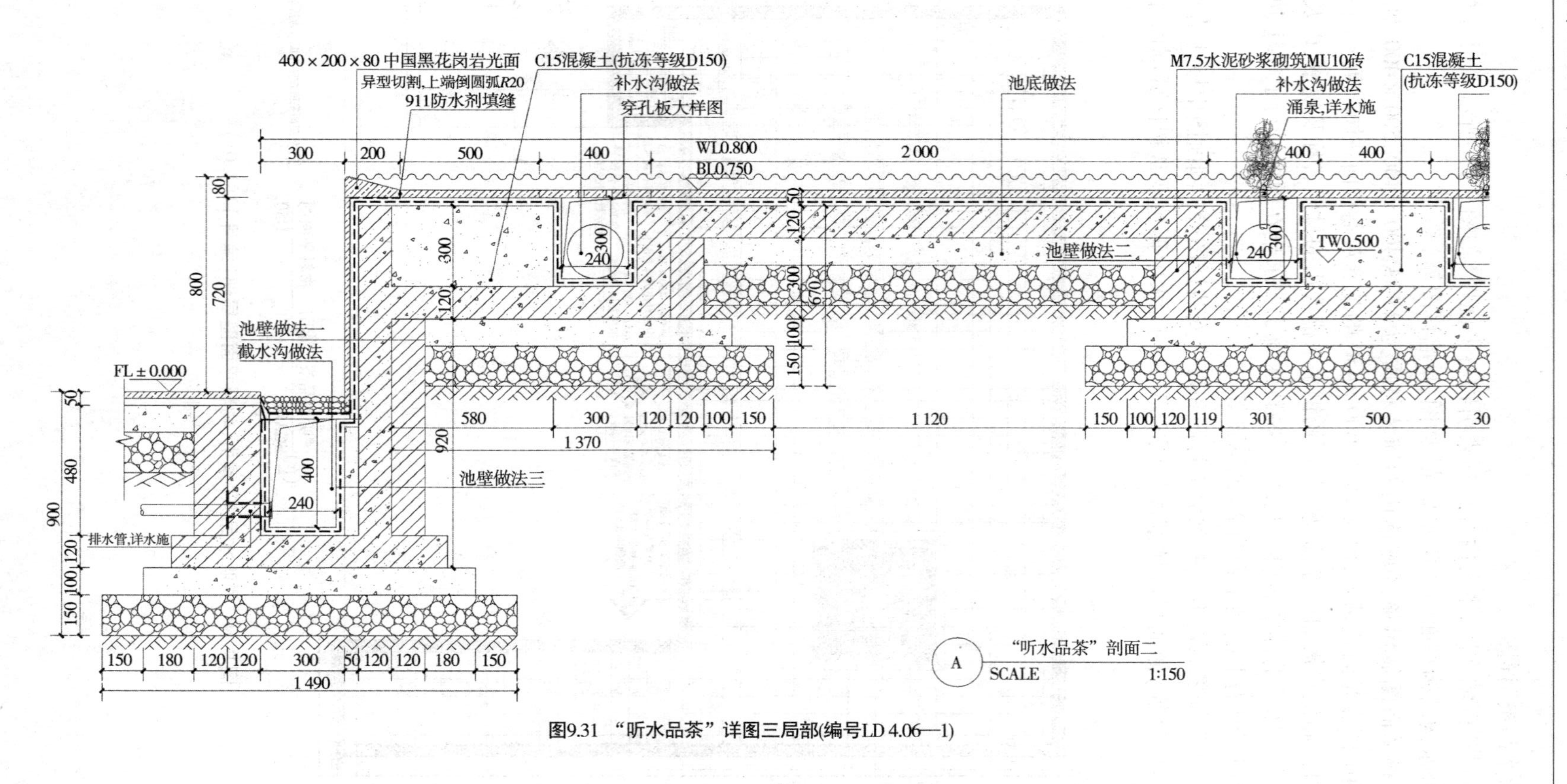

图9.31 “听水品茶”详图三局部(编号LD 4.06—1)

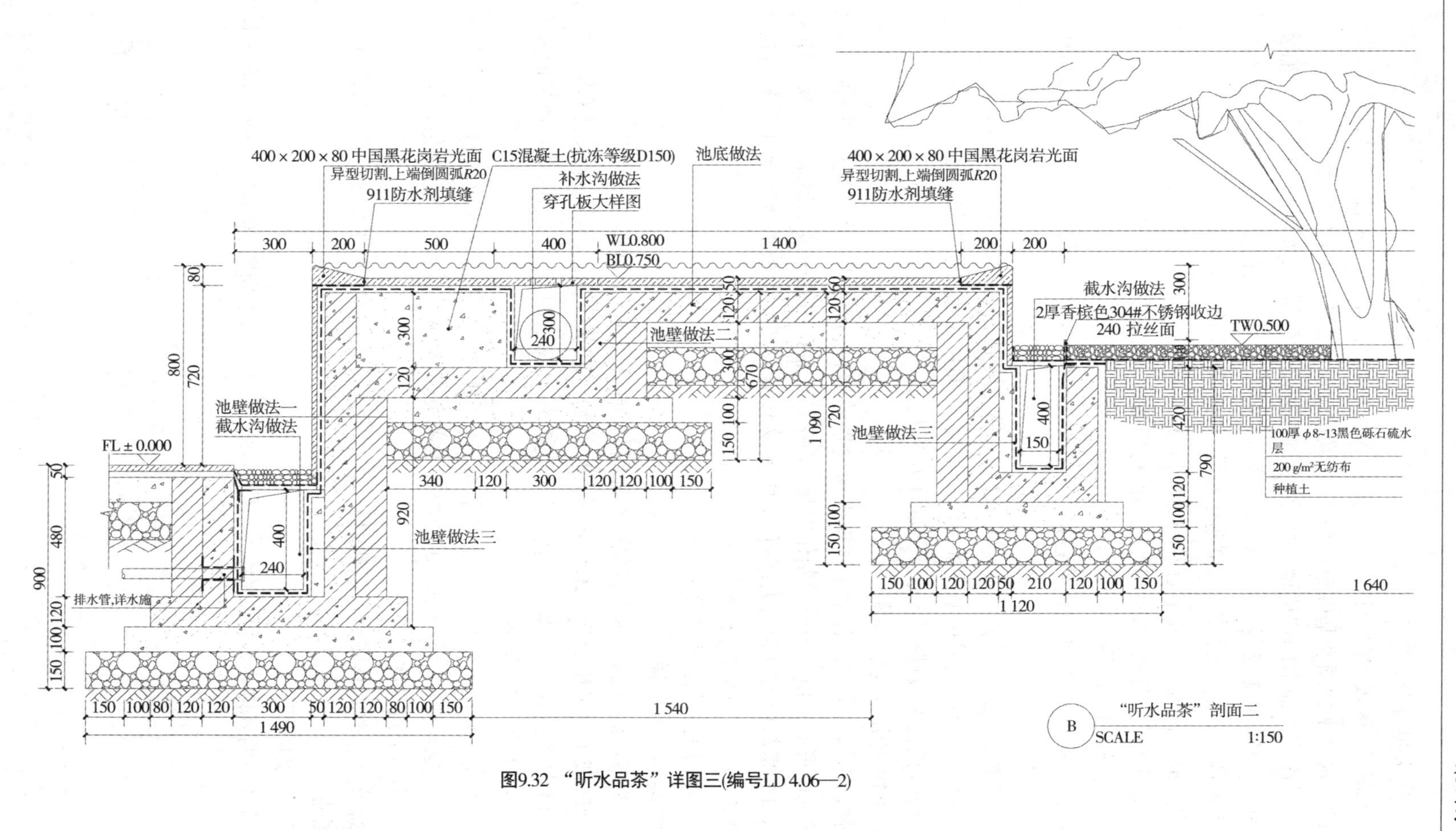

图9.32 "听水品茶"详图三(编号LD 4.06—2)

(6)“浅水灵音”详图

“浅水灵音”区域详图的具体内容包括:该区域的索引铺装平面图、尺寸标高平面图、立面图、剖面图、水景平面图和基础布置平面图、墙拉结筋示意图、泵坑详图等。

索引平面图标注出剖切位置、立面图及剖面图的索引符号,如图9.33所示。铺装平面图中标明材质名称、规格、颜色、表面处理方式,点景树、补水沟、涌泉等的位置,以及排水沟盖板大样索引和挡水石的材质、规格、倒角半径等,如图9.34所示。

剖面图描绘该区域尺寸信息及构造详情,包括种植区与建筑之间、水景区有效补水、排水的施工处理手法等,各层次、各构件选用的材料名称、规格等,如图9.35所示。

(7)“风语廊架”详图

“风语廊架”详图的具体内容包括:铺装和索引图、尺寸及竖向图、立面图、剖面图、大样图等。

廊架栅格采用定制铁艺夹玻材料、梁柱材质主要是深咖啡色不锈钢板,龙骨采用镀锌矩管,主梁采用工字钢,柱采用型钢外包不锈钢板,立面尺寸及材质规格如图9.36所示,主梁与柱连接大样、铁艺夹玻栅格安装大样如图9.37所示。

(8)不锈钢山形盆景详图

不锈钢山形盆景详图包括不锈钢山形盆景的物料和索引图、尺寸竖向图、剖立面图。其中,不锈钢山形盆景由专业公司制作安装,安装方法需在图纸中展示出来。盆景基座采用20厚300×200贵州白木纹光面大理石,基座下设LED灯带。盆景的具体尺寸及竖向构造分层信息详见图9.38、图9.39和图9.40。

(9)“叠山抱朴”详图(略)

(10)会客茶室区详图

会客茶室区图纸的具体内容包括平面图、立面图、剖面图、详图和效果图。

坐凳区域主要采用贵州白木纹光面大理石和芝麻灰烧面花岗岩,疏水层采用100厚、直径为8~13的黑色砾石,仿真火盆台、室外坐凳、灯具做法的索引信息以及具体平面尺寸标高数据如图9.41和图9.42所示。

仿真火盆台采用黑色铁质成品电子火焰盆,其剖面图中需标明火盆台与地面的嵌合方式,素土夯实层与垫层之间为150厚3:7灰土密实层,竖向尺寸及具体分层信息详见图9.43。

(11)小憩节点详图

小憩节点详图的具体内容包括铺装索引平面图、尺寸及竖向平面图、立面图、剖面图和大样图(图略)。

(12)景墙详图

景墙详图的具体内容包括物料索引平面图、尺寸标高平面图、立面图、剖面图和大样图。

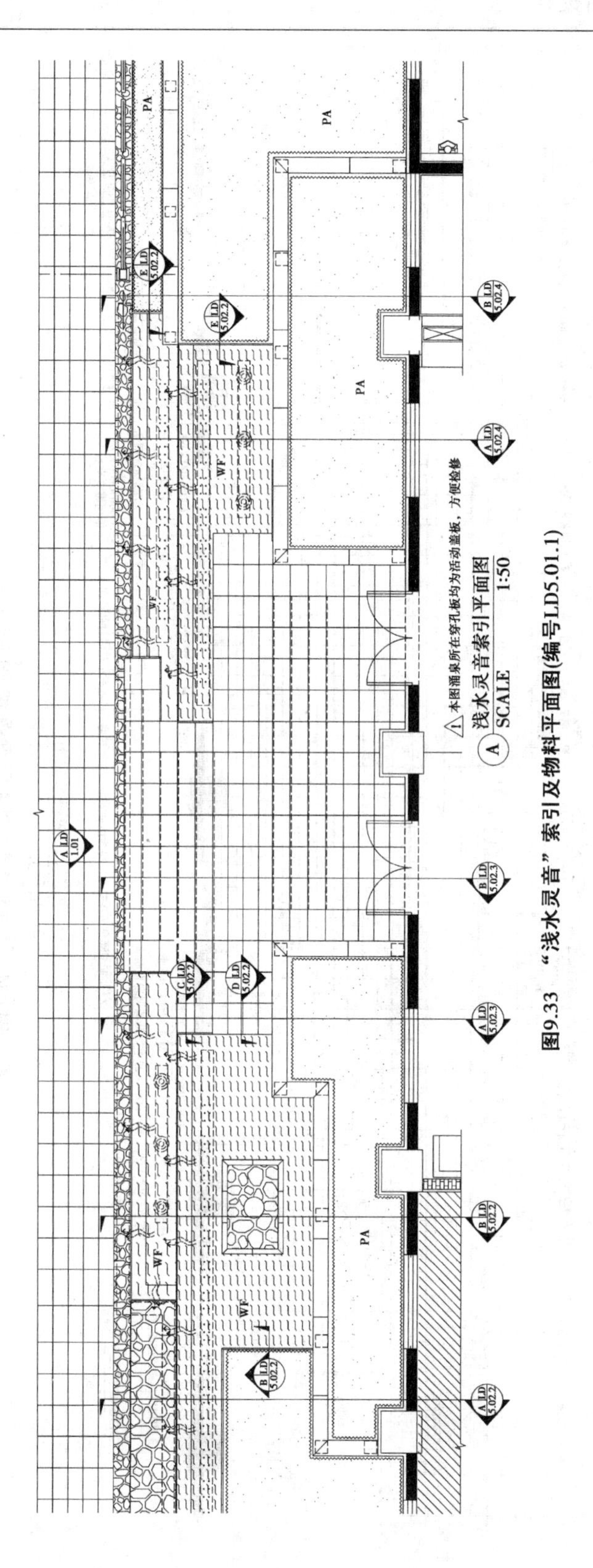

图9.33 “浅水灵音”索引及物料平面图(编号LD5.01.1)

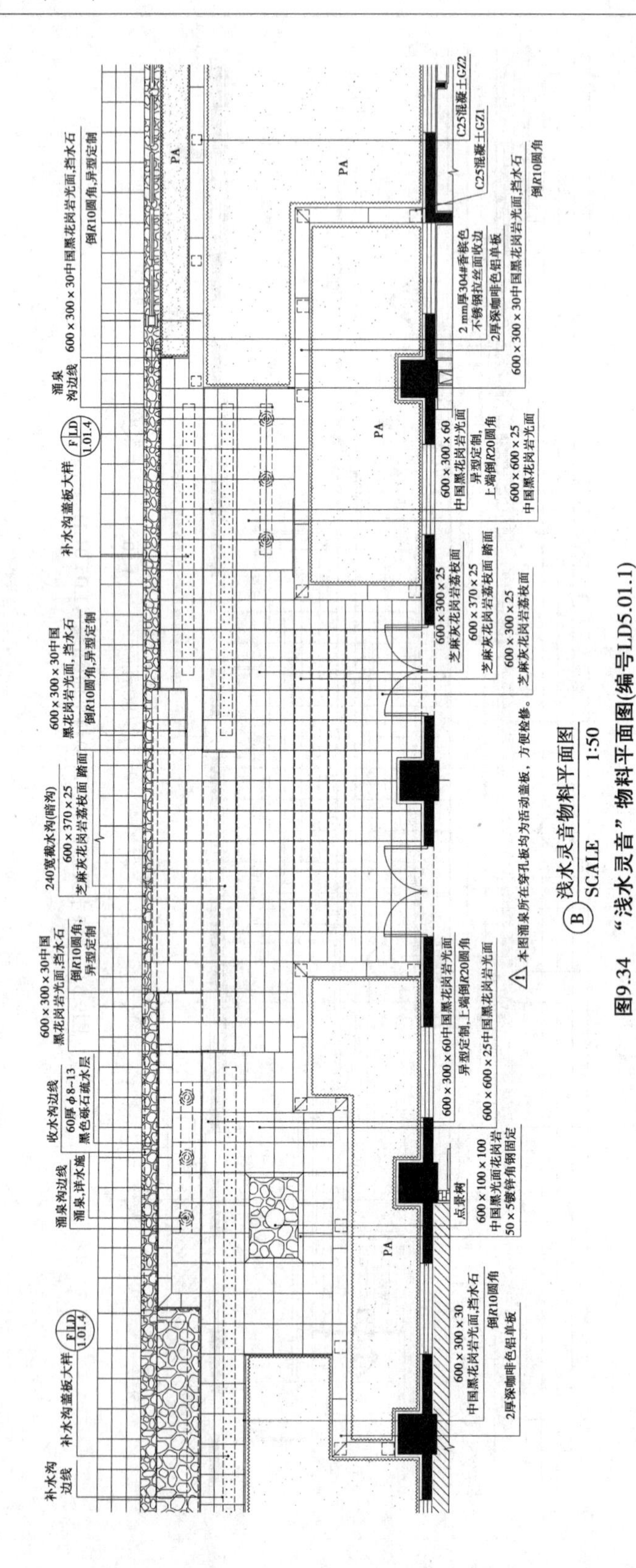

图9.34 “浅水灵音”物料平面图(编号LD5.01.1)

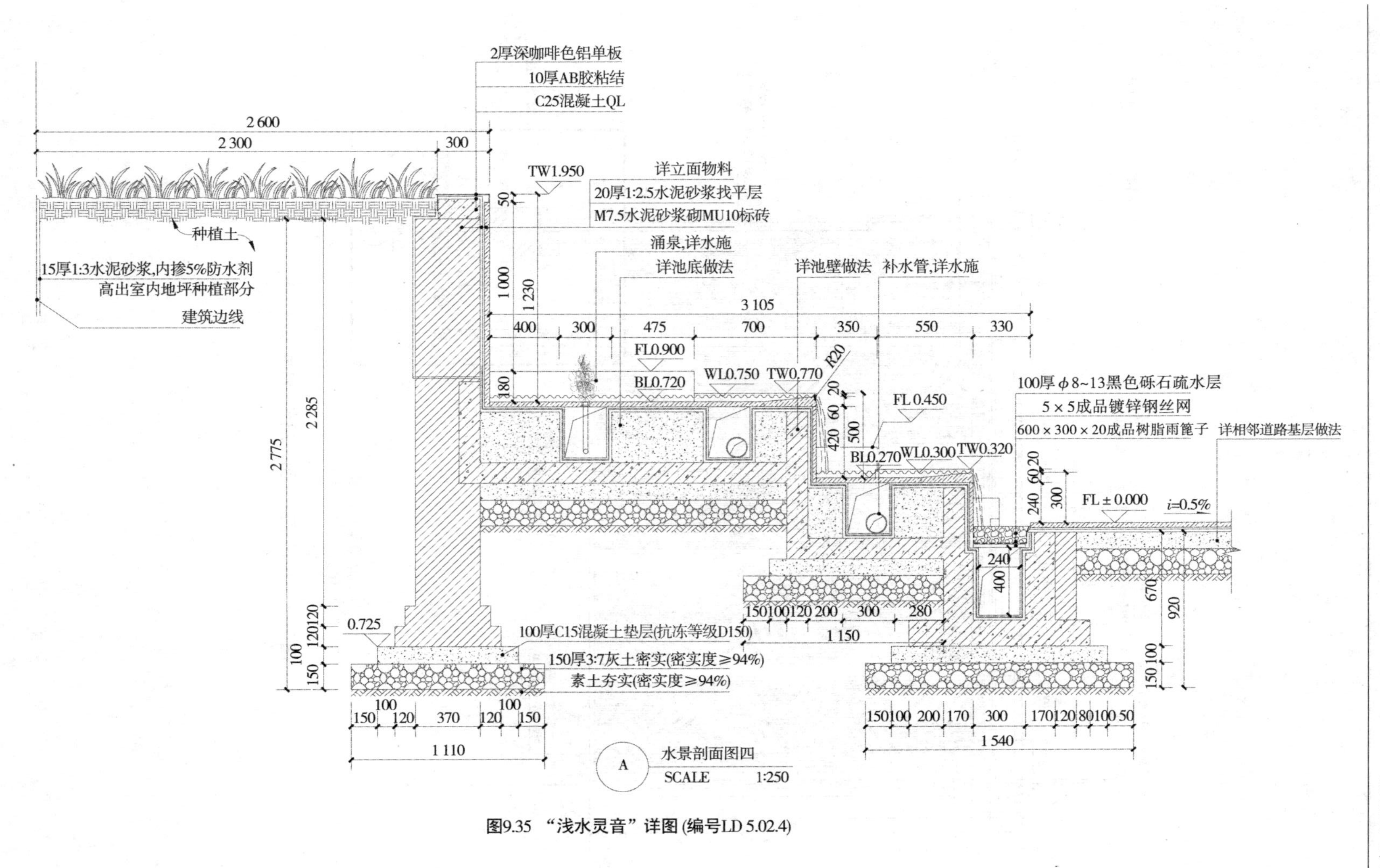

图9.35 "浅水灵音"详图(编号LD 5.02.4)

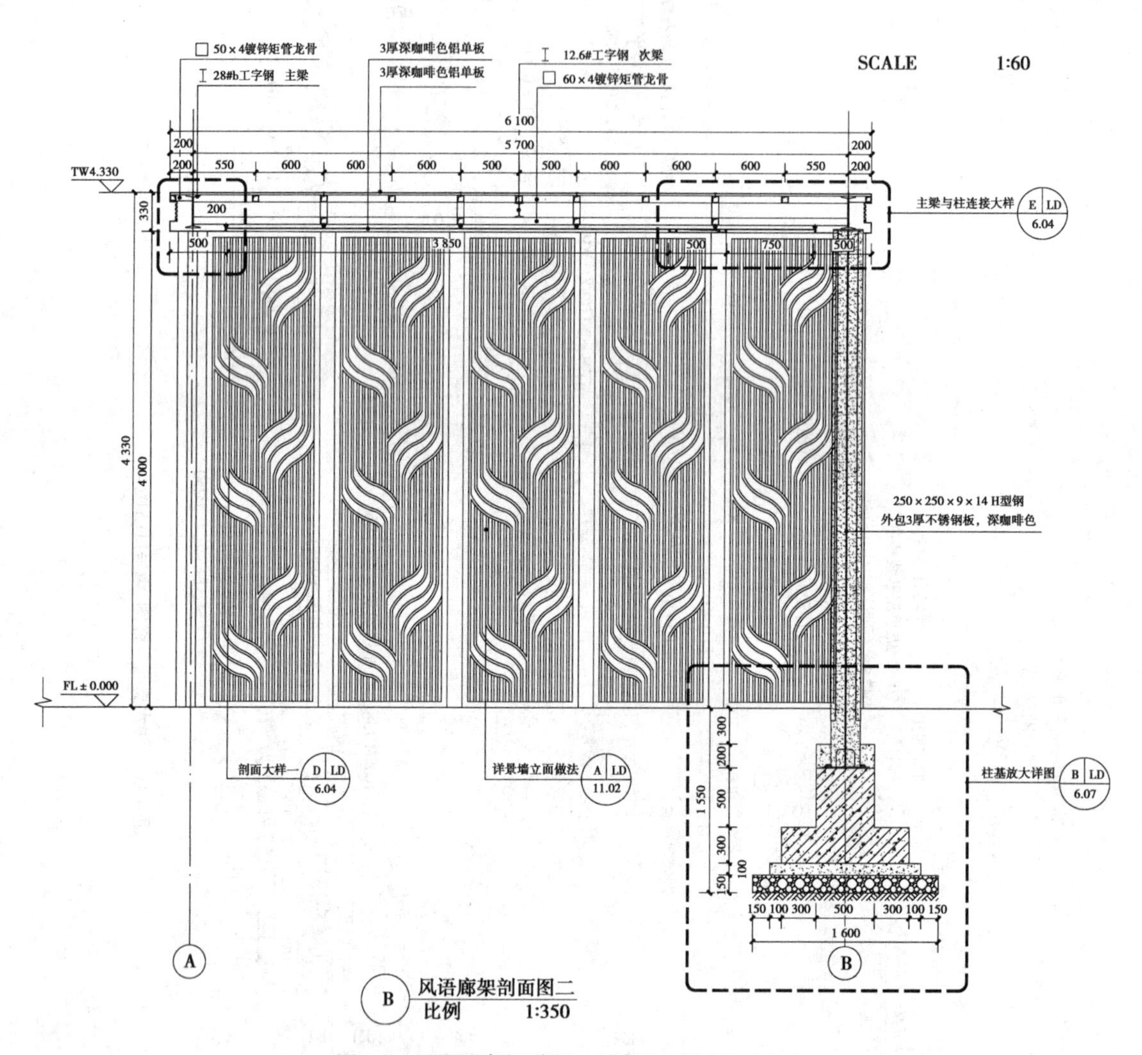

图9.36 风语廊架详图一局部(编号 LD 6.03)

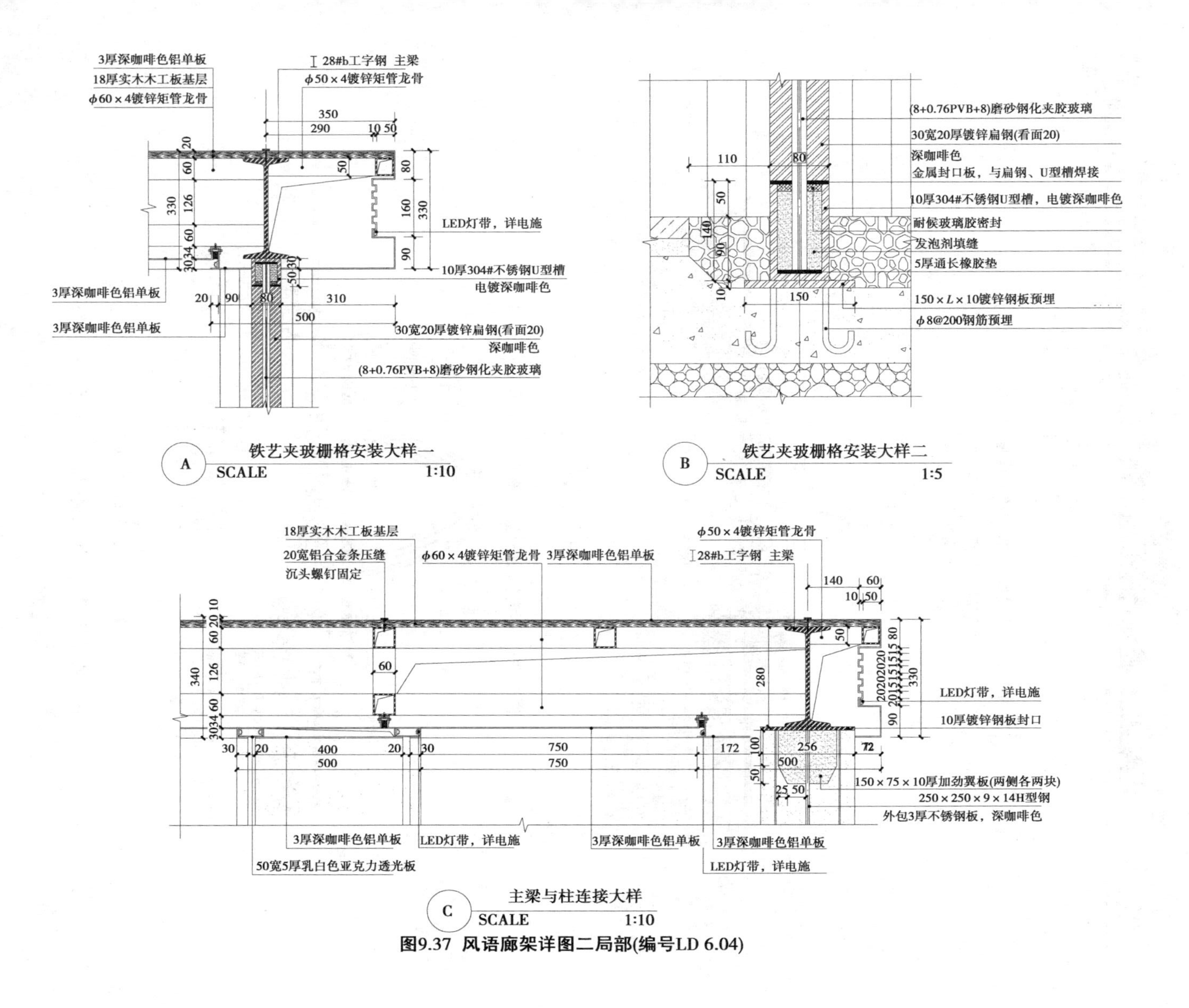

图9.37　风语廊架详图二局部(编号LD 6.04)

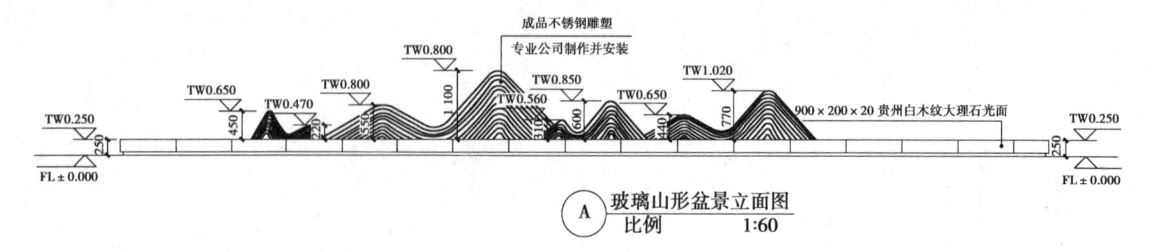

图 9.38 不锈钢山形盆景立面图(编号 LD 7.02)

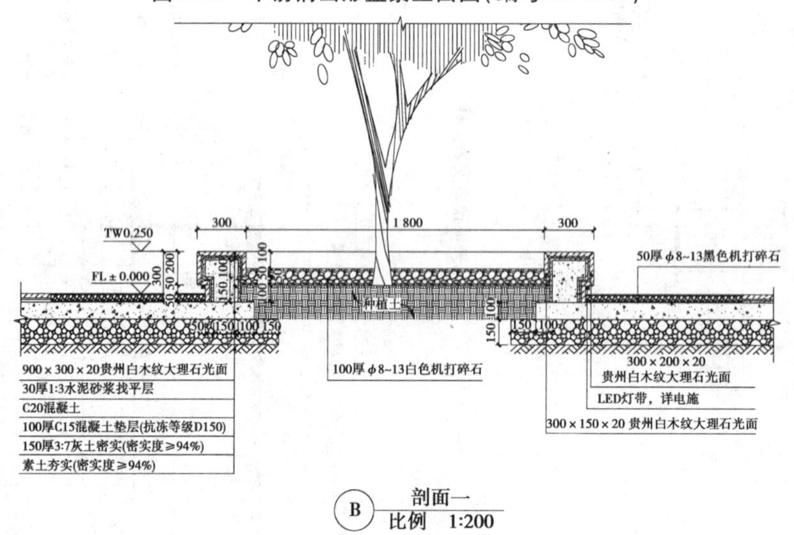

图 9.39 不锈钢山形盆景剖面一(编号 LD 7.02)

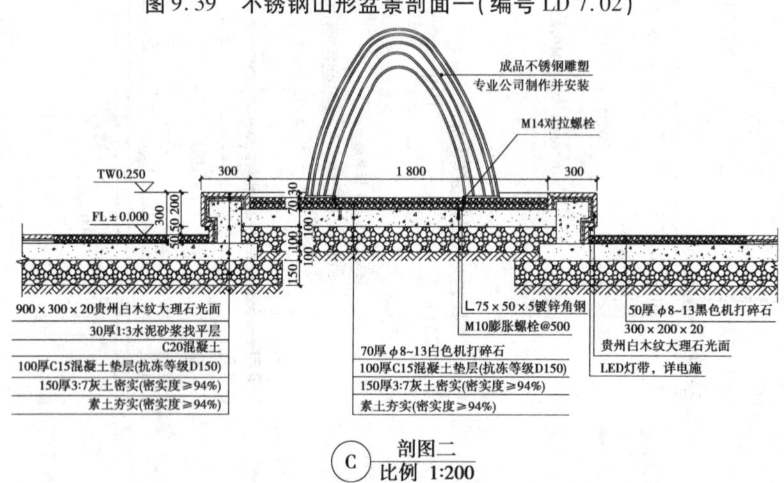

图 9.40 不锈钢山形盆景剖面二(编号 LD 7.02)

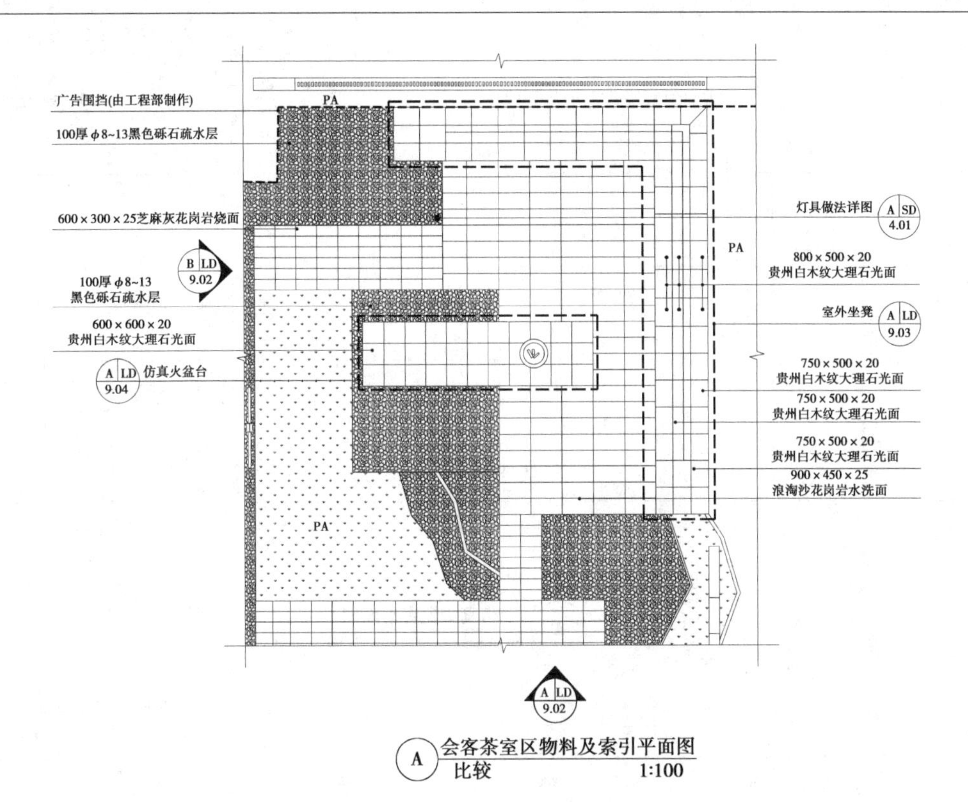

图9.41 会客茶室区物料及索引平面图（编号LD 9.01）

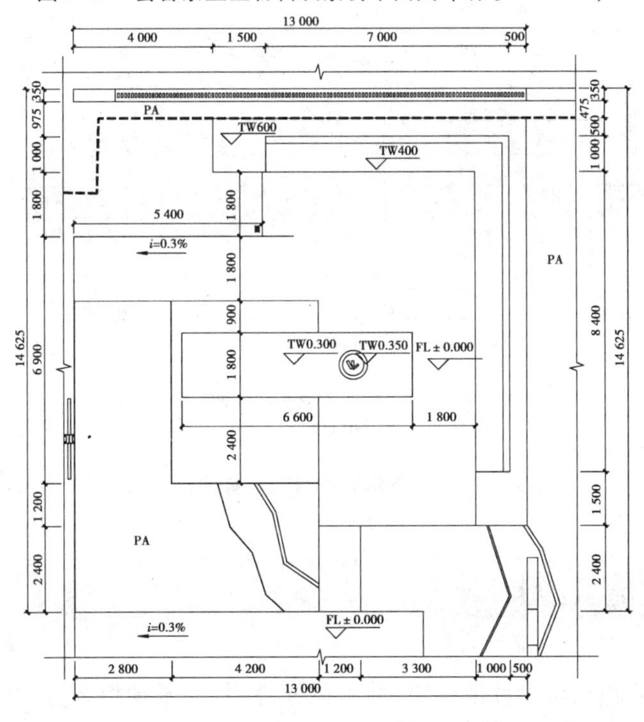

图9.42 会客茶室区竖向平面图（编号LD 9.01）

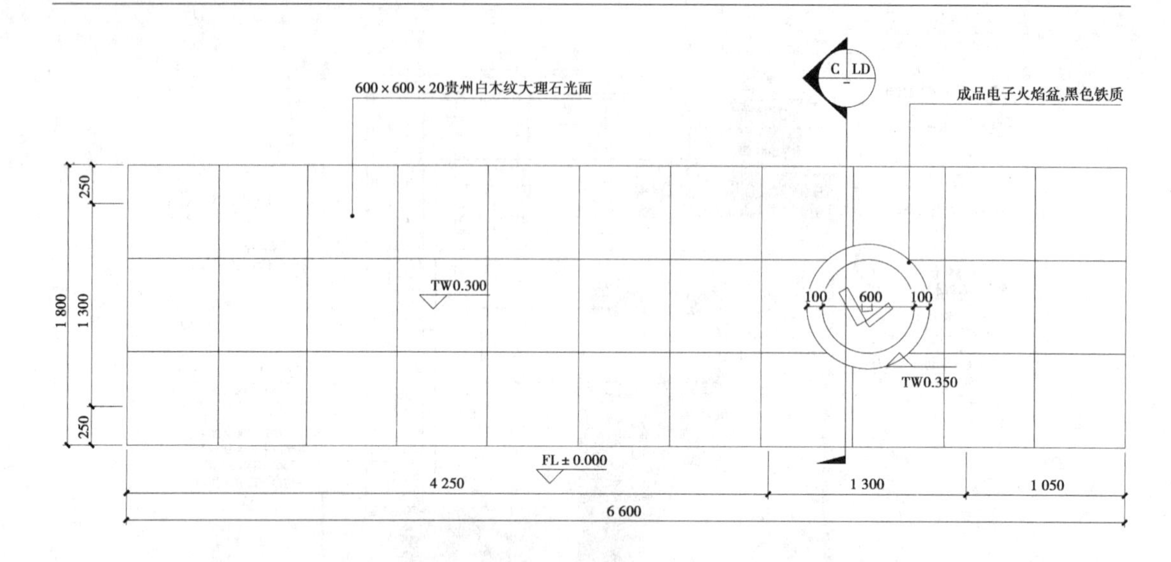

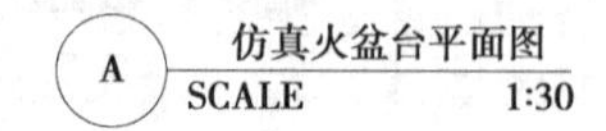
A 仿真火盆台平面图
SCALE 1:30

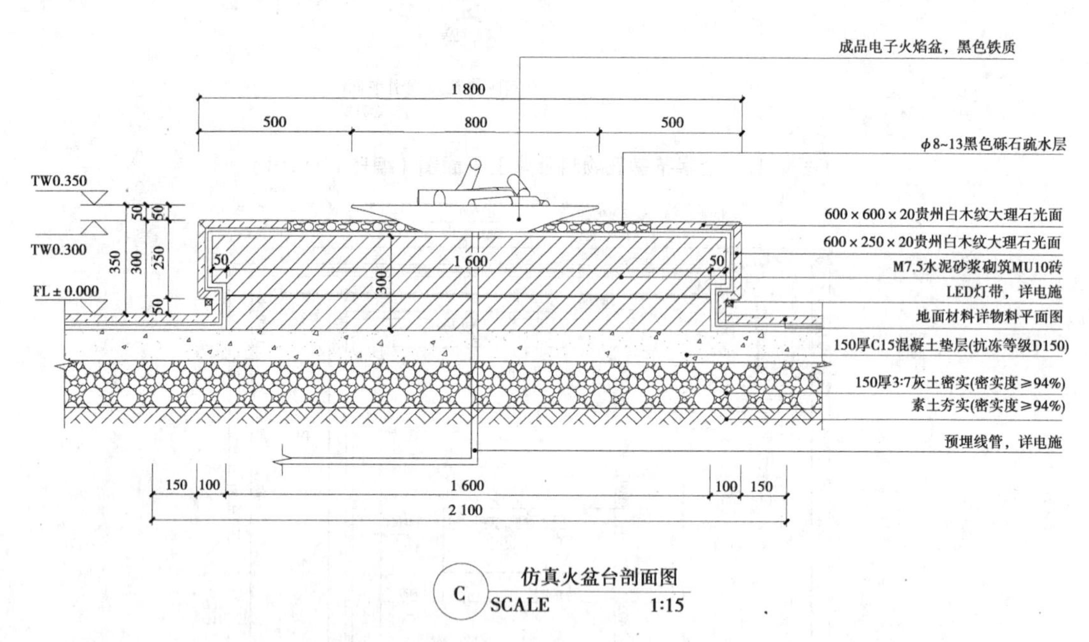

C 仿真火盆台剖面图
SCALE 1:15

图9.43　会客茶室区详图二（编号LD 9.04）

9.3　软景施工图

软景施工图主要包括植物种植说明、乔木撑杆说明、乔木种植要点、灌木种植要点、草坪及竹类植物种植要点、地形营造及植物示意图、植物选型原则及要求、植物配置表、乔灌木配置平面图、乔木配置图、大乔点位图、点缀灌木配置图、基础灌木配置图、时花布置图、网格放线图。具体图纸编号和图幅如表9.5所示。

表9.5 软景施工图目录

序号	图纸编号	图纸内容	备注	序号	图纸编号	图纸内容	备注
1	T-1.01	植物图纸目录	A2	11	T-1.11	地形营造及植物示意图二	A2
2	T-1.02	植物设计种植说明(一)	A2	12	T-1.12	植物选型原则及要求	A2
3	T-1.03	植物设计种植说明(二)	A2	13	T-1.13	植物配置表	A2
4	T-1.04	乔木撑杆说明(一)	A2	14	LA 1.01	乔灌木配置合图	A2 +1
5	T-1.05	乔木撑杆说明(二)	A2	15	LA 1.02	乔木配置图	A2 +1
6	T-1.06	乔木种植要点	A2	16	LA 1.03	大乔点位图	A2 +1
7	T-1.07	灌木种植要点	A2	17	LA 1.04	点缀灌木配置图	A2 +1
8	T-1.08	草木及竹类植物种植要点	A2	18	LA 1.05	基础灌木配置图	A2 +1
9	T-1.09	地形营造	A2	19	LA 1.06	时花布置图	A2 +1
10	T-1.10	地形营造及植物示意图一	A2	20	LA 1.07	网格放线图	A2 +1

(1)植物设计种植说明

植物设计种植说明包括的内容有:设计依据、设计范围、设计内容、设计原则、施工前准备工作、苗木选购要求、种植要求、屋顶花园及架空层植物、植物修剪要求及其他。

设计依据有建设单位提供的地形图以及相关的测量数据、建设单位认定的方案以及相关的修改意见、现有地形的实际状况及设计产生的地形高差、相关行业规范。设计内容为设计工程苗木的品种、数量及质量要求、各特色景观区内的植物配置形式及施工要点。在“其他”部分可就除前述内容外的相关内容进行补充(例如苗木规格说明),如图9.44所示。

(2)乔木撑杆说明

该部分包括裸根乔木种植详图、结构性容器乔木种植详图、铺砌单元乔木种植详图、大型乔木种植详图、结构物上乔木撑杆种植详图、斜坡上乔木撑杆种植详图、棕榈科植物种植详图。

裸根植物种植时,树坑直径至少应超出根系范围300 mm,乔木根茎相对地面表面找平层的高度应等于或略大于相对于原种植土高度。支撑时,将树木与护木桩用井字形木框相固定,木框与杉杆连接,支撑杉杆表面去皮,与地面接触部分角度一致。树木根部种植物为夯实的经过处理的土壤混合物,土层厚150 mm,并进行灌溉。表层土壤围成浅碟形盆地形状,最小厚度不小于150 mm。表层土壤与土壤混合物之间增加一层树皮覆盖料或者木屑,最小厚度为50 mm。种植详图如图9.45所示。

结构性容器乔木种植时,满足结构要求的种植容器与根垛之间为改良回填土,通常厚度为300~600 mm,根垛上方为树皮覆盖层,最小厚度为75 mm,具体剖面详图如图9.46所示。

铺砌单元乔木种植穴最小为根垛直径的2倍,根垛下方为经过处理的地基土壤构成的基座,以防止树木下陷。铺砌单元下方设50 mm厚砂垫层,砂垫层与根垛之间设置分隔带。分隔带采用不可生物降解材料织物,以防杂草生长。此外,根垛顶部绳索要割去,粗麻布顶部三分之一也应该除去,如果是不可降解材料,应完全除去。排水方法详见图9.47。

大型乔木种植时,支撑杆与前述裸根乔木设置一致,断面分层和铺砌单元乔木种植一样,

植物种植设计说明(二)

11.1 冷季型草播种宜在秋季进行，也可在春季、夏季进行。

11.2 冷季型草分株栽植宜在北方地区春、夏、秋进行。

11.3 植生带、铺砌草皮或草卷，温暖地区四季均可进行，北方地区宜在春、夏、秋季进行。(详见草坪种植要点T-1.08)

12.种植花卉的各种花坛(花带、花境等)，应按照设计图定点放线，在地面准确划出位置、轮廓棱。面积较大的花坛，可用方格线法，按比例放大到地面。

13.停车场树木枝下高度标准:小型汽车: 2.5 m；中型汽车: 3.5 m;载货汽车: 4.5 m。停车场车位间绿化标准:绿化带一般宽度为1.5~2 m，乔木沿绿化带排列，间距应≥2.5 m。

八、屋顶花园及架空层植物

1.屋顶花园设计，必须充分考虑自然条件的要求，并且必须具备一定的条件，如结构坚固的要求，具有承载力和隔水，防水层以及排水设施等。

2.屋顶花园配置原则:

2.1 屋顶绿化土层相对较薄，多使用须根较多，水平根系发达的植物，以适应土层浅薄的要求，少用深根系植物。

2.2 考虑到屋顶的负荷有限，若要使用重量较大的乔木时，种植位置应设计在承重柱和主墙所在的位置。

2.3 植物应具有枝叶低矮或固着性较好的特点，应采取加固措施以利于植物的正常生长，树冠不宜过大，树体应较矮，多选择抗风，不易倒伏，耐积水的植物种类。

2.4 注意屋顶排风口位置，为保证植物存活，乔木种植时不可正对排风口。

3.在架空层中，靠南向直射光线最多，时间最长，靠南向附近可配置稍耐阴的植物，观花或者观赏植物。架空层的东向，除较短的直射光线外，大部分为散射光，仅为直射光强度1/5左右，但在靠西向的地方，夏季光照还要适当遮挡。冬季要补充室内光，应种植耐阴植物。在架空层靠北墙或内部角落位置，光源少，光线微弱，仅为直射光的20%左右，尽量不种植物。

九、植物修剪要求

1.乔木修剪要求:乔木每年修剪一次，常绿树种在春季修剪，落叶乔木在秋季修剪，枯枝、病虫枝及时修剪，保持树形优美，冠形丰满。爬藤植物整形要求：根据需要随时对爬藤，攀缘类植物进行捆扎牵引。

2.灌木修剪要求:

2.1 整形灌木应在新梢抽出10~15 cm时及时进行，绿篱的修剪应做到线条分明，轮廓清晰，圆弧形绿篱修剪应做到曲线流畅；

2.2 高灌木隔离带修剪后应平整垂直。彩色灌木绿篱带修剪成平滑的曲线体。

2.3 成片灌木组成的大色块要求多色彩灌木搭配，修剪平整。

3.草坪修剪:

3.1 草坪修建时不能伤害根颈；在温度适宜、雨量充沛的春季和秋季，冷季型草坪草一般每周修剪2次，修剪频率高于冬季和夏季的每周1次；

3.2 暖季型草坪的修剪频率则是夏季高于春季和秋季。

十、其他

1.以本图设计植物品种为主体，尽量保持原有生态绿化，在设计图中与原有树种位置有冲突时可在施工中视情况适当调整。

2.在灌木种植图中未标注区城均为草坪。

3.植物表中灌木高度均为修剪后高度。

4.苗木规格说明：

苗木规格符号说明

符号	名称	说明
ϕ	胸径	指乔木距离地面1.2 m高处树干的平均直径
DΦ	地径	指树木离地面30 cm处树干的平均直径
JΦ	基径	指树木离地面0 cm处的平均直径
H	高度	指苗木经过常处理后的自然高度
GH	干高	指具主轴无分枝形植物由树干的基部至顶端生长点的高度
L	藤长	指藤本植物的可攀缘长度
B	冠幅	指苗木经过常规处理后的枝冠正投影的正交直径平均值
D	株距	指行列式种植的乔灌及片植的地被株与株之间的种植间距

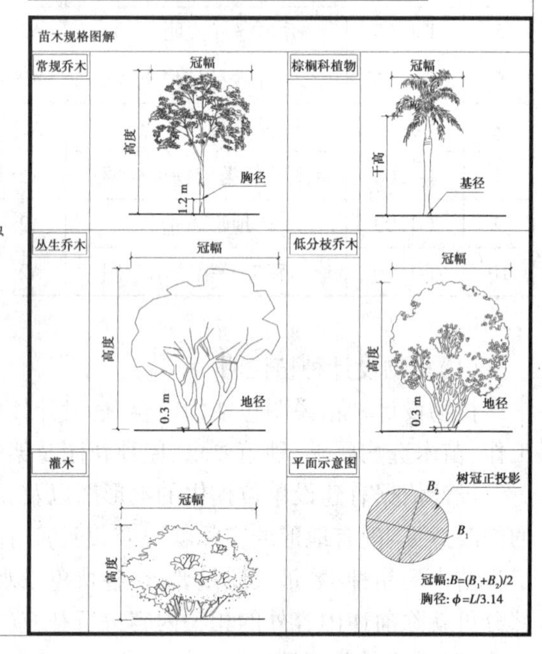

图 9.44　苗木规格图解

但基座斜面下端部设置土壤分隔带，分隔带下方放置过滤材料，过滤材料底部设 100 mm 开孔管道作为排水管，开孔位置为管道下部，如图 9.48 所示。

斜面上乔木种植与大型乔木相类似，如图 9.49 所示。结构物上种植乔木时，结构层上方设置排水层，其中排水层下有防水膜，并附有保护板，排水面层上设织物分隔带，根垛下设泡沫聚苯乙烯面层，再覆以种植土，如图 9.50 所示。

棕榈科植物种植时，原则上用铅锤定位竖直放置树干，树坑宽度为 2.5 倍根垛宽度，或者最小为 300 mm。在采用裸根直接埋入或者用麻布包裹树根的种植方法种植时，必须将树干和树叶系住 3 个月，对于使用种植容器的种植方法种植时，可解开系绳，系绳须为可生物降解材料，如麻绳等。树坑上方两侧用土壤堆成护台，围成浅碟形盆地形状，高度为 75 mm。采用直径 75 mm 开孔管道设置通气管孔，并用排水石料进行回填。树坑内使用满足设计要求的混合物(沙)回填料，厚度最小为 300 mm，下方设 100 mm 厚集料排水层，排水层下设直径为 100 ~ 150 mm 宽、1 200 mm 深的排水槽，排水槽使用排水石料或砾石，也可以选择设置开孔排水管道，如图 9.51 所示。

(3)乔灌草种植要点

该部分包括乔木种植要点(图 9.52)，灌木种植要点(图 9.53)以及草坪及竹类植物种植要点。

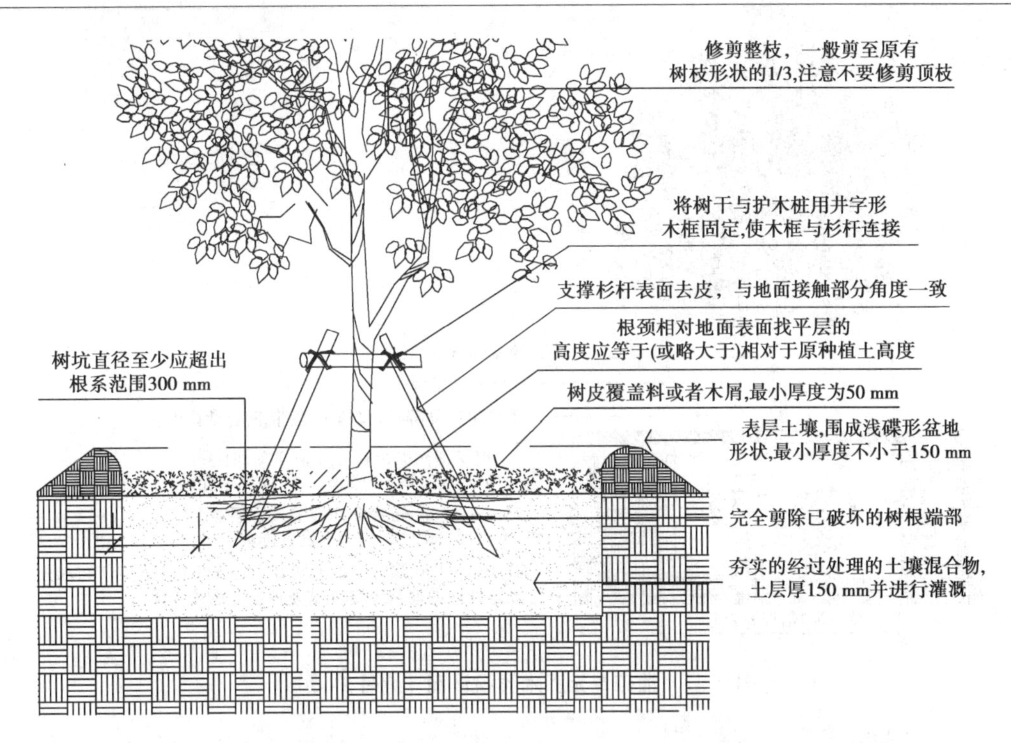

图9.45　裸根乔木种植详图（编号T-1.04）

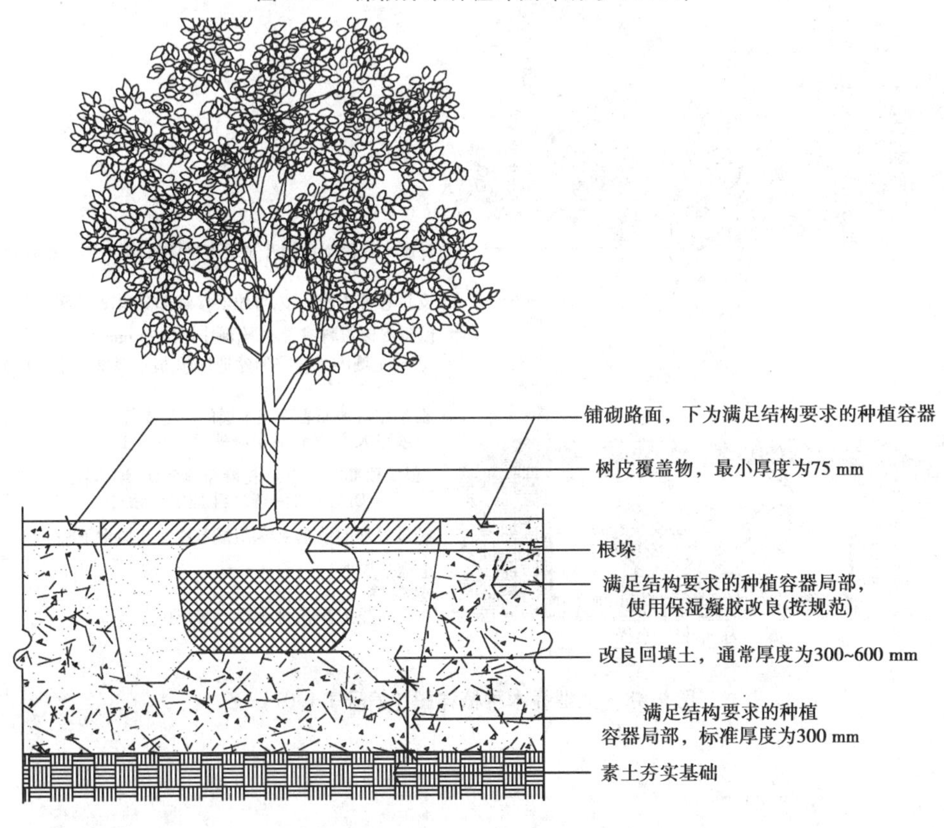

图9.46　结构性容器乔木种植详图（编号T-1.05）

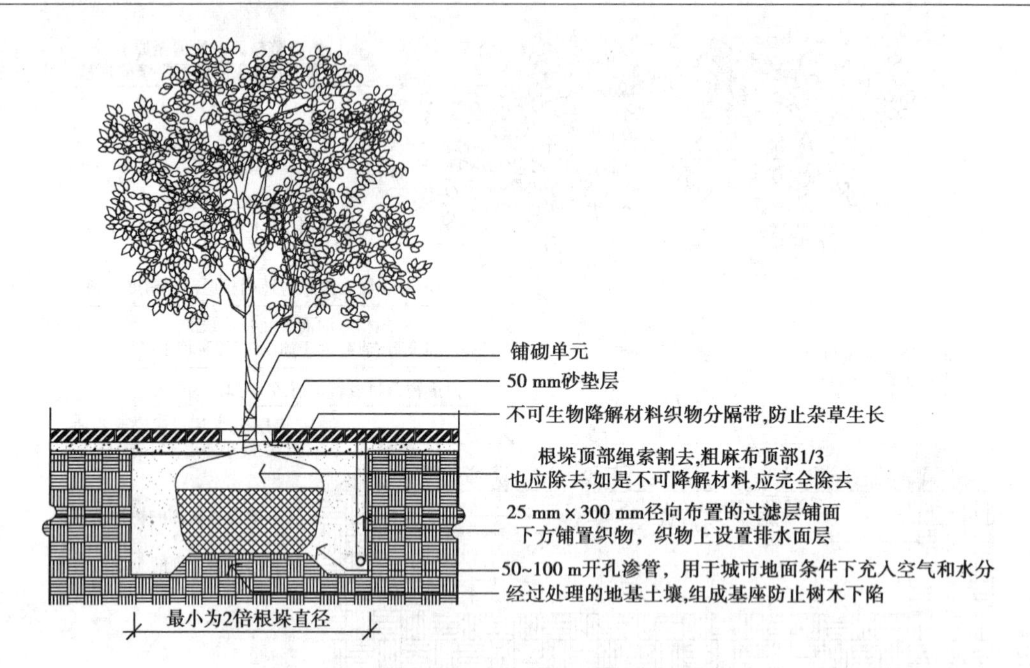

图 9.47 铺砌单元乔木种植详图（编号 T-1.06）

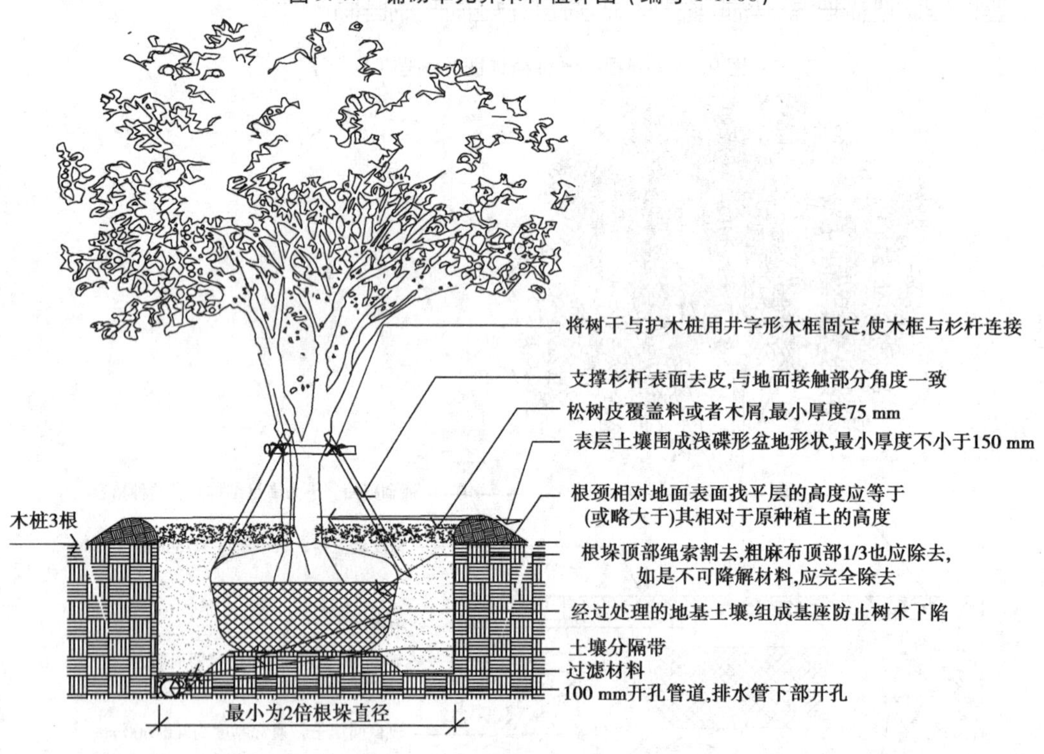

图 9.48 大型乔木种植详图（编号 T-1.07）

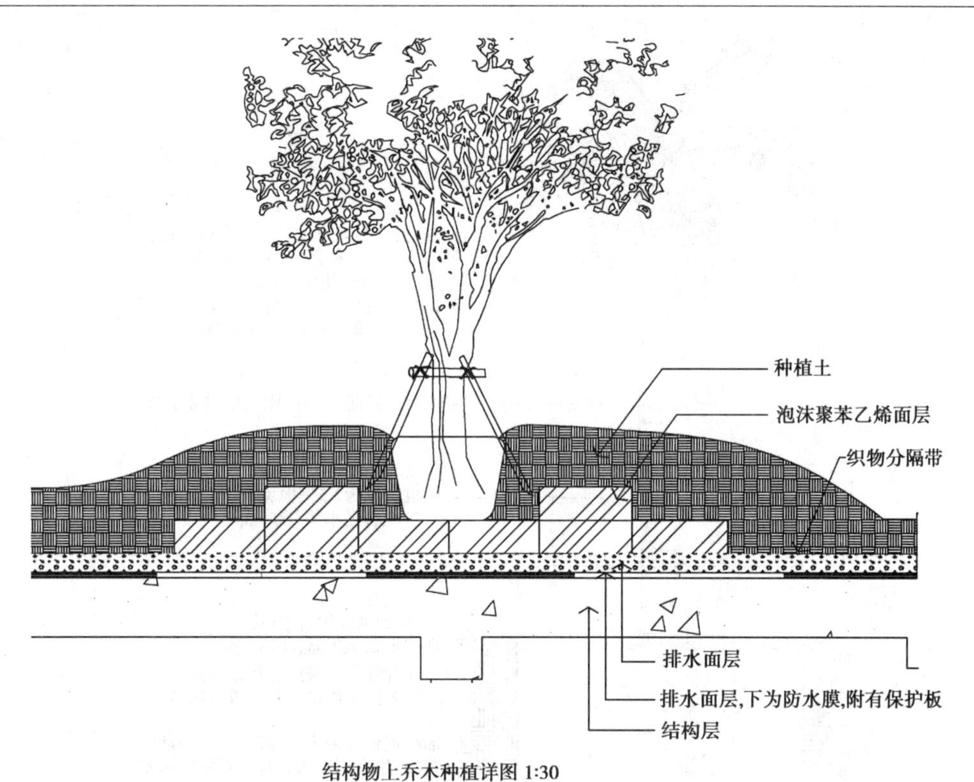

图 9.49 结构物上乔木撑杆种植详图（编号 T-1.08）

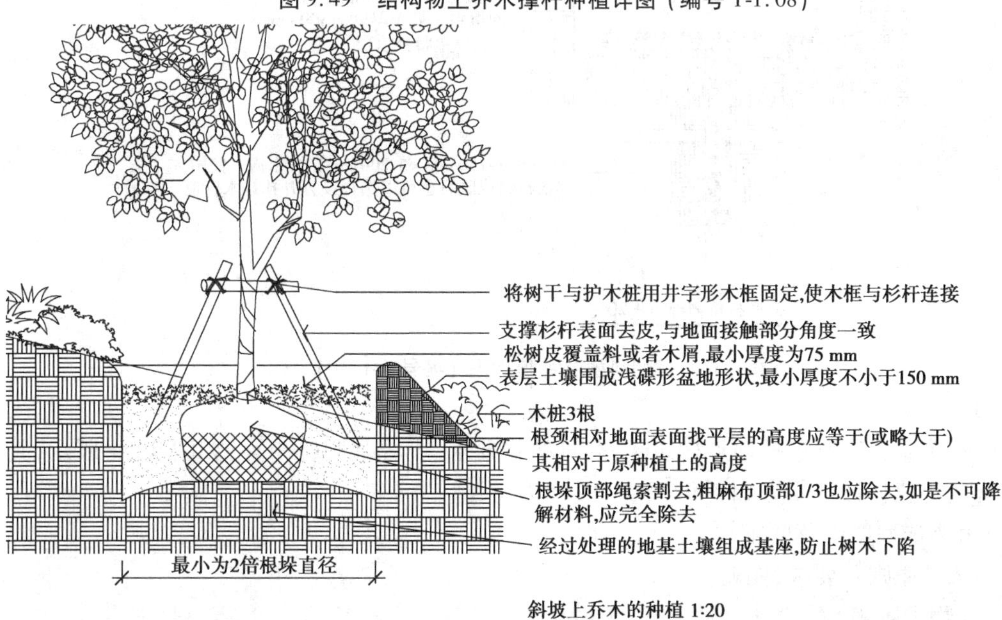

图 9.50 斜坡上乔木撑杆种植详图（编号 T-1.09）

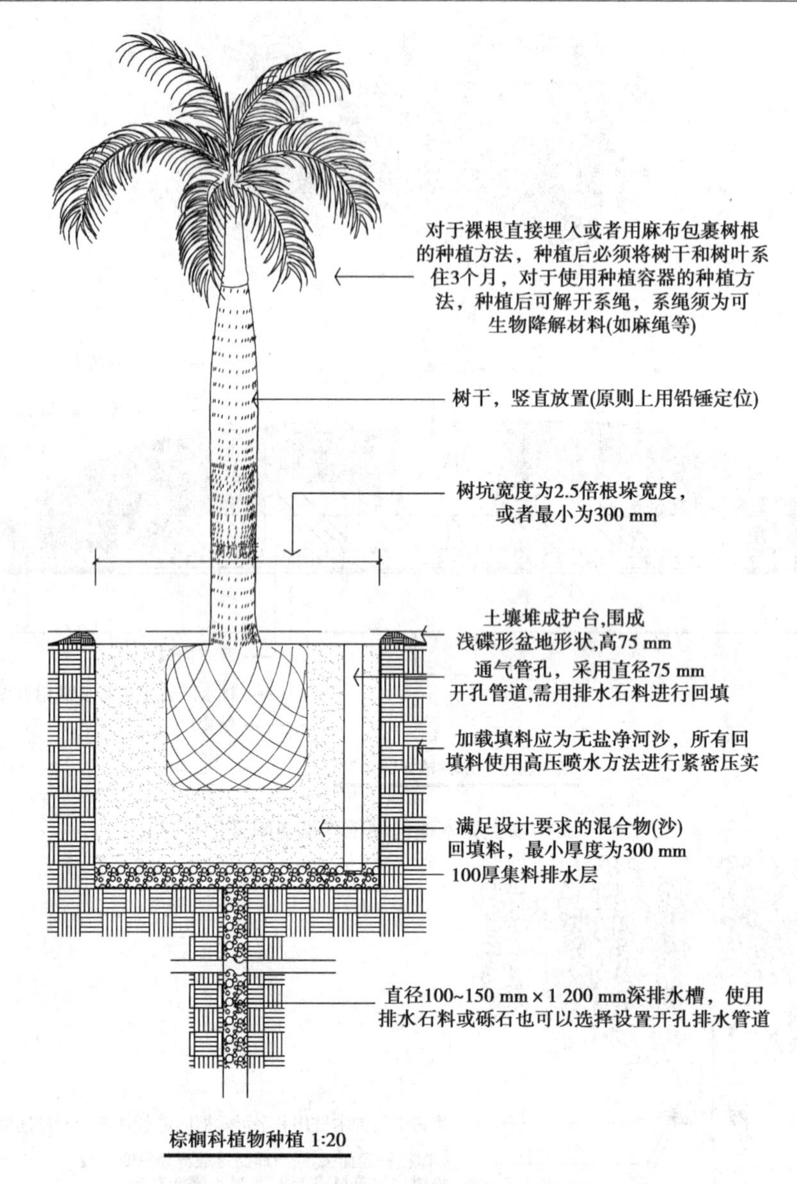

图9.51　棕榈科植物种植详图（编号T-1.10）

(4)地形营造

地形营造做法说明包括地形构筑步骤、种植物要求、土壤基肥等内容,如图9.54所示,其中地形营造与植物种植要点如图9.55、图9.56所示。

(5)植物选型原则及要求

植物选型原则及要求,图略。

(6)植物配置表

乔木配置表中涵盖了本展示区使用的所有乔木信息,包括品种名、胸径、高度、冠幅、分支点、工程量、选型情况等,如表9.6所示。灌木配置表中包括工程量、密度、规格(修剪后高度、冠幅)等,如表9.7所示。

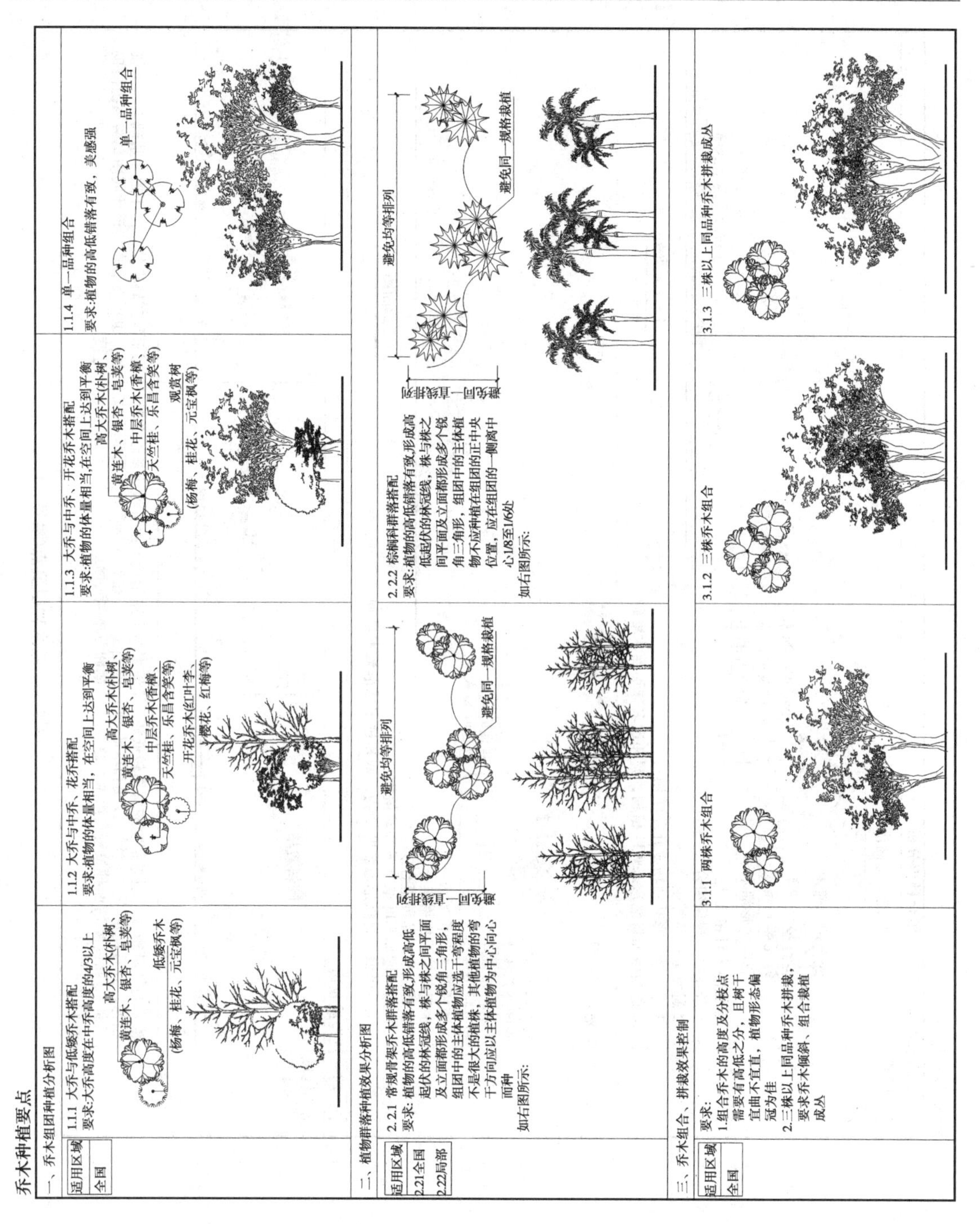

图 9.52 乔木种植要点（编号 T-1.11）

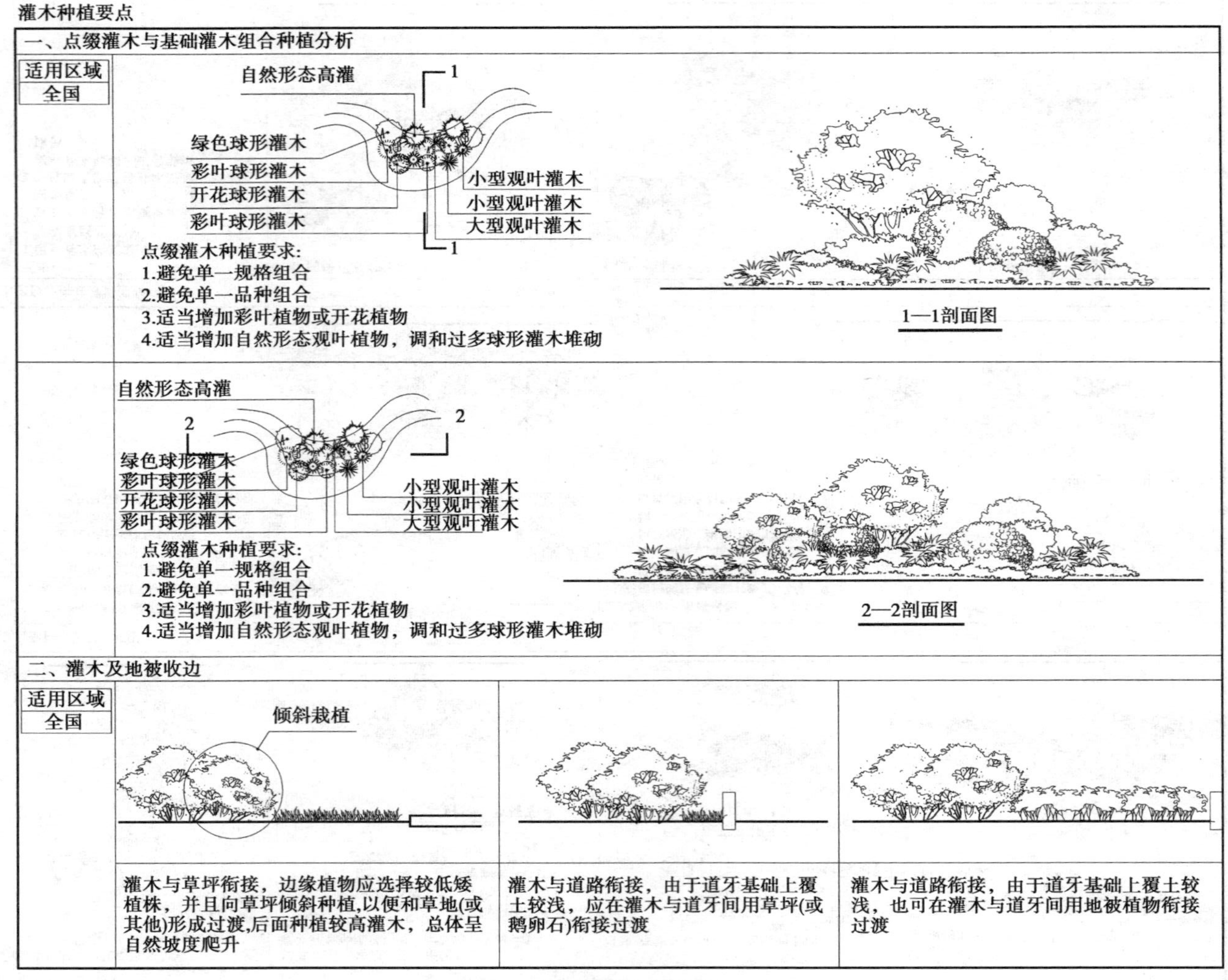

图9.53　灌木种植要点(编号T-1.12)

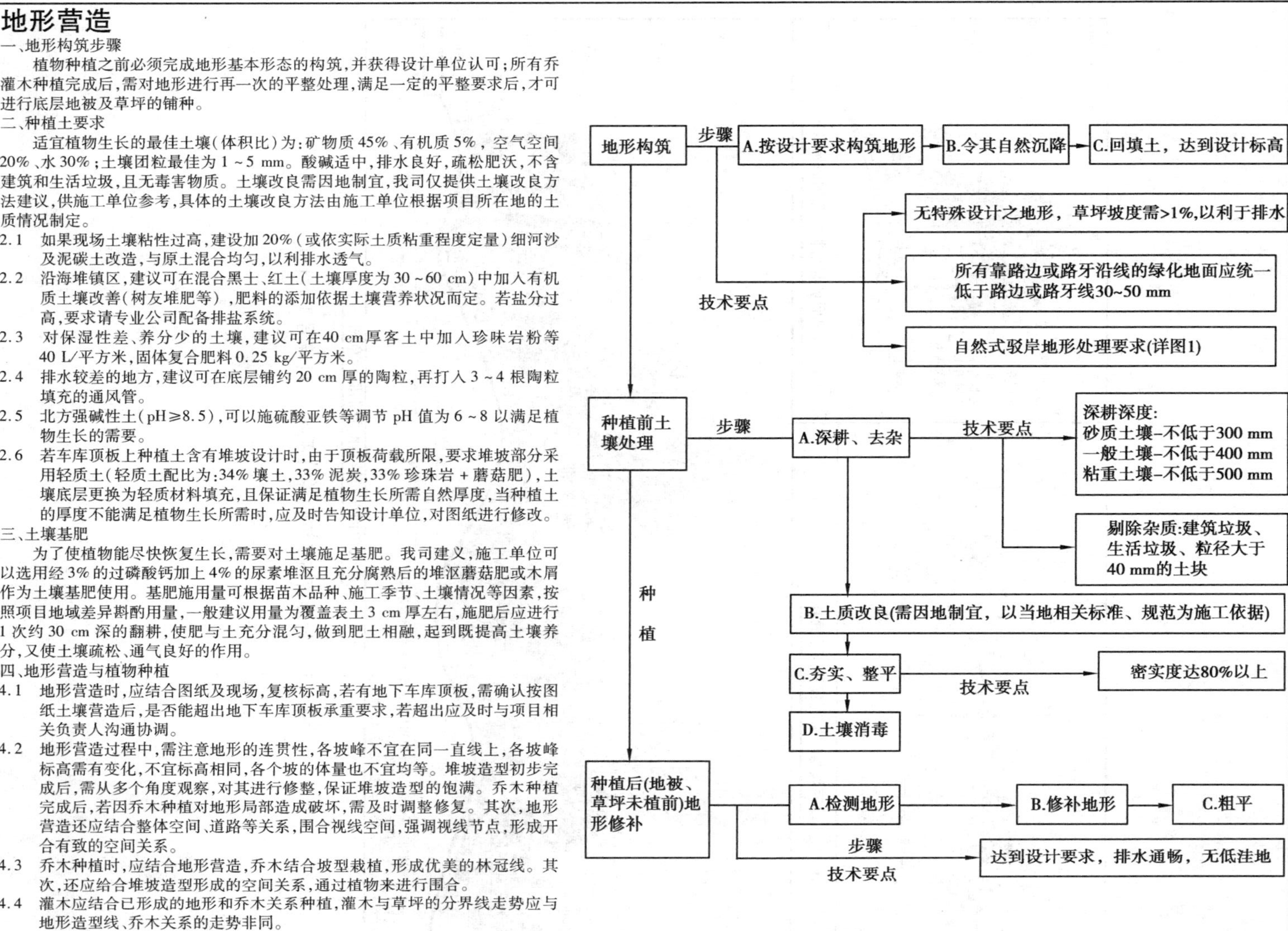

地形营造

一、地形构筑步骤

植物种植之前必须完成地形基本形态的构筑,并获得设计单位认可;所有乔灌木种植完成后,需对地形进行再一次的平整处理,满足一定的平整要求后,才可进行底层地被及草坪的铺种。

二、种植土要求

适宜植物生长的最佳土壤(体积比)为:矿物质 45%、有机质 5%,空气空间 20%、水 30%;土壤团粒最佳为 1~5 mm。酸碱适中,排水良好,疏松肥沃,不含建筑和生活垃圾,且无毒害物质。土壤改良需因地制宜,我司仅提供土壤改良方法建议,供施工单位参考,具体的土壤改良方法由施工单位根据项目所在地的土质情况制定。

2.1 如果现场土壤粘性过高,建设加 20%(或依实际土质粘重程度定量)细河沙及泥碳土改造,与原土混合均匀,以利排水透气。

2.2 沿海堆镇区,建议可在混合黑土、红土(土壤厚度为 30~60 cm)中加入有机质土壤改善(树友堆肥等),肥料的添加依据土壤营养状况而定。若盐分过高,要求请专业公司配备排盐系统。

2.3 对保湿性差、养分少的土壤,建议可在40 cm厚客土中加入珍味岩粉等 40 L/平方米,固体复合肥料 0.25 kg/平方米。

2.4 排水较差的地方,建议可在底层铺约 20 cm 厚的陶粒,再打入 3~4 根陶粒填充的通风管。

2.5 北方强碱性土(pH≥8.5),可以施硫酸亚铁等调节 pH 值为 6~8 以满足植物生长的需要。

2.6 若车库顶板上种植土含有堆坡设计时,由于顶板荷载所限,要求堆坡部分采用轻质土(轻质土配比为:34% 壤土,33% 泥炭,33% 珍珠岩 + 蘑菇肥),土壤底层更换为轻质材料填充,且保证满足植物生长所需自然厚度,当种植土的厚度不能满足植物生长所需时,应及时告知设计单位,对图纸进行修改。

三、土壤基肥

为了使植物能尽快恢复生长,需要对土壤施足基肥。我司建义,施工单位可以选用经 3% 的过磷酸钙加上 4% 的尿素堆沤且充分腐熟后的堆沤蘑菇肥或木屑作为土壤基肥使用。基肥施用量可根据苗木品种、施工季节、土壤情况等因素,按照项目地域差异斟酌用量,一般建议用量为覆盖表土 3 cm 厚左右,施肥后应进行 1 次约 30 cm 深的翻耕,使肥与土充分混匀,做到肥土相融,起到既提高土壤养分,又使土壤疏松、通气良好的作用。

四、地形营造与植物种植

4.1 地形营造时,应结合图纸及现场,复核标高,若有地下车库顶板,需确认按图纸土壤营造后,是否能超出地下车库顶板承重要求,若超出应及时与项目相关负责人沟通协调。

4.2 地形营造过程中,需注意地形的连贯性,各坡峰不宜在同一直线上,各坡峰标高需有变化,不宜标高相同,各个坡的体量也不宜均等。堆坡造型初步完成后,需从多个角度观察,对其进行修整,保证堆坡造型的饱满。乔木种植完成后,若因乔木种植对地形局部造成破坏,需及时调整修复。其次,地形营造还应结合整体空间、道路等关系,围合视线空间,强调视线节点,形成开合有致的空间关系。

4.3 乔木种植时,应结合地形营造,乔木结合坡型栽植,形成优美的林冠线。其次,还应给合堆坡造型形成的空间关系,通过植物来进行围合。

4.4 灌木应结合已形成的地形和乔木关系种植,灌木与草坪的分界线走势应与地形造型线、乔木关系的走势非同。

图9.54 地形营造 (编号T-1.13)

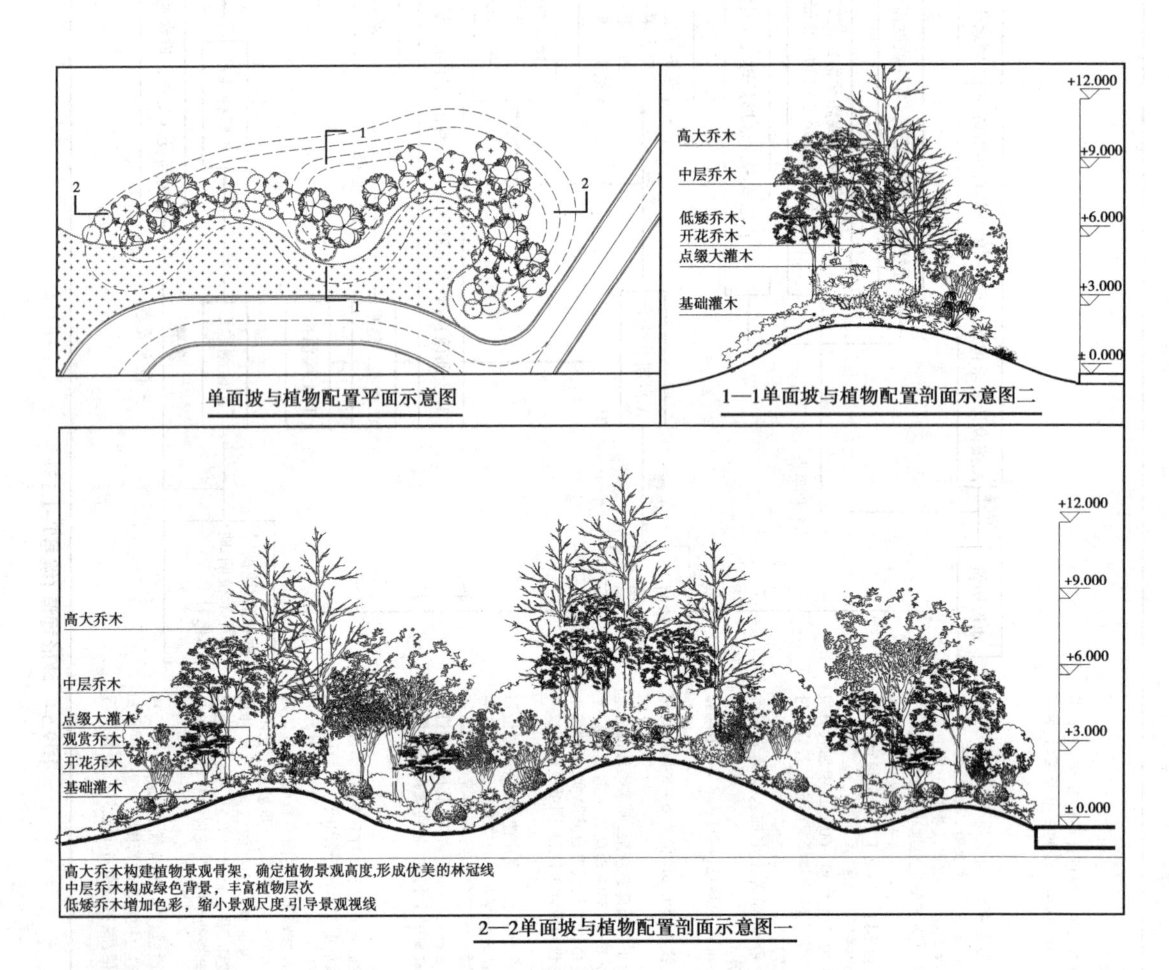

图 9.55　地形营造及植物种植要点(一)(编号 T-1.14)

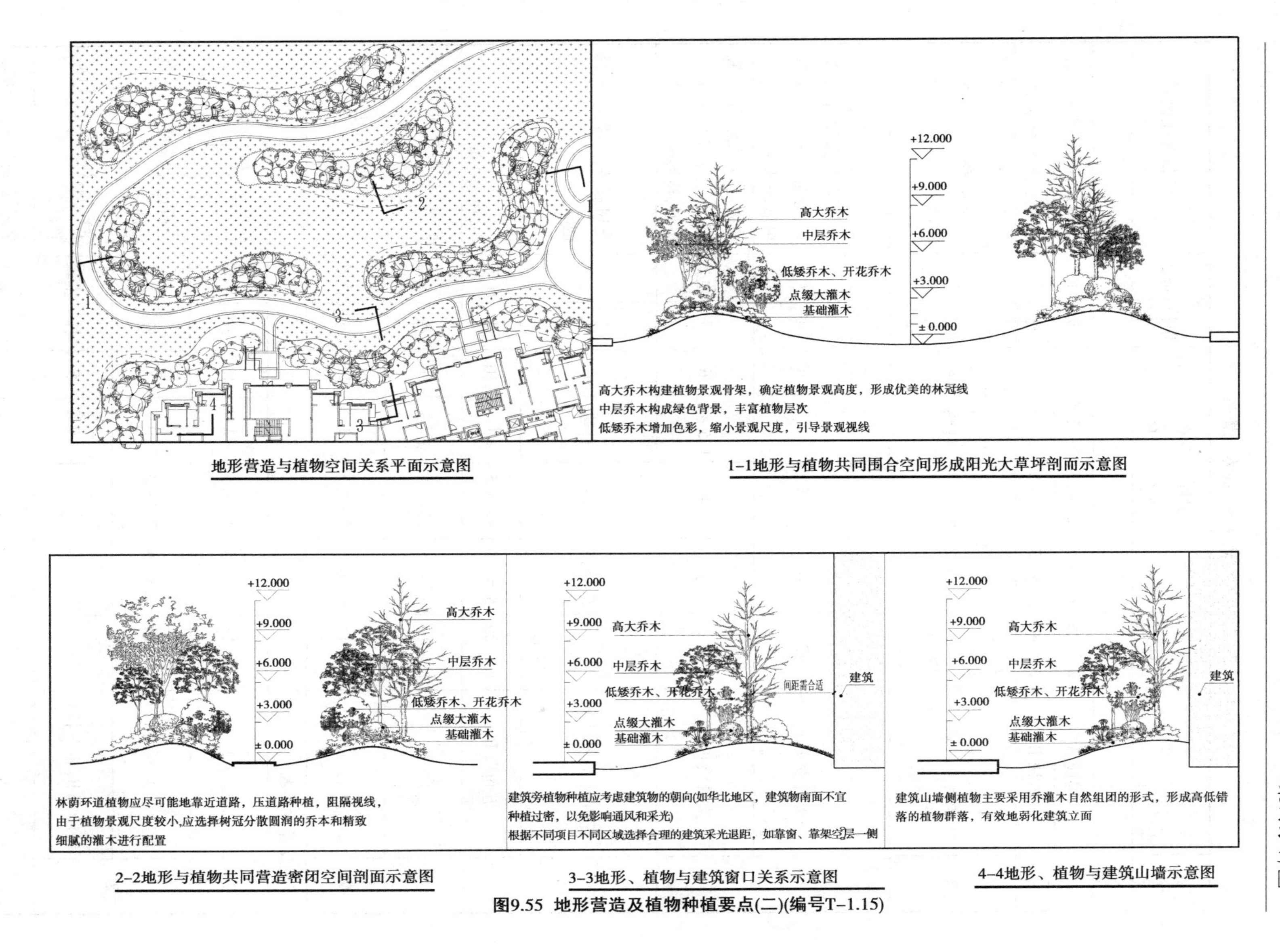

图9.55　地形营造及植物种植要点(二)(编号T-1.15)

表9.6　乔木配置表

序号	品　种	胸径(cm)	高度(m)	冠幅(m)	分枝点(m)	工程量	单位	备注	选型情况或说明
高乔									
1	国槐 A	23~25	6~6.5	4~4.5	2~2.5	2	株	主景	全树冠,树形优美、整齐
	国槐 B	28~80	6.5~7	4.5~5	2~3	5	株	主景	全树冠,树形优美、整齐
2	五角枫 C(丛生)	4支以上,每支10 cm以上	7~7.5	5~5.5	自然	4	株	主景	全树冠,树形优美,树冠饱满
中乔									
3	大叶女贞 A	15	6	3.5	1.3~1.5	8	株	主景	全树冠,树冠饱满、不偏冠,枝条分布均匀,上等树形,树形统一
	大叶女贞 B	18	7	4	1.5~2	6	株	主景	全树冠,树冠饱满、不偏冠,枝条分布均匀,上等树形,树形统一
4	五角枫 A(丛生)	4支以上,每支6 cm以上	5~5.5	3.5~4	自然	5	株	主景	全树冠,树形优美,树冠饱满
	五角枫 B	18~20	5.5~6	3~8.5	<1.3	10	株	主景	全树冠,树形优美、统一,树冠饱满
5	银杏 A	16~19	6~6.5	3~3.5	2~3	2	株	主景	全树冠,树形优美、统一,树冠饱满
6	广玉兰 B	13~15	6~6.5	4~4.5	<1.5	17	株	背景	全树冠,树形优美、统一,树冠饱满
开花及观赏乔木									
7	樱花 A	18~15	4~4.5	3~3.5	<1.3	18	株	主景	全树冠,树形优美、统一,树冠饱满
8	紫叶李 A(低分枝)	11~12	3.5~4	2.5~3	<0.8	5	株	主景	全树冠,树形优美,树冠饱满
	紫叶李 B(低分枝)	—	4.5~6	3~3.5	<0.8	5	株	主景	全树冠,树形优美,树冠饱满
9	云松 A	—	2.5~2.9	1.5~1.8	<0.5	10	株	主景	全树冠,树形优美,树冠饱满

续表

序号	品　种	胸径（cm）	高度（m）	冠幅（m）	分枝点（m）	工程量	单位	备注	选型情况或说明
10	腊梅	8~10	1.8~2	1.5~1.8	<1	6	株	主景	全树冠，树形优美，树冠饱满
11	红枫 A	—	2.5~3	2.5~8	<1	5	株	主景	全树冠，树形优美，树冠饱满
12	两米高盆 A	—	2~3	—	—	2	株	点景	全树冠，树形优美，树冠饱满
13	特型树 B	—	4.5~5	3.5~4	<0.8	1	株	点景	全树冠，树形优美，树冠饱满，品种参考山桃、杏树、丛生樱、桃等
14	石楠 A	—	2.2~2.5	1.8~2	—	5	株	主景	品种红叶石楠，全树冠，树形优美，树冠饱满
	石楠 B	—	3.5~4	3~3.5	—	5	株	主景	品种红叶石楠，全树冠，树形优美，树冠饱满
15	刚竹	—	3.5~4.5	0.1~0.2	—	60	m^2	主景	全尾，每平方米 16 株，两层间交错密植，树形整齐自然

表 9.7　灌木配置表

序号	品　种	单位	工程量	规　格		密度（株/m^2）	备　注
				修剪后高度（cm）	冠幅（cm）		
时令花卉							
1	时花 A	m^2	32	25~30	20~25	81	密植，自然株形，根据施工当季市场品种选择，更换两次
地被灌木							
2	鸢尾	m^2	34	20~30	20~25	64	密植，自然株形
	中小灌木						
3	洒金柏	m^2	141	30~40	25~30	49	密植，自然株形，笼子货
4	马蔺	m^2	23	30~40	20~25	49	密植，自然株形，笼子货
5	小叶黄杨 A	m^2	196	30~50	21~25	49	密植，修剪整形，笼子货
6	红叶石楠	m^2	35	30~40	30~35	49	密植，修剪整形，笼子货
7	金叶女贞	m^2	40	40~50	21~25	49	密植，修剪整形，笼子货

续表

序号	品　种	单位	工程量	规　格		密度（株/m²）	备　注
				修剪后高度（cm）	冠幅（cm）		
8	小叶黄杨B	m²	71	50～80	30～40	25	密植，修剪整形，笼子货
9	大叶黄杨	m²	92	50～80	30～40	25	密植，修剪整形，笼子货
10	木槿	m²	17	120～150	80～100	9	密植，修剪整形，笼子货
草坪							
11	表冬	m²	122	10～20	10～20	100	密植，自然株形
12	混播草皮	m²	813	密植，成品草皮铺设			
点缀灌木							
13	大叶黄杨球A	株	9	130～150	120～130	冠饱满密实，球形	
	大叶黄杨球B	株	11	160～180	130～150	冠饱满密实，球形	
14	金叶女贞球A	株	8	130～150	120～130	冠饱满密实，球形	
15	红瑞木	株	6	150～180	100～120	冠饱满密实，球形	

（7）植物配置图

具体内容包括乔灌木配置合图、乔木配置图、大乔点位图、点缀灌木配置图、基础灌木配置图、时花布置图等。

乔灌木配置合图即将基地内所有软景合到一张图纸中，以展示区分区二的局部为例，如图9.56所示。

乔木配置图中包括落叶大乔木、常绿大乔木、落叶中乔与花乔、常绿中乔与花乔，同种植物用线连在一起，如图9.57所示。点缀灌木配置图中标示清楚灌木的位置及品种名，如图9.58所示；基础灌木配置图以填充图案为主，并进行品种名标注，如图9.59所示。

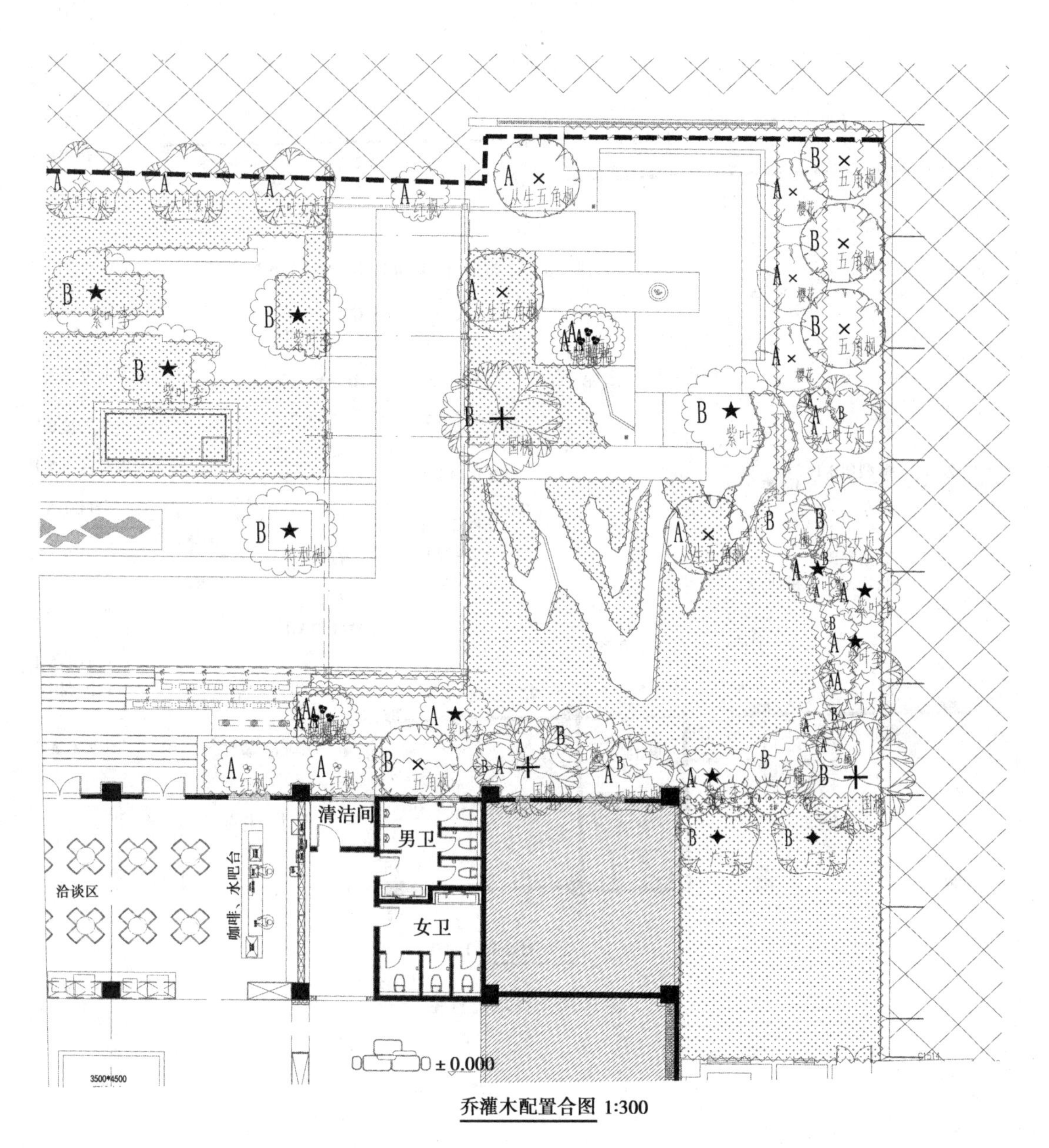

乔灌木配置合图 1:300

图 9.56　乔灌木配置合图

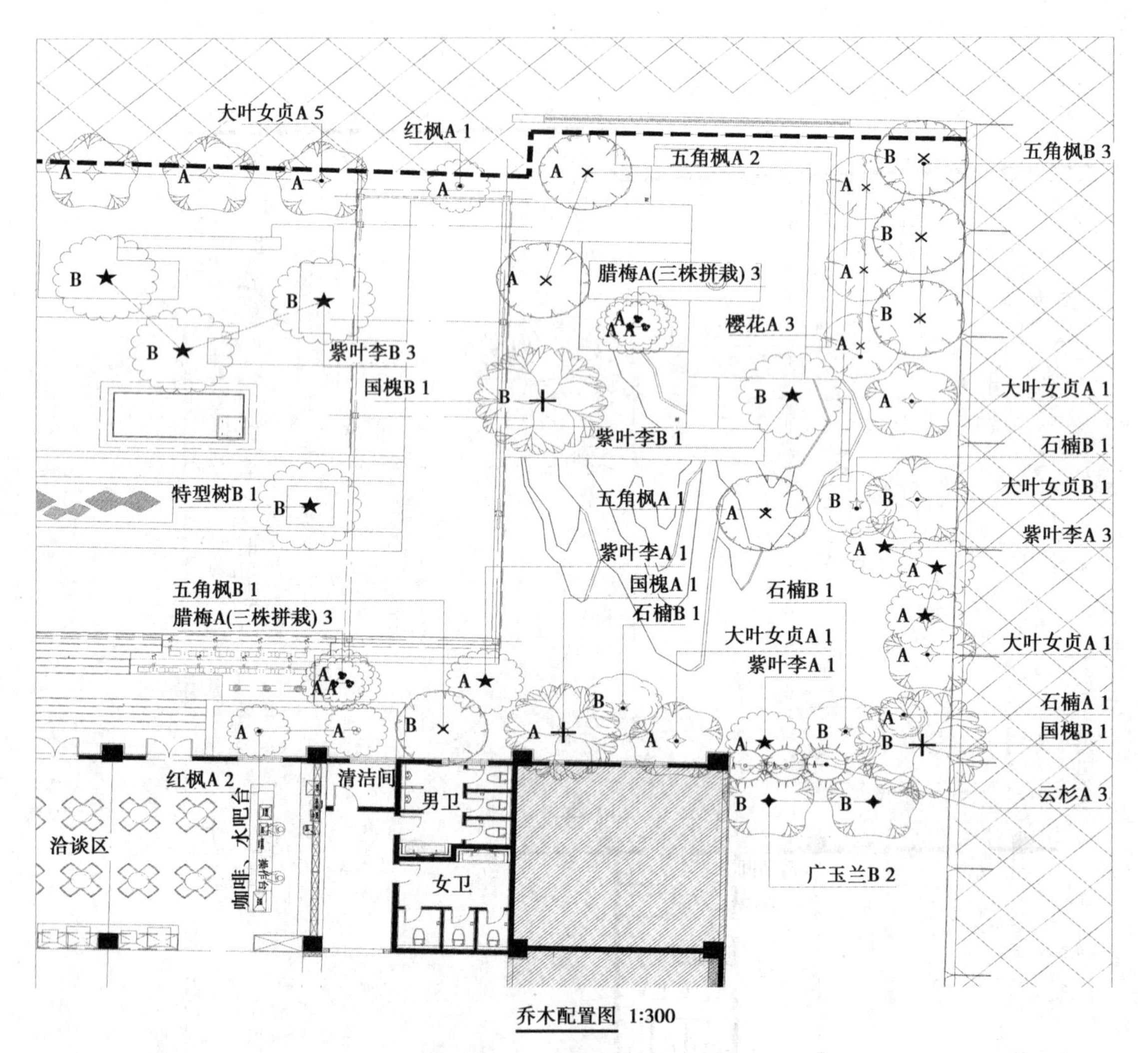
大叶女贞A 5
红枫A 1
五角枫A 2
五角枫B 3
腊梅A(三株拼栽) 3
樱花A 3
紫叶李B 3
国槐B 1
大叶女贞A 1
紫叶李B 1
石楠B 1
特型树B 1
五角枫A 1
大叶女贞B 1
紫叶李A 3
紫叶李A 1
国槐A 1
石楠B 1
五角枫B 1
腊梅A(三株拼栽) 3
石楠B 1
大叶女贞A 1
大叶女贞A 1
紫叶李A 1
石楠A 1
国槐B 1
红枫A 2
清洁间
男卫
云杉A 3
洽谈区
咖啡、水吧台
女卫
广玉兰B 2
乔木配置图 1:300

图9.57 乔木配置图

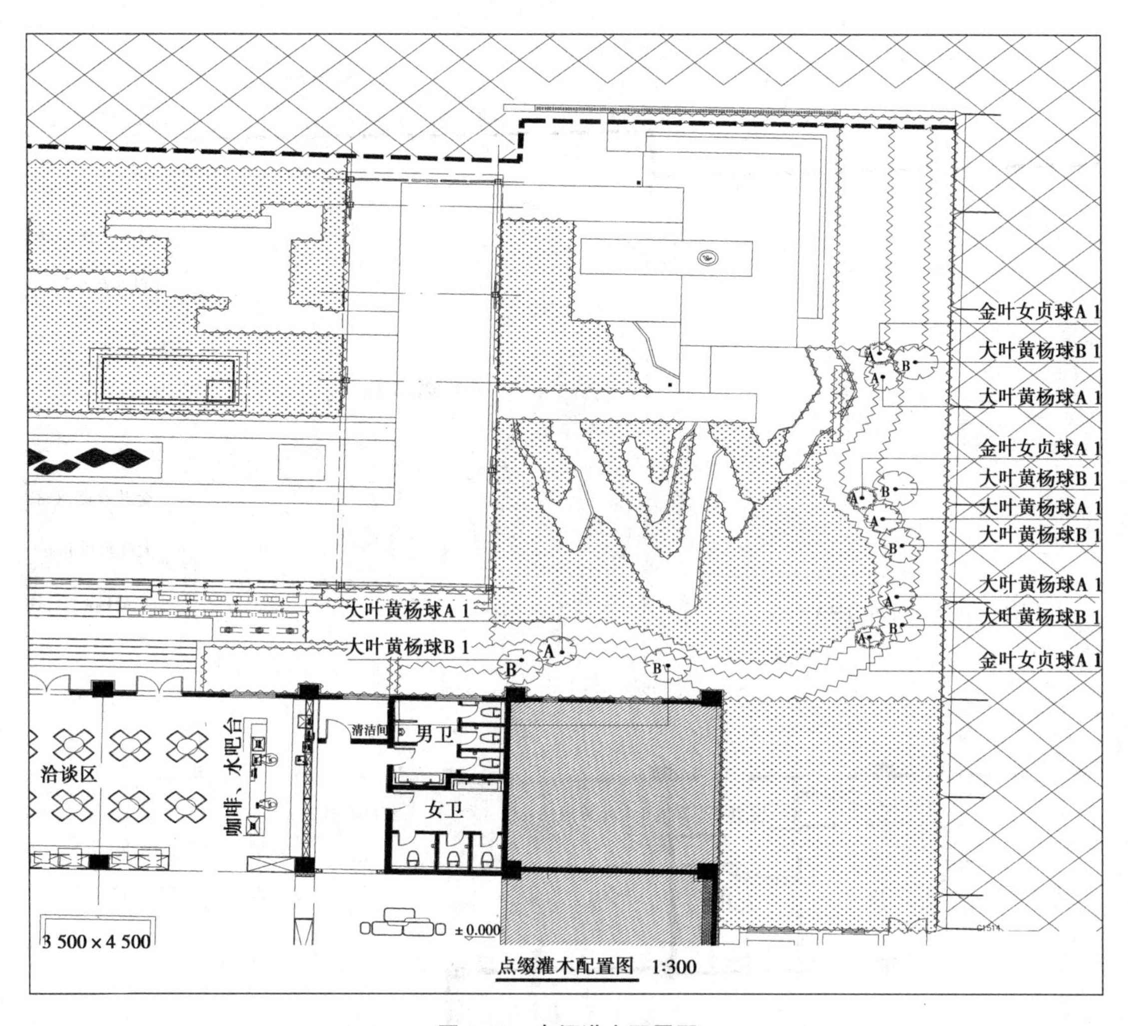

图9.58 点缀灌木配置图

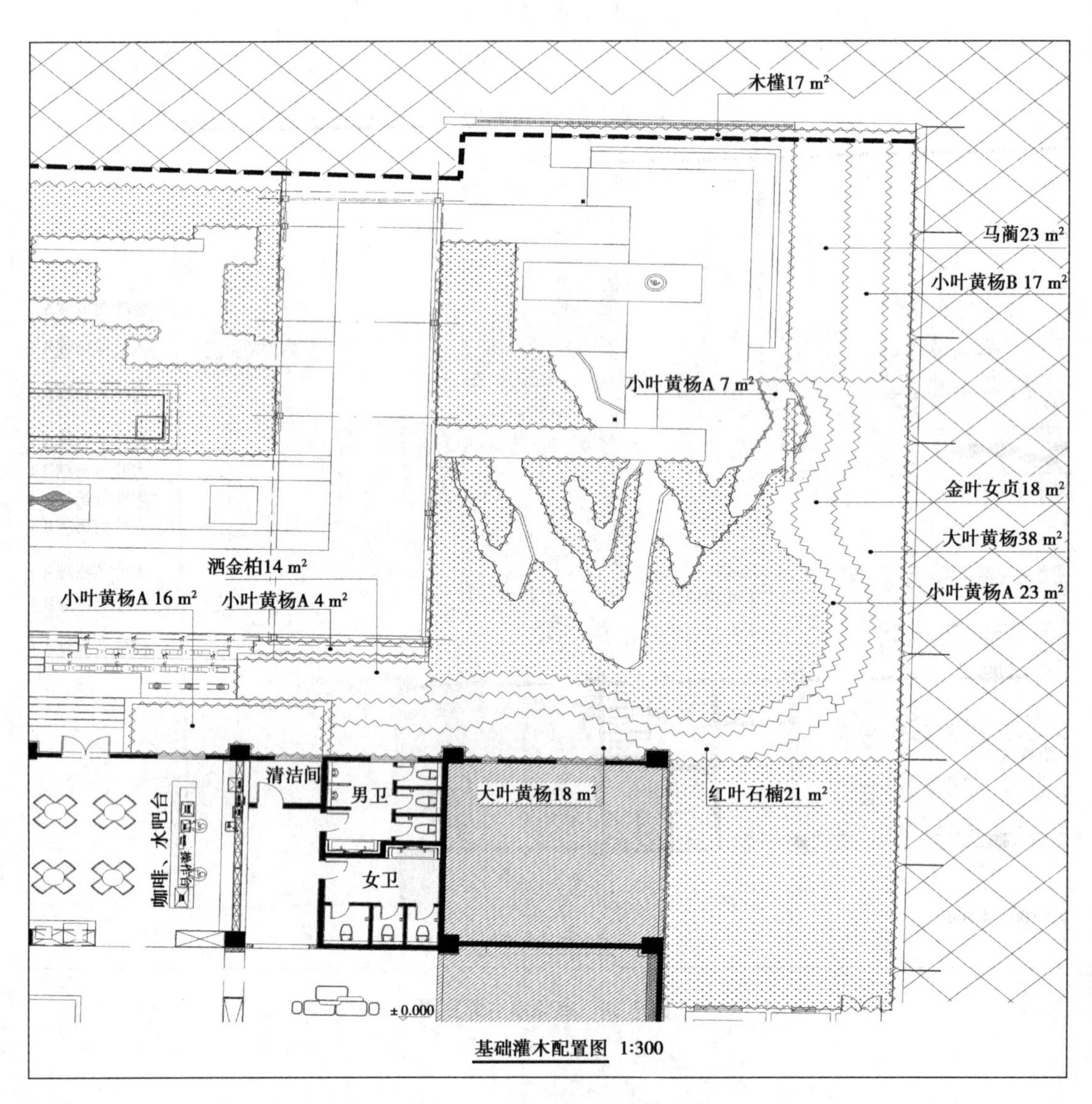

图 9.59　基础灌木配置图

参考文献

[1] 刘志然,黄晖. 园林施工图设计与绘制[M]. 重庆:重庆大学出版社,2015.
[2] 周代红. 园林景观施工图设计[M]. 北京:中国林业出版社,2010.
[3] 朱燕辉. 园林景观施工图设计实例图解——土建及水景工程[M]. 北京:机械工业出版社,2017.
[4] 朱燕辉. 园林景观施工图设计实例图解——绿化及水电工程[M]. 北京:机械工业出版社,2017.
[5] 朱燕辉. 园林景观施工图设计实例图解——景观建筑及小品工程[M]. 北京:机械工业出版社,2017.
[6] 潘雪. 景观施工图设计资料集 2[M]. 北京:中国建筑工业出版社,2006.
[7] 陈战是. 园林景观设计施工图 CAD 图块集 1[M]. 北京: 中国建筑工业出版社,2006.
[8] 刘贺明. 园林景观设计实战——方案,施工图,建造[M]. 北京:化学工业出版社,2018.
[9] 宁平. 园林工程施工从入门到精通[M]. 北京:化学工业出版社,2017.
[10] 王芳. 景观施工图识图与绘制[M]. 上海:上海交通大学出版社,2014.
[11] 周代红. 景观工程施工详图绘制与实例精选[M]. 北京: 中国林业出版社,2009.
[12] 陈祺. 山石景观工程图解与施工[M]. 北京:化学工业出版社,2012.
[13] 徐琰. 园林景观工程施工图文精解[M]. 南京:江苏人民出版社,2012.
[14] 王芳,杨青果,王云才. 景观施工图设计与绘制[M]. 上海:上海交通大学出版社,2014.
[15] 李世华,张其林. 园林景观创意设计施工图册[M]. 北京: 中国建筑工业出版社,2012.
[16] 田建林,张柏. 园林景观地形、铺装、路桥设计施工手册[M]. 北京:中国林业出版社,2012.
[17] 张柏. 图解景观种植设计施工[M]. 北京:化学工业出版社,2017.

[18] 李卓.园林景观施工图绘制——天正 TArch8.5 实战教程[M].北京:水利水电出版社,2011.
[19] 鲍丽华.城市园林施工常用材料[M].北京:中国电力出版社,2017.
[20] 张金炜.园林硬质景观施工技术[M].北京:机械工业出版社,2012.
[21] 刘晓明.生态景观施工新技术[M].北京:中国建筑工业出版社,2014.
[22] 张柏.图解园林仿古建筑设计施工[M].北京: 化学工业出版社,2017.
[23] 张金炜,王国维.庭院景观与绿化施工[M].北京:机械工业出版社,2015.
[24] 赵建民.园路与广场工程图解与施工[M].北京:化学工业出版社,2012.
[25] 张柏.图解园林工程设计施工[M].北京: 化学工业出版社,2017.
[26] 乐嘉龙,李喆.园林建筑施工图识读技法[M].合肥:安徽科学技术出版社,2015.
[27] 张晶.AutoCAD 2014 全套园林施工图纸绘制[M].北京:中国建筑工业出版社,2017.
[28] 赵君.园林种植设计与施工[M].北京:机械工业出版社,2015.
[29] 郝培尧,李冠衡,戈晓宇.屋顶绿化施工设计与实例解析[M].武汉:华中科技大学出版社,2013.
[30] 闫晓云.现代园林工程施工技术[M].北京:化学工业出版社,2013.
[31] 林旭,孙华.园林植物造景与施工[M].武汉:武汉大学出版社,2017.
[32] 邹原东.园林工程施工组织设计与管理[M].北京:化学工业出版社,2014.
[33] 李冠衡,戈晓宇,郝培尧.园林铺装施工设计与实例解析[M].武汉:华中科技大学出版社,2014.
[34] 肖慧,王俊涛.庭园工程设计与施工必读[M].天津:天津大学出版社,2012.
[35] 张越.景观工程与施工图设计[M].北京:化学工业出版社,2015.
[36] 王希亮.现代园林绿化设计、施工与养护[M].北京:中国建筑工业出版社,2007.
[37] 单立欣,穆丽丽.建筑施工图设计[M].北京:机械工业出版社,2011.
[38] 冯红卫.建筑施工图识读技巧与要诀[M].北京:化学工业出版社,2011.
[39] 陈祺.山水景观工程图解与施工[M].北京:化学工业出版社,2008.
[40] 徐峰,牛泽慧,曹华芳.水景园设计与施工[M].北京:化学工业出版社,2006.
[41] 陈忠明, 陈祺.景观小品图解与施工[M].北京:化学工业出版社,2018.
[42] 刘爱华.园路铺装与屋顶花园[M].北京:机械工业出版社,2012.
[43] 王强,李志猛.中小型景观工程实例详解——方案及施工图设计[M].北京:水利水电出版社,2017.
[44] 郭宇珍,高卿.园林施工图设计[M].北京:机械工业出版社,2018.
[45] 唐海艳,李奇.房屋建筑学[M].重庆:重庆大学出版社,2016.